Rita Borromeo Ferri

Wege zur Innenwelt des mathematischen Modellierens

VIEWEG+TEUBNER RESEARCH

Perspektiven der Mathematikdidaktik

Herausgegeben von:
Prof. Dr. Gabriele Kaiser, Universität Hamburg
PD Dr. Rita Borromeo Ferri, Universität Hamburg
Prof. Dr. Werner Blum, Universität Kassel

In der Reihe werden Arbeiten zu aktuellen didaktischen Ansätzen zum Lehren und Lernen von Mathematik publiziert, die diese Felder empirisch untersuchen, qualitativ oder quantitativ orientiert. Die Publikationen sollen daher auch Antworten zu drängenden Fragen der Mathematikdidaktik und zu offenen Problemfeldern wie der Wirksamkeit der Lehrerausbildung oder der Implementierung von Innovationen im Mathematikunterricht anbieten. Damit leistet die Reihe einen Beitrag zur empirischen Fundierung der Mathematikdidaktik und zu sich daraus ergebenden Forschungsperspektiven.

Rita Borromeo Ferri

Wege zur Innenwelt des mathematischen Modellierens

Kognitive Analysen zu Modellierungsprozessen im Mathematikunterricht

Mit einem Geleitwort von Prof. Dr. Gloria Stillman

VIEWEG+TEUBNER RESEARCH

Bibliografische Information der Deutschen Nationalbibliothek
Die Deutsche Nationalbibliothek verzeichnet diese Publikation in der
Deutschen Nationalbibliografie; detaillierte bibliografische Daten sind im Internet über
<http://dnb.d-nb.de> abrufbar.

Habilitationsschrift Universität Hamburg, 2009

1. Auflage 2011

Umschlaggestaltung: KünkelLopka Medienentwicklung, Heidelberg
Druck und buchbinderische Verarbeitung: STRAUSS GMBH, Mörlenbach
Gedruckt auf säurefreiem und chlorfrei gebleichtem Papier.
Printed in Germany

ISBN 978-3-8348-1299-5

per le mie figlie

Giulia e Laura

Geleitwort

Among the claims that have been central to mathematical modelling research and teaching is that individuals follow quite distinctively different pathways when engaging in modelling. In contrast, researchers and theorists often used idealised modelling cycles (there are many) which are really normative descriptions of the iterative modelling process. Such descriptions have their place in theory development, in research particularly when investigating and interpreting modelling behaviour and in classroom teaching where they can be used as scaffolds by both students and teachers particularly when developing meta-knowledge about modelling. However, as much as they are able to enlighten us they also contribute to our ignoring of certain things that occur in classrooms when a particular modelling event occurs as these are seen as idiosyncratic to the individual and thus of less interest. The question still remains, however, what are the real pathways taken idiosyncratically by a particular individual when modelling? Early work by Oke and Bajpai (1986) using relationship level graphs showed that real modelling processes undertaken by modellers are far from linear, or unidirectional and most genuine workers in the field of mathematical modelling have adopted a cyclical view of the modelling cycle ever since but there has been little research since that time looking at this empirically. Thus the work by Rita Borromeo Ferri which includes her reconstructions of students' individual "modelling routes" during task solution in a variety of modelling tasks – a central and already well-known concept developed in the frame of her work – is more than timely. Borromeo Ferri takes a cognitive perspective attempting to gain insights into the minds of students and teachers engaged in modelling in the classroom. Taking a cognitive viewpoint her work gives support for empirical differentiation of modelling phases as: real situation, mental representation of the situation, real model, mathematical model, mathematical results and real results. The transitions between phases involve cognitive processes, in particular: understanding the task, simplifying or structuring the task, mathematising, working mathematically, interpreting and validating, respectively. The last of these completes the cycle back to the mental representation of the situation. The second and third require the input of extra-mathematical knowledge. Compared with the more common normative descriptions of the phases, taking a cognitive perspective as data from these phases and transitions are interrogated, more insight is possible into what is actually happening from the perspective of the modelling individual whether they be the student engaged in the modelling or the teacher orchestrating the modelling activity. In the coming pages the author of this book will carefully pare away the film that has made these processes opaque to many of us from a research perspective for many years. It thus will be of much value to all of us continuing to research and teach in this field.

Gloria Stillman, Ballarat (Australia)

Inhalt

Abbildungs- und Tabellenverzeichnis

Einleitung: Problemstellung und Überblick

Mathematisches Modellieren – ein immer noch recht junges Forschungsfeld im Bereich der nationalen und internationalen Mathematikdidaktik – ist eine Thematik, die mittlerweile im deutschsprachigen Raum fest in Lehr- und Rahmenplänen verankert ist und nun verpflichtender Bestandteil des Mathematikunterrichts sein sollte. Auf diese Weise kann den Lernenden eingehender als bisher verdeutlicht werden, dass Mathematik Anwendung im Leben findet, dass Mathematik kein starres Formelgebäude darstellt, sondern alltäglich, in fast allen Berufssparten genutzt wird. Schülerinnen und Schüler dafür zu sensibilisieren und zu Modellierungsaktivitäten anzuregen, sollte ein Ziel des Mathematikunterrichts ab der Grundschule sein.

Im Zuge dieser positiven Entwicklung in den letzten Jahren konnten viele Studien zeigen, dass sich mathematisches Modellieren unter anderem positiv auf das Mathematikbild der Schülerinnen und Schüler auswirkt und realitätsbezogene Aufgaben zur Motivationssteigerung beitragen können. Aus vielen weiteren Perspektiven wurde und wird mathematisches Modellieren erforscht, letztendlich mit dem Ziel, didaktische Konsequenzen für den Unterricht abzuleiten.

Trotz der bereits ansehnlichen Fülle von Studien zum mathematischen Modellieren wurde jedoch ein Bereich vernachlässigt, was vor allem im Discussion Document zur ICMI-Study 14 (Blum et al. 2002) und dem daraus entstandenen Buch (Blum et al. 2007) ersichtlich wird:

Die Erforschung, was bei Individuen kognitiv – im „Inneren" – beim Modellieren vorgeht, welche Faktoren diesen Prozess und den idealtypischen Kreislauf gegebenenfalls beeinflussen könnten, fand kaum statt. Genau an diesen Aspekten setzt meine Studie an, um kognitive Prozesse von Individuen beim mathematischen Modellieren im Unterricht zu rekonstruieren, um Einblicke in die „Innenwelt des mathematischen Modellierens" zu erlangen, das heißt zu hinterfragen, was sich hinter Modellierungsprozessen verbirgt. Diese Studie ist interdisziplinär angelegt und verbindet die Mathematikdidaktik mit der kognitiven Psychologie. Dieser Teilbereich der Psychologie versucht die grundlegenden kognitiven Funktionen des Menschen zu verstehen (siehe u.a. Anderson 2001). Besonders in dem Teilbereich „Verstehen", bei dem es darum geht, komplexe Ereignisse wahrzunehmen, Texte zu lesen, Bilder zu sehen oder Äußerungen zu hören, lässt sich das Erkenntnisinteresse der vorliegenden Arbeit einordnen. Die Basis für einen realitätsbezogenen Unterricht bilden Modellierungsaufgaben in Text- oder Bildform. Diese müssen von Lernenden verstanden werden, damit erfolgreiches Modellieren möglich wird.

In meiner Arbeit möchte ich dementsprechend einige Zugänge und Wege zur Innenwelt des mathematischen Modellierens eröffnen. Dabei stehen nicht nur einzelne Schülerinnen und

Schüler im Fokus, sondern es geht auch um eine Betrachtung von Schülergruppen und Lehrpersonen im realitätsbezogenen Mathematikunterricht und wie diese zusammen agieren.

Ein wichtiger Wegbereiter hierfür ist die lokale Theorie der mathematischen Denkstile (Borromeo Ferri 2004a). Diese geht davon aus, dass jedes Individuum beim Mathematiktreiben eine Präferenz für einen bestimmten Denkstil hat. Ein mathematischer Denkstil ist eine individuumsbezogene Persönlichkeitseigenschaft und hat Einfluss auf das Verstehen von und den Umgang mit mathematischen Sachverhalten. Dieser Ansatz bildet (unter anderem) die kognitionspsychologische Basis oder „Brille", um die kognitiven Prozesse der Lernenden und Lehrenden beim Modellieren empirisch zu erfassen. Die Rekonstruktion einzelner Modellierungsprozesse stellt ein Erkenntnisbereich dar, herauszukristallisieren, inwieweit mathematische Denkstile diese Prozesse in eine gewisse Richtung lenken könnten, einen Anderen. Beides liegt im Erkenntnisinteresse dieser Arbeit, da zur erfolgreichen Modellierung zwei Bereiche gehören: Realität und Mathematik. In der Realität suchen wir beispielsweise nach außermathematischem Wissen, assoziieren Erlebtes oder visualisieren beim Bearbeiten von Modellierungsaufgaben vor allem die realen Gegebenheiten. Dieser Bereich könnte insbesondere visuellen Denkern sehr zugänglich sein. Angekommen in der Mathematik, in der Kompetenzen für das mathematische Arbeiten gefragt sind, lassen wir diese stärker bildhaft geprägte Welt hinter uns und bewegen uns eher auf der formal-abstrakten Ebene. Dies könnte wiederum vor allem analytische Denker ansprechen. Spiegeln sich also diese beiden Bereiche – Realität und Mathematik – ausgewogen in den Modellierungsprozessen der Lernenden wider? Inwieweit beeinflusst der mathematische Denkstil der Lehrperson Hilfestellungen oder die Besprechung von Modellierungsaufgaben im Plenum? Die Lehrperson könnte, je nach Denkstil, mehr zu realitätsbezogenen oder mathematischen Aspekten tendieren. – Die Konsequenzen einer vorwiegend einseitigen Vermittlung könnten wiederum das Modellierungsverhalten der Lernenden prägen. All diese Überlegungen verdeutlichen gleichzeitig, dass bei der Rekonstruktion solcher Phänomene, die in dieser Studie angestrebt wird, ein großer Teil der Innenwelt des Modellierens aufgedeckt werden muss.

Um jedoch Einblicke in die Innenwelt des mathematischen Modellierens zu erlangen, muss auch „hinter" die in der nationalen und internationalen Literatur bestehenden normativen Modellierungskreisläufe geschaut werden. Die Beschreibung der Phasen sind bisher kaum empirisch durchleuchtet worden – auch dies ist ein Weg die Innenwelt zu erschließen. Wenn sich diese Phasen bei Lernenden rekonstruieren lassen, wird die Frage sein, inwieweit diese noch modifiziert und ausdifferenziert werden können. Das geht nur, wenn Modellierungsprozesse auf Mikroebene in den Blick genommen werden. Gleichzeitig sollte dann deutlich werden, ob sich tatsächlich bestimmte Muster oder Präferenzen in diesen Verläufen abzeichnen, die mit dem mathematischen Denkstil zusammenhängen.

Einzelne Prozesse sind daher sehr aufschlussreich, genauso die Betrachtung des gesamten Gruppenprozesses. Da in der Modellierungsdiskussion Konsens darüber besteht, jegliche Modellierungsaktivitäten in Gruppen stattfinden zu lassen, wird ein interessanter Aspekt in diesem Kontext sein, ob und inwieweit Gruppen- und Einzelverläufe zusammenhängen. Die Gruppen bestehen aus unterschiedlichen Individuen, die wiederum verschiedene Präferenzen beim Modellieren haben. Möglich wäre daher zu folgern, dass sich bestimmte Präferenzen durchsetzen und den gesamten Verlauf einer Gruppe bestimmen, stören oder gar nicht tangieren könnten. Mit diesem vielschichtigen Blick soll ebenfalls die Innenwelt durchleuchtet werden, denn Gruppenarbeitsphasen kommen im Mathematikunterricht vor und sollten im Sinne eines Qualitätsmerkmals von gutem Unterricht in die tägliche Arbeit integriert werden.

Aus den oben beschriebenen Überlegungen haben sich für diese Arbeit vier erkenntnisleitende Fragen herauskristallisierte, die an dieser Stelle zunächst nur in grober Form beschrieben werden. Am Ende des Theorieteils (Unterkapitel 1.5) werden diese Fragen im Spiegel der vorangegangenen Ausführungen differenzierter dargestellt.

- Welche Phasen bzw. Schritte können bei individuellen Modellierungsprozessen rekonstruiert werden?

- Welche Modellierungsmuster oder Präferenzen der Schülerinnen und Schüler sind dabei erkennbar?

- Wie hängen Gruppen- und Einzelprozesse zusammen?

- Gibt es Präferenzen von Lehrenden für gewisse Phasen bzw. Schritte oder Vorgehensweisen?

Zusammengefasst: Das Ziel dieser qualitativen Studie ist aufzuzeigen, welche kognitiven Prozesse bei Lernenden in einem realitätsbezogenen Mathematikunterricht während der Bearbeitung von Modellierungsaufgaben ablaufen. Dabei soll das Individuum sowohl alleine als auch im Gruppenkontext betrachtet werden. Zusätzlich wird der Umgang der Lehrperson mit Modellierungsaufgaben im Unterricht in den Fokus genommen.

Gliederung der Arbeit

Kapitel 1 bildet den theoretischen Rahmen dieser Arbeit. In der nationalen und internationalen didaktischen Diskussion zum Modellieren besteht dahingehend Konsens, dass unter mathematischem Modellieren die Lösung außermathematischer Probleme mit Hilfe mathematischer Modelle bezeichnet wird. Dennoch gibt es in den verschiedenen Ländern unterschiedliche Sichtweisen und Ziele, die mit mathematischem Modellieren verfolgt werden, sowohl für den Bereich Schule, als auch bezüglich der Forschungsausrichtung. Vor allem die verschiedenen Forschungsperspektiven werden im ersten Teil eingehend dargestellt. Daran anschließend werden unterschiedliche Typen von Modellierungskreisläufen beschrieben, die sich unmittelbar aus den Perspektiven ergeben, da auch diese bestimmte Ziele und Verwendungszwecke für Schule und Forschung verfolgen. Im zweiten Teil wird aufgezeigt, welche Studien zur Modellierung mit kognitionspsychologischen Ansätzen in der nationalen und internationalen Diskussion vorhanden sind. Daran soll ersichtlich werden, dass der Blick in die Innenwelt des Modellierens, so wie es in dieser Arbeit angestrebt wird, bisher nur zum Teil verfolgt wurde. Die beiden Theoriebausteine (1. Modellierungskreislauf unter kognitionspsychologischer Perspektive und 2. Analyse von Modellierungsprozessen unter der Perspektive der mathematischen Denkstile) verdeutlichen insbesondere die Kopplung von der Theorie des mathematischen Modellierens mit kognitiven Theorien und sind daher grundlegend für diese Studie.

Mit der Rekonstruktion der Innenwelt des mathematischen Modellierens setzt sich Kapitel 2 auseinander. Methoden der Videoaufzeichnung, Interviews und kodierenden Auswertungsmethoden im Sinne der Grounded Theory (Strauss & Corbin 1990) bilden eine Möglichkeit der Rekonstruktion der Innenwelt des Modellierens.

In Kapitel 3 werden die Ergebnisse dieser Arbeit vorgestellt und somit gleichzeitig Wege und Einblicke in kognitive Vorgänge beim Modellieren eröffnet. Dies wird veranschaulicht durch Fallbeispiele von Lernenden, durch Vergleiche von Schülergruppen sowie durch die Darstellung des Verhaltens von Lehrpersonen beim Modellieren im Unterricht.

Die Arbeit schließt mit einer Zusammenfassung und einem Ausblick sowie der Skizzierung von Konsequenzen für den Unterricht und die Lehrerbildung.

1 Mathematische Modellierung aus kognitiver Perspektive: Zum Stand der Diskussion und zur Grundlegung erster Theoriebausteine

> *„Do the kind of models [...] reside inside the minds of learners or problem solvers? Or, are they embodied in the equations, diagrams, computer programs, or other representational media that are used by scientists, or other learners and problem solvers?" (Lesh & Doerr 2003, 11)*

In diesem Kapitel soll Modellieren unter kognitiver Perspektive betrachtet werden. Darunter verstehe ich folgendes (siehe auch Borromeo Ferri 2007, 2001): Soll Modellieren und die Analyse dieser Prozesse unter kognitiver Perspektive gefasst werden, so liegt der Fokus auf den (individuellen) Denkprozessen, die durch verbale oder sonstige (kommunikative wie auch nicht kommunikative) Aktionen während des Modellierungsprozesses geäußert werden. Um diese Sichtweise adäquat einordnen zu können, werden zunächst Richtungen und Auffassungen vom Begriff des mathematischen Modellierens in der didaktischen Diskussion dargestellt sowie Modellierungskreisläufe – es gibt davon eine Fülle in der Literatur – nach einer eigenen Klassifikation gruppiert. Dabei wird unter einem Modellierungskreislauf ein Schema verstanden, was einen idealtypischen Modellierungsprozess repräsentiert, der bestimmte Phasen enthält, die alle im Sinne eines Kreislaufs durchlaufen werden müssen, so dass von erfolgreicher Modellierung gesprochen werden kann. Ein Beispiel für einen idealtypischen Modellierungskreislauf ist das Schema von Kaiser (1986) in der nachfolgenden Abbildung.

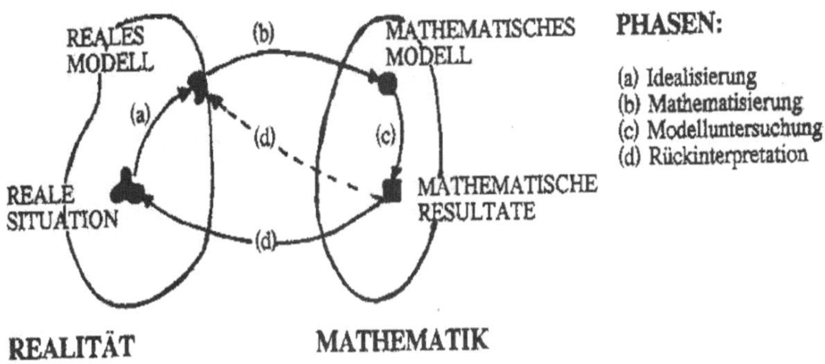

Abbildung 1.1:   Modellierungskreislauf nach Kaiser (1986)

In dem Kreislaufschema von Kaiser wird der Bereich Realität mit realer Situation und realem Modell und der Bereich Mathematik mit mathematischem Modell und mathematischen Resultaten ersichtlich. Idealtypisch beginnt der Kreislauf mit der realen Situation, das heißt eine reale, authentische und komplexe Fragestellung in Schriftform, zum Teil auch mit Bildern, wird den Individuen vorgelegt. In einer ersten Phase muss die Aufgabe idealisiert werden, Variablen müssen generiert werden, so dass ein sogenanntes reales Modell entsteht. Erst mit diesem simplifizierten Abbild der komplexen realen Situation können die Individuen den entscheidenden Übersetzungsschritt, die Mathematisierung, von der Realität in die Mathematik, vollziehen.

Innerhalb der Mathematik findet die Phase der Modelluntersuchung statt. Die Individuen befinden sich dort auf der rein mathematischen Ebene und wenden die ihnen zur Verfügung stehende Mathematik an. Sie erhalten schließlich ein mathematisches Resultat, welches dann rückinterpretiert werden muss, um eine Übereinstimmung zwischen mathematischen Ergebnissen und realen Annahmen zu herzustellen, so dass die Validität des Ergebnisses gewährleistet ist. Von erfolgreichem Modellieren wird gesprochen, wenn alle Phasen durchlaufen werden und ein adäquates Ergebnis der Aufgabe vorliegt. Wird bei der Rückinterpretation keine Übereinstimmung zwischen mathematischem Resultat und realen Annahmen gefunden, wird er Kreislauf nochmals oder teilweise durchlaufen.

Nicht jeder idealtypische Modellierungskreislauf enthält genau diese vier Phasen bzw. Schritte, wie sie im Schema von Kaiser dargestellt sind, sondern es sind, je nach Verwendungszweck und Forschungsausrichtung, mehr oder weniger Schritte im Prozess. Diese verschiedenen Typen werden eingehend in Abschnitt 1.1.2 beschrieben. Auf der Basis der verschiedenen Modellierungsperspektiven in Abschnitt 1.1.1 werden schließlich zentrale theoretische Hintergründe verdeutlicht, die insbesondere aufzeigen, welchen Stellenwert die Verbindung von Kognitionspsychologie und Theorie der mathematischen Modellierung in der nationalen und internationalen didaktischen Diskussion hatte und hat. Der erste Theoriebaustein dieser Arbeit wird in Unterkapitel 1.3 verdeutlicht. Dort wird auf der Basis der diskutierten Modellierungskreisläufe der spezielle Modellierungskreislauf vorgestellt, der als Analyseinstrument meiner empirischen Untersuchung diente. In Unterkapitel 1.4 werden zentrale Aspekte der Theorie der mathematischen Denkstile (Borromeo Ferri 2004a) erläutert. Mathematische Denkstile bilden die spezifische kognitionspsychologische Brille für die Analysen, was im zweiten Theoriebaustein in Unterkapitel 1.5 nochmals transparent wird. Eine Präzisierung der Forschungsfragen findet ebenfalls in Unterkapitel 1.5 statt.

1.1 Modellierung und Modellierungskreisläufe – nationale und internationale Ansätze

Dieses Unterkapitel widmet sich speziell unterschiedlichen Auffassungen vom Verständnis des Modellierens in der nationalen und internationalen didaktischen Diskussion sowie, damit zusammenhängend, den diversen Typen von Modellierungskreisläufen.

1.1.1 Richtungen und Auffassungen des Modellierens in der didaktischen Diskussion

Die Modellierungsdiskussion stellt, vergleicht man es mit anderen Gebieten, ein noch junges Forschungsgebiet innerhalb der Mathematikdidaktik dar. Zu Beginn gab es hinsichtlich der Charakterisierung des Begriffs „mathematischer Modellierung" noch Uneinigkeit. Der Konsens bestand lediglich darin, dass mathematische Modellierung, kurz gefasst, als der Prozess der Lösung außermathematischer Probleme mittels mathematischer Modelle beschrieben wurde (siehe u.a. Kaiser-Meßmer 1986).

In den letzten beiden Jahrzehnten kann jedoch auf internationaler Ebene von einem recht kohärenten theoretischen Verständnis vom Modellierungsprozess in Verbindung mit Lehr- und Lernprozessen gesprochen werden. Gründe dafür sind insbesondere das starke Zusammenspiel von Curriculumentwicklung, experimentellem Unterrichten von Modellierung, theoretischen Reflexionen und empirischer Forschung. Dennoch, so formulieren Kaiser, Blomhoj und Sriraman (2006, 82f.), ist es eine offene Frage, inwieweit tatsächlich eine Theorieentwicklung für das Unterrichten und Lernen von mathematischer Modellierung erreicht wurde, die allgemein als tragfähig und anwendbar gelten kann. Im Rahmen der ICMI-Study 14 („Applications and Modelling in Mathematics Education", 2002), wurde der aktuelle Stand der internationalen Diskussion dokumentiert (siehe Blum et al. 2007). – Die Entwicklung einer Theorie des Unterrichtens und Lernens mathematischer Modellierung ist jedoch noch bei weitem nicht abgeschlossen.

> „Much more research is needed, especially in order to enhance our understanding on micro levels, meaning teacher and learning problems which occur in particular educational settings where students are engaged in modelling activities." (Kaiser, Blomhoj, Sriraman 2006, 82)

Einige dieser Forderungen werden in den Studien ersichtlich, die in Unterkapitel 1.2 beschrieben werden.

Die Unterschiedlichkeit hinsichtlich der Auffassung von Modellierung findet sich insbesondere bei der Betrachtung des aktuellen Stands der Diskussion. Es werden sowohl auf nationaler als auch auf internationaler Ebene zwar gleiche Begriffe verwendet, diese werden jedoch unterschiedlich aufgefasst. So wird Modellierung in den verschiedenen theoretischen Ansätzen mit ganz unterschiedlichen Zielen für den Mathematikunterricht verbunden, ebenso werden unter Modellieren durchaus unterschiedliche Aktivitäten verstanden.

Bevor diese unterschiedlichen Ansätze bzw. Perspektiven beschrieben werden, erfolgt noch ein kurzer Rückblick auf eine bereits bestehende Klassifikation. Denn unterschiedliche Richtungen bzw. Perspektiven der didaktischen Diskussion zum mathematischen Modellieren wurden bereits Mitte der achtziger Jahre des zwanzigsten Jahrhunderts von Kaiser (siehe Kaiser-Meßmer 1986, Kaiser 1996) ausführlich dargestellt. Kaiser analysierte historische Ansätze, die seit dem Beginn des zwanzigsten Jahrhunderts vertreten werden, sowie neuere Strömungen seit der Wiederaufnahme der didaktischen Diskussion zu Realitätsbezügen Ende der sechziger Jahre.

Dabei unterschied sie idealtypisch zwei verschiedene Richtungen in der internationalen Diskussion: eine *pragmatisch orientierte* und eine *wissenschaftlich-humanistische* Richtung. Die beiden Richtungen verfolgen unterschiedliche Ziele für die Berücksichtigung von Realitätsbezügen im Mathematikunterricht (vgl. Kaiser 1986). Bei der pragmatisch orientierten Richtung steht die Befähigung der Lernenden, Mathematik zur Lösung praktischer Probleme anzuwenden, im Mittelpunkt. Kaiser rechnet insbesondere Pollak (1969) zu dieser Richtung. Die wissenschaftlich-humanistische Richtung sieht hingegen die Wissenschaft Mathematik und ihre Fachsystematik von großer Bedeutung. Dabei werden innermathematische Fragestellungen, die sogenannte innere Welt der Mathematik, ebenfalls als Kontext für Mathematiktreiben aufgefasst. Die Befähigung der Lernenden, Beziehungen zwischen Mathematik und Realität zu entwickeln, wird hierbei als zentrales Ziel formuliert. Nach Kaiser kann insbesondere Freudenthal (1968) als ein Vertreter dieser Richtung angesehen werden.

In der deutschsprachigen Diskussion zeigen sich nach Kaiser interessante Differenzierungen. Es entwickelte sich eine *wissenschaftsorientierte* Richtung, die eng mit der wissenschaftlich-humanistischen Richtung verwandt war und vor allem an der Wissenschaft Mathematik orientierte Ziele formuliert. Als zentraler Vertreter dieser Richtung kann Steiner (1968) angesehen werden. Der *pragmatisch* orientierten Richtung verwandt ist eine Strömung, die vom Interesse an Emanzipation ausgeht und für den Mathematikunterricht hauptsächlich utilitaristische Ziele formuliert. Pointiert findet sich diese Position bei Volk (1979). Er fordert, dass der Mathematikunterricht zu einsichtig begründetem, mündigem, autonomem Handeln in aktuellen und zu erwartenden Lebenssituationen befähigen soll. Zwischen diesen beiden „Polen" kann eine dritte Richtung rekonstruiert werden, eine so genannte *integrative* Richtung, die quasi eine Mittelstellung zwischen den beiden Diskussionssträngen einnimmt. Realitätsbezügen wird in dieser Richtung zwar eine große Bedeutung zugewiesen, aber eine einseitige Orientierung an Anwendungsbezügen wird abgelehnt, wenn diese als einziges und wichtigstes Kriterium für die Auswahl der Lerninhalte und der Strukturierung des Unterrichts angesehen werden. Zentrale Vertreter dieser Richtung sind nach Kaisers Analysen Winter (1990) und Blum (1985).

Die Modellierungsdiskussion hat sich in den letzten Jahrzehnten national und international – auch unter Bezug auf diese älteren Ansätze – weiterentwickelt. Dabei sind die Unterschiede zwischen den einzelnen Ansätzen, zum Beispiel auch zwischen denen aus dem romanischsprachigen und dem englischsprachigen Raum, eher größer als kleiner geworden, ebenso wie die Vielfalt der Richtungen. Im Folgenden, bei der Darstellung der aktuellen Diskussion, beziehe ich mich daher zum Teil vor allem auf die Publikationen, die im Rahmen der CERME-Diskussionen entstanden sind, wie etwa Kaiser, Blomhoj & Sriraman (2006), Sriraman, Kaiser & Blomhoj (2006), Borromeo Ferri & Kaiser (2007) sowie die Beiträge auf der Fourth, Fifth und Sixth Conference of the European Society for Research in Mathematics Education, CERME4, 2005, Spanien und CERME5, Zypern (Pitta-Pantazi & Philippou) sowie CERME6, Frankreich.

Damit die Unterschiede und Gemeinsamkeiten auf der internationalen Ebene besser zu erkennen und nachzuvollziehen sind, insbesondere nach den aktuellen Diskussion der CERME 6 in Frankreich, schlage ich folgende deskriptive Klassifikation von Richtungen, basierend auf der von Kaiser, Blomhoj & Sriraman (2006), vor, die nachfolgend eingehend erläutert wird. Diese fokussiert insbesondere auf die mit Realitätsbezügen und Modellierung verbundenen Ziele.

- „Epistemologisches" (oder „theoretisches") Modellieren,

- „Realistisches" (oder „angewandtes") Modellieren,

- „Pädagogisches" Modellieren,

- „Soziokritisches" Modellieren,

- „Kontextbezogenes" Modellieren oder MEA-Ansatz

und zusätzlich als Metaperspektiven (bzw. als Ansätze in Verbindung mit dem Forschungsinteresse):

- „kognitives" Modellieren

- „affektive" Ansätze zum Modellieren

Ansätze aus romanischsprachigen Ländern sind seit einiger Zeit wieder in der Modellierungsdiskussion vertreten. Die im CERME-Kontext *epistemologisches* oder *theoretisches Modellieren* genannten Ansätze weisen einen stark theorieorientierten Hintergrund auf und beziehen sich insbesondere auf die ‚Anthropological Theory of Didactics' von Chevallard (1999) oder den Ansatz des ‚Contract Didactique' von Brousseau (1997) als zugrunde liegenden wissenschaftstheoretischen Rahmen. Der Grad der Realität in den Aufgaben ist in dieser Richtung nicht von Bedeutung. Es werden sowohl außer- als auch innermathematische Themen vorgeschlagen und oft sind die verwendeten Textaufgaben künstlich und realitätsfern.

Die pragmatische Richtung der Modellierungsdiskussion hat sich zu den Ansätzen des *realistischen* oder *angewandten Modellierens* weiterentwickelt, in denen ebenfalls utilitaristische Ziele im Vordergrund stehen. Dabei werden reale und vor allem authentische Probleme aus Industrie und Wissenschaft ins Zentrum gestellt, die nur unwesentlich vereinfacht werden. Der theoretische Hintergrund dieser Richtung gründet sich auf dem angelsächsischen Pragmatismus und der Nähe zur angewandten Mathematik. Weitere zentrale Vertreter(innen) dieser Richtung sind Haines & Crouch (2005) sowie Kaiser (2005).

Eine weitere, neue Perspektive ist das sogenannte *soziokritische* Modellieren. Dieses ist in gewisser Hinsicht als eine Weiterentwicklung des emanzipatorischen Ansatzes anzusehen und eng verwandt mit Ansätzen der Ethnomathematik, wie sie beispielsweise von D'Ambrosio (1985) entwickelt wurden. Innerhalb dieser Perspektive wird die Bedeutung der Mathematik als Teil in der Gesellschaft betont. Dabei wird gefordert, die Rolle der Mathematik sowie speziell die Rolle und die Natur mathematischer Modelle sowie die Funktion des mathematischen Modellierens in der Gesellschaft in den Mittelpunkt zu stellen und diese kritisch zu durchdenken. Aktuell werden diese Ansätze von Barbosa (2006, 2007) vertreten. Ähnliche Konzepte finden sich auch bei Gellert, Jablonka & Keitel (2001).

Es existieren weitere verschiedene Auffassungen zum Modellierungsprozess, die als eine Weiterentwicklung des integrativen Ansatzes der früheren Modellierungsdiskussion angesehen werden können. Viele der derzeit vertretenen Konzepte können dieser Fortsetzung des integrativen Ansatzes zugeordnet werden. Das *pädagogische* Modellieren stellt dabei eine wesentliche Richtung dar und umfasst vor allem zwei Aspekte: didaktisches und begriffliches Modellieren. Das *didaktische* Modellieren stellt pädagogische und stoffbezogene Ziele in den Vordergrund. Dies umfasst einerseits die Förderung von Lernprozessen beim Modellieren und andererseits die Behandlung von Modellierungsbeispielen zur Einführung neuer mathematischer Methoden bzw. deren Übung. Modellierung soll somit als Bestandteil in die Lehrpläne für den Mathematikunterricht mit einfließen, was in den letzten Jahren zunehmend geschehen ist. Die Begriffsentwicklung und das Begriffsverständnis der Lernenden soll beim *begrifflichen* Modellieren gefördert werden. Das kann auf zwei Ebenen angestrebt werden: zum einen die Förderung eines tieferen Begriffsverständnisses innerhalb der Mathematik und zum anderen die Förderung des Verständnisses von Modellierungsprozessen und die Vermittlung der entsprechenden Fachterminologie des Modellierens. Als bedeutsame Vertreter sind hier Burkhardt (2000), Blomhoj (2004) oder Maaß (2004) anzusehen.

Eine weitere wichtige Perspektive bildet das *kontextbezogene Modellieren* oder der MEA-Ansatz (**M**odelling **E**liciting **A**ctivities) ist ebenfalls. Dabei stehen die Strukturierung von Lernprozessen sowie die Analyse von Lösungsprozessen einschlägiger Beispiele im Vordergrund. Theoretischer Hintergrund dieser Ansätze sind zum einen die amerikanische „Problem Solving"-Debatte, zum anderen kognitionspsychologische Konzepte des situierten Lernens. Die von dieser Richtung vorgeschlagenen Beispiele sind vorrangig sogenannte „Textaufgaben", die im Grad ihrer Komplexität sowie ihrer Realitätsnähe schwanken; häufig werden auf die sprachliche Ebene von Textaufgaben vereinfachte „echte" Problemen zum Beispiel aus der Industrie vorgeschlagen. Vor allem Lesh & Doerr (2003) sowie Sriraman (2005) sind als Vertreter dieser Richtung anzusehen.

Eine von den anderen Perspektiven deutlich abgegrenzte Metaperspektive (vgl. Kaiser & Sriraman 2006) innerhalb der Modellierungsdiskussion nimmt das so genannte *kognitive Modellieren* ein, das im Gegensatz zu den anderen Ansätzen einen deskriptiven und keinen normativen Zugang vertritt. Ziel ist die Analyse von Modellierungsprozessen bei unterschiedlich komplexen Modellierungssituationen. Dabei werden individuelle „Modellierungsrouten" von einzelnen Schülerinnen und Schülern und deren Schwierigkeiten rekonstruiert (siehe Kapitel 3). Als Vertreter dieser Metaperspektive gelten Blum & Leiß (2005) sowie Borromeo Ferri (2006). Ansätze der Förderung mathematischer Denkprozesse durch Verwendung von Modellen als mentale Bilder oder als physikalische Repräsentanten haben demgegenüber eine lange Tradition (siehe v. a. Skemp 1987). Dem kognitiven Modellieren zugeordnete Arbeitsrichtungen können, wie bereits angemerkt, normativ auch andere Positionen vertreten.

Nicht nur kognitive Ansätze liegen im Forschungsinteresse bezüglich der Modellierung. Auch *affektive* Ansätze sind stehen im Fokus einiger Untersuchungen. Dabei geht es um die Förderung einer positiven Einstellung zur Mathematik bei Schülerinnen und Schülern sowie um eine adäquate Selbstwahrnehmung und beurteilung. Da diese Richtung eng mit der kognitionspsychologischen verbunden ist, liegen auch hier psychologische Theorien zugrunde. Wake (2007) und Vorhölter (2007) können dieser Richtung zugeordnet werden.

Eines haben alle diese Perspektiven gemeinsam: Die vielen damit verbundenen Studien zielen letztlich darauf ab, über Mathematik und deren Anwendung im Unterricht verstärkt nachzudenken und somit den realitätsbezogenen Mathematikunterricht zu verbessern, sei es durch kognitionspsychologische Mikroanalysen der Prozesse oder durch die Verwendung sozialkritischer Modellierungsaufgaben.

Konkreter schon seit Mitte der achtziger Jahre haben verschiedene Autoren (siehe u. a. De Lange 1987, Galbraith 1995, Blum & Niss 1991, Blum 1996, Kaiser 1995) den jeweiligen Richtungen zugeordnete *Ziele* für einen realitätsbezogenen Mathematikunterricht formuliert. Darauf soll im Folgenden, obwohl im Rahmen der Beschreibungen bereits Querbezüge hergestellt wurden, nochmals näher eingegangen werden.

Blum (vgl. 1996, 21 f.) unterscheidet pragmatische, formale, kulturbezogene und lernpsychologische Ziele. Ähnlich beschreibt Kaiser (vgl. 1995, 69) stoffbezogene, pädagogische, psychologische sowie wissenschaftsorientierte Ziele für einen anwendungsorientierten Mathematikunterricht.

Um den Bezug dieser Ziele zu den genannten Richtungen herzustellen, ohne auf Besonderheiten der unterschiedlichen Zielauffassungen einzugehen, beschränke ich mich auf die von Kaiser (1995, 69) formulierten Ziele.

Die stoffbezogenen Ziele betreffen die Organisation von Unterricht. Dabei sollen Realitätsbezüge im Mathematikunterricht als Ausgangspunkt von Lernprozessen und zur Veranschaulichung sowie zur Übung mathematischer Methoden dienen und vor allem das nachhaltige Memorieren mathematischer Inhalte fördern. Die pädagogischen Ziele umfassen Fähigkeiten zur Umwelterschließung und –bewältigung, wobei die realen Nutzungsmöglichkeiten der Mathematik für die eigene Lebenswirklichkeit erfahren werden sollen. Realitätsbezüge sollen dabei ein angemessenes Bild vom Verhältnis zwischen Mathematik und Realität vermitteln und Lernende dazu befähigen, das Anwenden von Mathematik kritisch zu reflektieren. Die psychologischen Ziele dienen dazu, durch Realitätsbezüge die Motivation für Mathematik zu steigern und die allgemeine Einstellung gegenüber ihr zu verbessern. Die wissenschaftsorientierten Ziele gelten der zu vermittelnden Betrachtung von Mathematik als einem Kulturgut. Schülerinnen und Schülern kann dabei durch Realitätsbezüge ein angemessenes Bild von Mathematik als Wissenschaft dargeboten werden. Darüber hinaus soll eine kritische Reflexion über verschiedene Anwendungen und die soziale Praxis von Mathematik angeregt werden.

Diese Ziele überschneiden sich in der unterrichtlichen Praxis und sind nicht hierarchisch angeordnet. Vielmehr stehen sie mit unterschiedlichen Schwerpunkten, abhängig von Schulstufe und Schulform, nebeneinander. Dieser Aspekt erschwert sicherlich eine Zuordnung zu den angesprochenen Richtungen. Daher muss nochmals ergänzend bemerkt werden, dass es sich bei den Richtungen verstärkt um „Forschungsrichtungen" und weniger um unterschiedliche Arten handelt, wie der Unterricht tatsächlich in den verschiedenen Ländern durchgeführt wird. Dazu gibt es bisher keine gesicherten empirischen Kenntnisse. Als Hypothese, die an dieser Stelle jedoch nur als Vermutung geäußert wird, könnte man von Tendenzen sprechen, die eine gewisse Übereinstimmung zwischen der jeweiligen Richtung des Modellierens und der Art des Unterrichtens durch die Lehrenden in den einzelnen Ländern erkennen lassen – aufgrund der pädagogischen Prägung im Land selbst, die sich wiederum in den Rahmenplänen widerspiegelt.

Im Folgenden werden die Richtungen des Modellierens im Zusammenhang mit deren implizierten Zielen dargestellt.

Beim epistemologischen oder theoretischen Modellieren stehen wissenschaftsorientierte Ziele im Vordergrund. Durch die theoriebezogenen Ansätze von Brousseau (1997) und Chevallard (1999) liegt der Schwerpunkt insbesondere auf der Vermittlung von Mathematik als Wissenschaft.

Realistisches oder angewandtes Modellieren verfolgt pragmatische Ziele durch die Verwendung von realen und authentischen Problemstellungen. Die Lernenden sollen Modellierung aktiv durch „echte" Probleme erleben und somit die Umwelt bewusster erfahren.

Das pädagogische Modellieren fokussiert sowohl auf pädagogische als auch auf stoffbezogene Ziele. Denn einerseits geht es neben der Förderung von Umwelterschließung auch um die Übung mathematischer Methoden durch Realitätsbezüge, wie beispielsweise kooperative Lernformen. Das heißt, die Organisation von Unterricht nimmt beim pädagogischen Modellieren einen hohen Stellenwert ein.

Beim soziokritischen Modellieren geht es zum einen um wissenschaftsorientierte Ziele, denn die Betonung liegt unter anderem auf der Förderung kritischen Denkens über die Rolle der Mathematik in der Gesellschaft. Zum anderen geht es um die Reflexionen, beispielsweise über Modellierungsprozesse im Unterricht, die innerhalb dieser Richtung von großer Bedeutung sind und somit in den Bereich der stoffbezogenen Ziele fallen.

Das kontextbezogene Modellieren umfasst stoffbezogene und psychologische Ziele. Die mehr oder weniger authentischen Aufgaben werden im Sinne der stoffbezogenen Ziele zur Strukturierung von Lernprozessen sowie zur Analyse von Lösungsprozessen herangezogen. Gleichzeitig soll dadurch die Motivation und Einstellung zur Mathematik verbessert werden, was psychologische Ziele sind.

Die Metaperspektive des kognitiven Modellierens fokussiert drei Ziele: stoffbezogene, pädagogische und psychologische. Zu den stoffbezogenen Zielen kommt ergänzend die Rolle der Lehrperson und deren Unterrichtsgestaltung hinzu. Welche Interventionen wirken sich dabei förderlich auf die Modellierungsprozesse aus? Ist der mathematische Denkstil bei der Lehrperson so weit reflektiert, dass eine Balance bei der Vermittlung von Realität und Mathematik stattfindet? Sowohl pädagogische als auch stoffbezogene Ziele werden durch die Auseinandersetzung mit dem Modellieren vorangetrieben.

Die Metaperspektive des affektiven Modellierens umfasst dieselben Ziele wie die eben genannten des kognitiven Modellierens. Die Lehrperson hat auch in diesem Zusammenhang durch die Gestaltung des Unterrichts und die Auswahl der (Modellierungs-)Aufgaben enormen Einfluss auf eine positive Einstellung der Lernenden zur Mathematik.

Werden die Ziele näher betrachtet, so fallen insbesondere die psychologischen Ziele auf, die insofern eine Sonderstellung einnehmen, als sie quer zu den verschiedenen Richtungen liegen. Motivations- und Einstellungsveränderungen zur Mathematik können durch die Behandlung von Realitätsbezügen eher als übergreifende Ziele verstanden werden, egal welche Auffassung von Modellierung zugrunde liegt.

In meiner Arbeit habe ich mich für die Betrachtung und Analyse des realitätsbezogenen Unterrichts mit einem Schwerpunkt auf dem kognitiven Modellieren entschieden. Die Ergebnisse sollen unter anderem Erkenntnisse darüber geben, welche kognitiven Aktivitäten von Lernenden und Lehrenden im Bezug auf die Modellierung stattfinden, wodurch letztlich didaktische Ansätze geliefert werden, wie bestimmte Ziele besser umzusetzen sind.

1.1.2   Typen von Modellierungskreisläufen

Mit den unterschiedlichen Richtungen bzw. Auffassungen von Modellierung hängen diverse idealtypische Darstellungen von Modellierungskreisläufen (vgl. Borromeo Ferri 2006, 86 ff. und Borromeo Ferri & Kaiser 2008) zusammen, die für unterschiedliche Zwecke verwendet werden. Die vielfachen Ebenen dieser Verwendungen sind bisher nur wenig reflektiert worden.

Im Folgenden soll der Versuch einer Klassifikation von Modellierungskreisläufen dargestellt werden, welche die verschiedenen Aspekte und Gründe für diese Differenzen aufzeigt. In der Einleitung dieses Kapitel wurde als Beispiel für einen idealisierten Modellierungsprozess das Schema von Kaiser beschrieben. In der nachfolgenden Klassifikation werden vor allem die markantesten normativen Unterschiede bezüglich der Phasen herausgestellt, die, um dies bereits vorwegzunehmen, tatsächlich bei den Modellierungskreisläufen zwischen *Realer Situation* (RS) und *Situationsmodell* (SM) beziehungsweise zwischen *Mentaler Situations-Repräsentation* (MSR), *Realem Modell* (RM) und *Mathematischem Modell* (MM) existieren.

Diese Aufarbeitung der normativen Phasenunterscheidung bildet einen wichtigen theoretischen Hintergrund für eine Fragestellung meiner Studie, nämlich inwieweit sich diese Phasen auch empirisch-deskriptiv unterscheiden lassen und ob gegebenenfalls noch differenziertere Beschreibungen nötig sind. Im Ergebnisteil dieser Arbeit werde ich darauf zurückkommen.

Theoretisch unterscheide ich vier Typen von Beschreibungen von Modellierungskreisläufen, die mit einem Namen versehen sind, der eine inhaltliche Kurzbeschreibung enthält:

- Typ 1: Modellierungskreislauf aus der angewandten Mathematik

- Typ 2: Didaktischer Modellierungskreislauf

- Typ 3: Modellierungskreislauf als Basis für die Rekonstruktion des Situationsmodells bei der Verwendung von Textaufgaben

- Typ 4: Diagnostischer Modellierungskreislauf

Bei der Beschreibung jedes Typs wird – anhand der Literatur sowie einer Grafik – im Folgenden jeweils ein Prototyp eines Kreislaufs dargestellt, der die spezifische Besonderheit, vor allem bezüglich der bestehenden Phasen, repräsentiert.

Bei diesem Abschnitt muss erwähnt werden, dass die bisher schon vielfach verwendeten und nachfolgend ebenfalls gehäuft auftretenden Begriffe wie „reale Welt", „mathematische Welt", „Realität", „Mathematik", „rest of the world", eine Spezifik der mathematikdidaktischen

Community zum mathematischen Modellieren darstellen. Diese Begrifflichkeiten sind aus wissenschaftstheoretischer Perspektive sicherlich kritisch zu betrachten, haben sich jedoch mittlerweile in der Modellierungsdiskussion eingebürgert.

Die folgenden vier Typen sind auch in ihrer historischen Entwicklung zu betrachten, denn der Modellierungskreislauf aus der angewandten Mathematik kann als der Kreislauf gelten, der enormen Einfluss auf die darauffolgenden Ausdifferenzierungen der Phasen hatte.

Typ 1: Modellierungskreislauf aus der angewandten Mathematik
Insbesondere bei diesem Typ sind viele Richtungen der Modellierungsdiskussion vereint, die aber ein Charakteristikum gemeinsam haben: Es gibt, wie bei den darauf folgenden Kreisläufen, keine Phase zwischen Realer Situation und Mathematischem Modell, wie in dem spezifischen Modell unten deutlich wird.

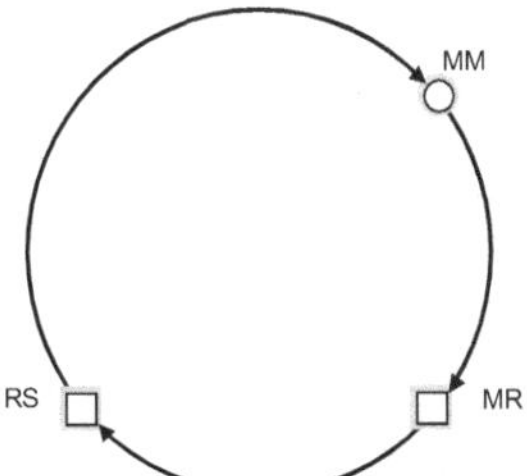

Abbildung 1.2:   Modellierungskreislauf Typ 1

Diese fehlenden Differenzierungen sind in der Art der behandelten Probleme begründet, die realistischer und von höherer mathematischer Komplexität sind. Hier bestimmen die vorhandenen mathematischen Werkzeuge bereits die Sicht auf die gegebene Problemsituation und deren Strukturierung. Insgesamt lehnt sich diese Auffassung des Modellierungskreislaufs an Auffassungen aus der angewandten Mathematik an oder stammt sogar daher.

Pollak (1979) kann als ein früher Anhänger dieser Auffassung angesehen werden. Modellieren ist für ihn ein Weg, die reale Welt besser zu verstehen. Sein Modellierungskreislauf verknüpft die reale Welt (bei ihm als „rest of the world" bezeichnet) mit der klassischen angewandten Mathematik („applied mathematics" und der anwendbaren Mathematik („applicable mathematics"), wie im Abbild 1.3 dargestellt:

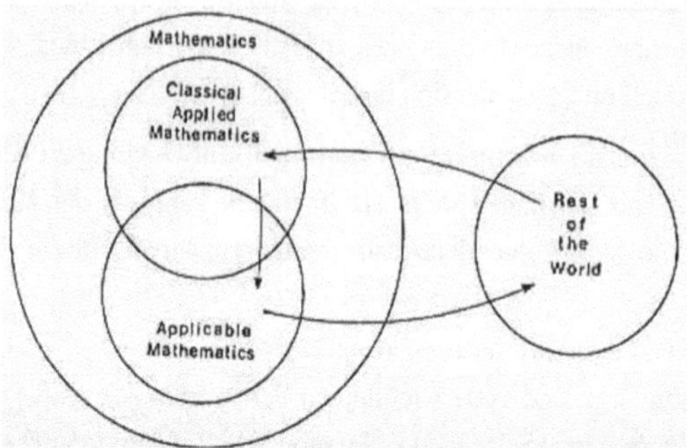

Abbildung 1.3:   Modellierungskreislauf nach Pollak (1979, 233)

Ähnliche Auffassungen finden sich in den Arbeiten von Ortlieb (2004), der ebenfalls einen Modellierungskreislauf aus der angewandten Mathematik vertritt. Kaiser schlägt für komplexere Aufgabenstellungen in neueren Arbeiten auch diese Auffassung von Modellierungsprozessen vor (Kaiser, Ortlieb & Struckmeier 2004).

Typ 2: Didaktischer Modellierungskreislauf
Stark von den Ansätzen Pollaks und seinem Schema inspiriert, schlagen einige Autoren einen Modellierungskreislauf vor, der im Unterricht handhabbar ist und der als metakognitive Hilfe für Lernende angemessen erscheint. Dieser Modellierungskreislauf wird um einen Schritt erweitert, die Phasen werden benannt und verdeutlichen noch stärker als bei Pollak, wie der Prozess des Modellierens zu durchlaufen ist. Es handelt sich um einen „vierphasigen" Kreislauf, was die nachstehende Graphik verdeutlicht:

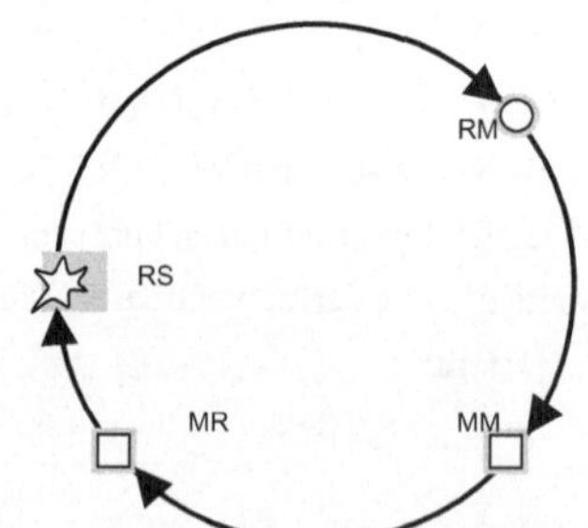

Abbildung 1.4:   Modellierungskreislauf Typ 2

Als ein Beispiel für diese Auffassung ist der Modellierungskreislauf von Kaiser (1986) wiedergegeben, wie er sich auch in Blum (1985) findet:

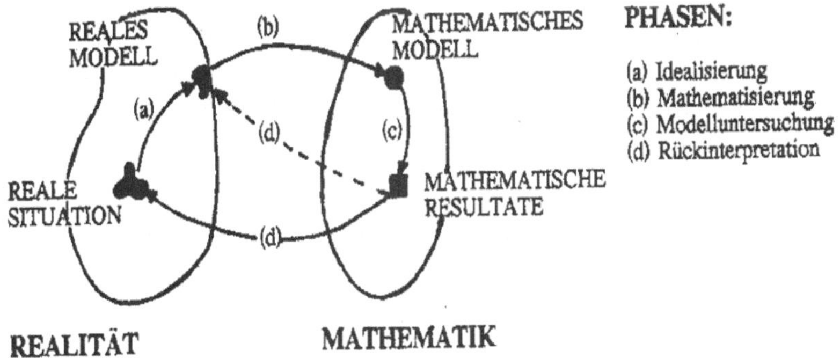

Abbildung 1.5:   Modellierungskreislauf nach Kaiser (1986)

Bezüglich der Frage, inwieweit dieser Kreislauf speziell für den Schulunterricht angemessen ist, besteht derzeit in der einschlägigen didaktischen Diskussion zumindest eine positive Tendenz für dessen Nutzung. Blum hält vom heutigen Standpunkt aus die Integration des Situationsmodells als Diagnoseinstrument für Lehrende und für Forschungszwecke für angemessener (siehe Typ 4) im Gegensatz zu 1996, als er das obige Kreislaufschema vertreten hat. Hinsichtlich des Schulunterrichts hält Kaiser zum jetzigen Zeitpunkt, wie schon 1995, die Vierstufigkeit (wenn nicht gar eine Dreistufigkeit, wie sie vom vorherigen Typ vorgeschlagen wird) für praktikabler.

Maaß (2004) plädiert auf der Basis umfangreicher empirischer Studien ebenfalls dafür, Lernenden aus dem oberen Sekundarbereich den vierstufigen Modellierungskreislauf als Prozessmodell zu vermitteln. Für Lernende des unteren Sekundarbereichs sieht sie jedoch Probleme und plädiert für ein weiter vereinfachtes Modell. Henn (2002) vertritt ebenfalls die obige Auffassung des Modellierungskreislaufs.

Typ 3: Modellierungskreislauf als Basis für die Rekonstruktion des Situationsmodells bei der Verwendung von Textaufgaben

Der Forschungsstand im Bereich Textaufgaben, insbesondere im Hinblick darauf, wie diese von Individuen gelöst werden, ist sehr umfangreich: Ansätze, basierend auf Theorien von Problemlöseprozessen (u. a. Newell & Simon 1972) oder auf Theorien des Textverständnisses (u. a. Anderson 1976), sind dabei zentral. Kintsch & Greeno (1985) analysieren, welche Wissenskomponenten zu einer bestimmten mentalen Repräsentation der gegebenen Aufgabe beim Modellierungsprozess führen. In Anschlussarbeiten wurde rekonstruiert, welches Situationsmodell beim Lösen von Textaufgaben gebildet wird und wie sich dieses äußert.

Das theoretische Konstrukt des Situationsmodells stammt aus textlinguistischen Arbeiten und wird in der psychologischen Forschung vorwiegend im Zusammenhang mit Textaufgaben – sogenannten „word problems" – verwendet (siehe Kintsch & Greeno 1985, Verschaffel, Greer & De Corte 2000, Reusser 1989). Dabei wird unter einem Situationsmodell eine mentale Repräsentation der Situation der gegebenen Aufgabe verstanden, die vom realen Modell zu unterscheiden ist. Das Situationsmodell, zum Teil auch als Problemmodell bezeichnet, charakterisieren Kintsch & Greeno wie folgt:

> „The situation model includes inferences that are made using knowledge about the domain of the text information. It is a representation of the content of a text, independent of how the text was formulated and integrated with other relevant experiences. Its structure is adapted to the demands of whatever tasks the reader expects to perform." (Kintsch & Greeno 1985, 110)

Kintsch & Greeno sprechen also davon, dass eine Repräsentation des Inhalts eines Textes erfolgt, die unabhängig von der Formulierung des Textes ist. In den theoretischen Ansätzen dieser Gruppe, die aus der Kognitionspsychologie stammen, ist das Situationsmodell ein fester Theoriebestandteil bei der Analyse von Textaufgaben, allerdings wird in diesen Arbeiten die Phase des Bildens eines Situationsmodells nicht explizit von der Phase des Bildens eines realen Modells unterschieden. Das kann mittels folgender Abbildung verdeutlicht werden, in der dies mit SM + RM gekennzeichnet ist:

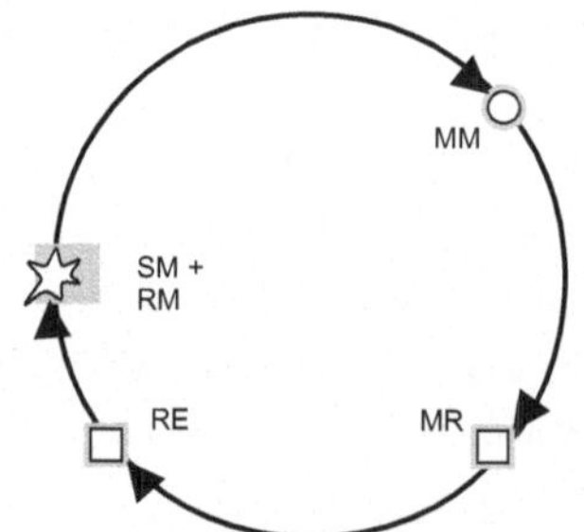

Abbildung 1.6:   Modellierungskreislauf Typ 3

Diese fehlende Differenzierung begründet sich durch die geringe Komplexität der verwendeten Textaufgaben. Blum & Niss (1991) betonen, dass eine Textaufgabe bereits ein reales Modell enthält und man daher nur von einem eingeschränkten Modellierungsprozess ausgehen kann. Die reale Situation in Textaufgaben ist bereits vereinfacht und das reale Modell resultiert direkt aus dem   Situationsmodell.

Das Schaubild von Verschaffel, Greer & De Corte (2000) macht ersichtlich, welche Bedeutung die Autoren dem Situationsmodell zuschreiben und wie sie dieses definieren. Ein reales Modell findet in diesem Modell keine Erwähnung, da die Textaufgaben dieses, wie eben gesagt, bereits repräsentieren. So geht der Pfeil direkt zum mathematischen Modell, wobei die Autoren diesen Übergang als „Modeling" bezeichnen. Verbreiteter ist in der didaktischen Diskussion der Ansatz, von „Modellierung" zu sprechen, wenn der gesamte Kreislauf durchlaufen wird. Der Kreislaufgedanke ist den noch im Schema von Kintsch & Greeno verankert. Vom „mathematical model" zu „derivations from model" muss das Individuum mathematisch arbeiten („mathematical analysis"), schließlich das Ergebnis interpretieren und mit dem Situationsmodell evaluieren, so dass es „inter preted results" erhält. In den vorherigen Kreislaufschemata wird diese Station im Allgemeinen als „reales Ergebnis" bezeichnet. Kintsch & Greeno gehen noch einen Schritt weiter, indem sie explizit die Phase der „communication" hinnehmen und verdeutlichen, dass der „report" der Ergebnisse einen weiteren zentralen Bestandteil des Prozesses darstellt.

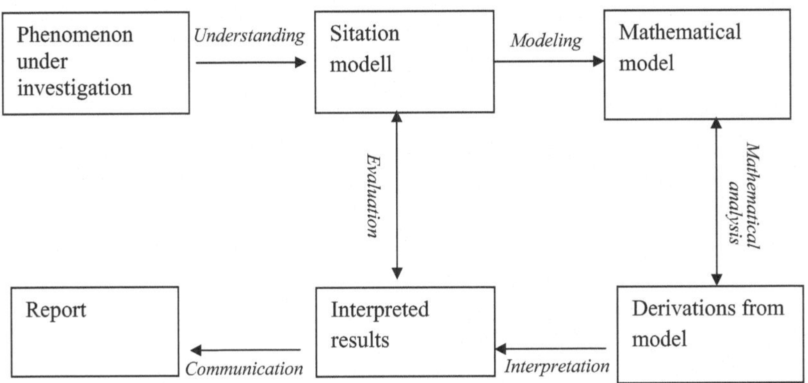

Abbildung 1.7:   Schematisches Diagramm vom Modellierungsprozess (Verschaffel, Greer, deCorte 2000, xii)

Zur Gruppe der Forschenden, die diesen Ansatz verfolgen, können unter anderem De Corte & Verschaffel (1981), Nesher et al. (2003), Kintsch & Greeno (1985), Reusser (1997) gezählt werden.

Typ 4: Diagnostischer Modellierungskreislauf
Die zentrale Gemeinsamkeit dieser Auffassungen von Modellierungskreisläufen veranschaulicht die folgende Abbildung:

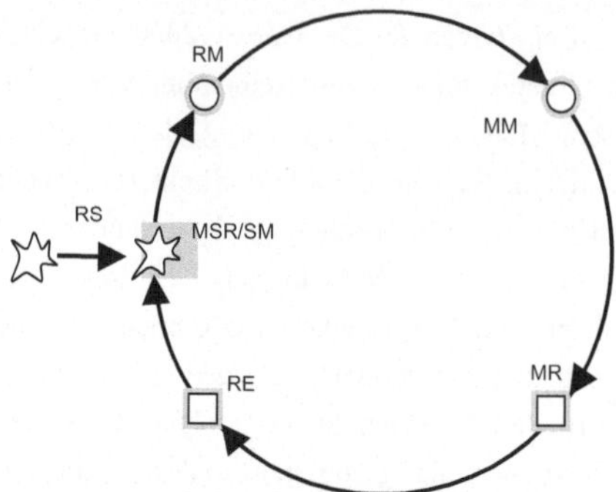

Abbildung 1.8:   Modellierungskreislauf Typ 4

Hierbei wird eine Neuerung gegenüber der bisherigen Modellierungsdiskussion eingeführt: Als zusätzlicher Schritt wird das sogenannte Situationsmodell (SM) (bzw. der mentalen Situations-Repräsentation [MSR]) unterschieden.

Beeinflussende Faktoren für die Bildung eines Situationsmodells beim Lösen realitätsbezogener Aufgaben können, wie bereits bei Typ 3 angedeutet (siehe u. a. Verschaffel, Greer & De Corte 2000 sowie Artelt, Stanat, Schneider & Schiefele 2001, 69 ff.), die in Schriftform dargestellte Situation sowie intrapersonelle Aspekte sein. Konkret bedeutet dies, dass sowohl Aufgabenmerkmale, welche die mathematische Struktur, die Semantik, den Kontext und das Format beinhalten, als auch die intrapersonellen Aspekte, wie etwa die Lesekompetenz, das Vorwissen oder die kognitive Leistungsfähigkeit, als Einflussfaktoren zu berücksichtigen sind (siehe dazu ausführlich Leiß 2007, 29 f.). Soll demnach ein adäquates Situationsmodell entstehen, was dem Individuum im Modellierungsprozess weiterhilft, so muss der Kern des Inhalts einer Aufgabe von beiden Seiten – den Aufgabenkonstrukteuren und dem Individuum – im Verständnis nah beieinander liegen.

Das reale Modell entsteht nun aus dem Situationsmodell durch die Entwicklung von auf die Realität bezogenen Annahmen und Simplifizierungen und stellt somit eine vereinfachte, aber zentrale Strukturelemente erhaltende Beschreibung der realen Situation dar, die durch das Situationsmodell vermittelt wird.

Blum & Leiß (2005, 2007) verwenden das Konstrukt Situationsmodell in Anlehnung an Reusser (1997) und integrieren dieses als zusätzliche Phase in ihren Modellierungskreislauf. Neu ist dabei auch die Nutzung des Situationsmodells in der Verbindung mit komplexen Modellierungsaufgaben gegenüber einfachen Textaufgaben. Im DISUM-Projekt (siehe dazu Abschnitt 1.2.1) wird das Situationsmodell als eine der bedeutendsten Stationen im Modellierungsprozess angesehen. Es beschreibt den wichtigen Übersetzungsprozess zwischen realer Situation und mentalem Modell als Phase des Verstehens der Aufgabenstellung. In der folgenden Abbildung ist der Modellierungskreislauf nach Blum & Leiß dargestellt (2005, 19).

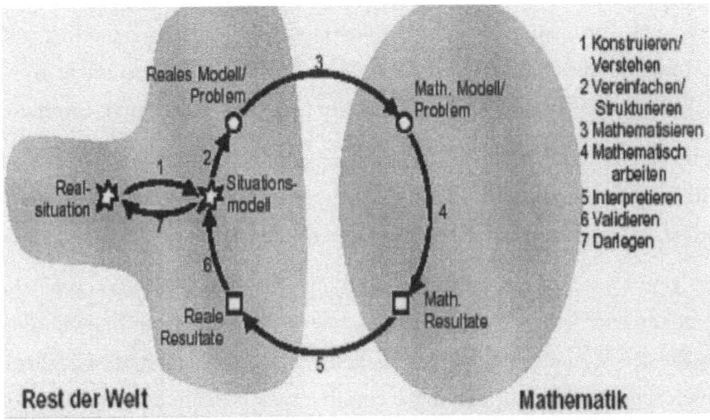

Abbildung 1.9:   Modellierungskreislauf nach Blum/Leiß (2005, 19)

Dieser und der vorangegangene Typ von Modellierungskreisläufen eignet sich in hervorragender Weise zur Analyse tatsächlicher Modellierungsprozesse beziehungsweise zur Aufschlüsselung der Bearbeitung von Textaufgaben. Geht es darum, mit diesen eine metakognitive Wissensstruktur zur Beschreibung des Vorgehens beim Modellieren auch im Unterricht aufzubauen, könnte das aus folgenden Gründen schwierig werden: Vor allem der prototypische Kreislauf des Typs 4 umfasst viele Phasen, deren Unterscheidung beim eigenen Modellierungsprozess beziehungsweise bei der Analyse von Schülerlösungen hohes Interpretationsvermögen verlangt und keineswegs trivial ist. In höheren Klassenstufen könnte vielleicht ein entsprechender Versuch gewagt werden, für die Mittelstufe scheint dies weitgehend ungeeignet. Für Lehrer ist der Modellierungskreislauf mit dem Fokus auf die individuelle mentale Repräsentation ein hervorragendes Instrument, um vor allem kognitive Hürden beim Modellieren zu diagnostizieren.

Die Unterschiede insbesondere in den ersten Phasen der gezeigten Kreisläufe wurden ersichtlich. Werden die Phasen des Interpretierens und Validierens näher betrachtet, so sind die Differenzen zwischen den einzelnen Beschreibungen jedoch nicht sehr groß. Diese Phasen werden in fast allen Kreisläufen als *Mathematische Resultate*, *Interpretieren* und *Validieren* bezeichnet. Dabei wird in vielen Kreisläufen oft Interpretieren und Validieren von der Bedeutung her als eine Phase aufgefasst, in anderen Beschreibungen werden diese als zwei Phasen unterschieden.

Zusammenfassend ist ein wichtiger Aspekt anzumerken, der zum Teil schon angeklungen ist. Bei den dargestellten Gruppen von Modellierungskreisläufen muss zwischen Modellierungskreisläufen für forschende und für schulische Zwecke unterschieden werden. Maaß (2004) konnte in ihrer Untersuchung mit Siebtklässlern deren Schwierigkeiten bei der Differenzierung zwischen realem und mathematischem Modell rekonstruieren. Demnach wäre es legitim zu fragen, ob es nicht ein Modell eines Modellierungskreislaufs geben könnte, das sowohl schulische als auch forschende Zwecke erfüllt. Diese Frage kann sicherlich unterschiedlich beantwortet werden und es gibt in der didaktischen Diskussion bereits einige erprobte Ansätze für ein Modell für beide Zwecke, beispielsweise in den USA von Lesh & Sriraman (2005).

Die für die einzelnen Phasen nötigen Fähigkeiten, egal ob in einem vierstufigen oder sechsstufigen Modellierungskreislauf, werden auch als sogenannte *Teilkompetenzen* des Modellierens bezeichnet, die im Laufe des Verstehens und Lernens ständig verbessert werden sollten.

Die Messung von Teilkompetenzen oder insgesamt der Modellierungskompetenz bildet keinen Schwerpunkt dieser Arbeit. Wenn es aber – wie in der Datenanalyse – um die Rekonstruktion von Phasen des Modellierungsprozesses geht, fällt das Augenmerk gleichzeitig auch auf die Teilkompetenzen und darauf, wie diese empirisch zu beschreiben sind. Im Folgenden soll dazu kurz der theoretische Hintergrund dargestellt werden.

In der nationalen und internationalen mathematikdidaktischen Diskussion zum Modellieren steht die Modellierungskompetenz schon seit einiger Zeit mit im Zentrum des Interesses und wird beispielsweise folgendermaßen charakterisiert:

> „Modellierungskompetenzen umfassen die Fähigkeiten und Fertigkeiten, Modellierungsprozesse zielgerichtet und angemessen durchführen zu können sowie die Bereitschaft, diese Fähigkeiten und Fertigkeiten in Handlungen umzusetzen." (Maaß 2004, 35)

Verschiedene Untersuchungen hauptsächlich aus dem englischsprachigen Bereich (z. B. Haines, Crouch & Davis 2001) – im deutschsprachigen Raum Maaß (2004) – haben sich in den letzten Jahren mit der Untersuchung von Modellierungskompetenzen von Lernenden beschäftigt und dabei auch deren Fortschritte im Kompetenzerwerb gemessen. Bei all diesen Studien (siehe exemplarisch Blum & Kaiser 1997, Haines & Izard 1995, Ikeda & Stephens 1998) wurden Tests zum Messen der Modellierungskompetenz entwickelt. Die empirische Rekonstruktion von Teilkompetenzen wurde dabei jedoch bislang kaum berücksichtigt. Die Orientierung bzw. Festlegung, was Teilkompetenzen beinhalten, erfolgte normativ, sie ist im Kern identisch mit den idealtypischen Phasenbeschreibungen und wurde so für die Testkonstruktion verwendet. Der einzige bekannte Test, in dem versucht wurde, Teilkompetenzen zu erheben, wurde von Haines, Crouch & Davis (2001) entwickelt und von Izard, Houston und anderen weitergeführt. Dabei handelt es sich um einen Multiple-Choice-Test für den tertiären Bereich, genauer für die universitäre Mathematikausbildung von Ingenieurstudenten. Auch dieser Test lässt eine Frage nach Teilkompetenzen offen, die im Discussion Document zur ICMI Study 14 so formuliert wird:

„Can specific subskills and subcompetencies of ‚modelling competence' be identified?"
(Blum, 2002, 271)

Die Identifikation, nach der gefragt wird, kann auf zwei Ebenen interpretiert werden. Einerseits im Sinne der bereits angesprochenen Richtung der tatsächlichen (zunächst) qualitativ empirischen Rekonstruktion von Teilkompetenzen, andererseits als eine quantitative Messung bzw. Abbildung von Teilkompetenzen.

Im Rückblick auf die beschriebenen Gruppen von Modellierungskreisläufen lässt sich hinsichtlich der *Teilkompetenzen* ergänzen, dass die Anzahl der Phasen auch die Anzahl der Teilkompetenzen ausdrückt.

Beispielhaft können folgende Teilkompetenzen nach Blum und Kaiser (1997) normativ formuliert werden:

- Kompetenz zur Vereinfachung und Strukturierung des realen Problems und somit zur Aufstellung eines realen Modells,

- Kompetenz zum Aufstellen eines mathematischen Modells aus einem realen Modell,

- Kompetenz zur Interpretation mathematischer Resultate in der Realität,

- Kompetenz zur Validierung des Ergebnisses und ggf. zur Durchführung eines neuen Modellierungsprozesses.

Maaß (2004, siehe auch Maaß 2005, 2006, 2007) konnte neben der Rekonstruktion von Modellierungskompetenz durch Tests auch metakognitive Modellierungskompetenz, verstanden als Kompetenz, die nicht direkt an einzelne Modellierungsphasen gebunden ist, von Lernenden beim Modellieren erfassen.

Zusammenfassend bilden die oben genannten Teilkompetenzen die Basis für das Verstehen und Bearbeiten von realitätsbezogenen Aufgaben im Mathematikunterricht. Insbesondere im Bereich der Sekundarstufe, in der Modellierung einen zentralen Bestandteil des Mathematikunterrichts darstellt, sind diese Teilkompetenzen unabdingbar, um eine globale Modellierungskompetenz zu erwerben.

1.2 Studien zum mathematischen Modellieren mit kognitiver Perspektive

Im Folgenden beschränke ich mich auf Studien mit einem starken Fokus auf der Analyse kognitiver Prozesse beim Modellieren. Neben diesem Hauptkriterium werden vor allem diejenigen Studien genannt, die sich mit Lernenden im Alter von 12-18 Jahren befassen. Des Weiteren sind es Studien, bei denen es explizit um das Modellieren geht, das heißt um substantielle Übersetzungen von Realität in Mathematik.

Nicht jede Studie, die sich das Ziel gesetzt hat, Denkprozesse beim mathematischen Modellieren zu rekonstruieren, fällt auch unter die Metaperspektive des „kognitiven Modellierens". Oft stehen dabei noch weitere (z. B. pädagogische oder kontextbezogene Aspekte) im Vordergrund, was jedoch gleichzeitig eine Einordnung so schwierig macht, welche Studien diesen Ansatz stärker integrieren beziehungsweise überhaupt verfolgen oder nicht.

Wie bereits beschrieben, kann zur Metaperspektive des „kognitiven Modellierens" eine Grundströmung einer anderen Modellierungsrichtung gehören. Nach der Einordnung der wesentlichen Studien zum mathematischen Modellieren mit einem kognitiven Fokus wird nachstehend ersichtlich, dass sich vor allem zwei Richtungen herauskristallisieren, die eng mit einem Blick auf Kognitionen verbunden sind: pädagogisches und kontextbezogenes Modellieren.

Dies ist kaum verwunderlich, denn beim pädagogischen Modellieren sollen, vom Individuum ausgehend, unter anderem Lernprozesse beim mathematischen Modellieren gefördert werden. Dieses Ziel verfolgen alle Studien durch ihre Forschungsausrichtung und die Art ihrer verwendeten Aufgaben in besonderem Maße. Somit lassen sich alle Studien bis auf die Arbeiten von Lesh & Doerr, die eher kontextbezogen sind, der pädagogischen Richtung zuordnen.

National wie international sind Forschungen in Bezug auf das „kognitive Modellieren" bisher eher selten, da es sich hierbei um einen recht jungen Forschungszweig innerhalb der Didaktik des Modellierens handelt. In der Einleitung zu diesem Kapitel habe ich daher eine in der Forschung bislang fehlende und für meine empirische Studie grundlegende Charakterisierung des „Modellierens aus kognitiver Perspektive" gegeben.

Im Folgenden werden, wie bereits erwähnt, diejenigen Studien beschrieben, die auf kognitive Aspekte beim mathematischen Modellieren fokussieren. Berücksichtigt wurden dabei jedoch jene Perspektiven, welche die Studien neben dem kognitivem Blickwinkel als weiteren Schwerpunkt eingenommen haben. Die meisten Studien ließen sich dabei unter der Grundströmung des pädagogischen Modellierens verorten, einer Richtung innerhalb des kontextbezogenen Modellierens.

1.2.1 Grundströmung des pädagogischen Modellierens

(A) Studien von Treilibs, Burkhardt & Low

Vor mehr als zwanzig Jahren analysierten Treilibs (1979) sowie Treilibs, Burkhardt & Low (1980) am Shell Centre in Nottingham Mikroprozesse von Individuen beim Lösen von Modellierungsaufgaben. Ihr Fokus liegt dabei auf der Phase der Entwicklung und Aufstellung eines mathematischen Modells, die sie „formulation phase" nennen. Insgesamt gehen sie von vier zentralen Phasen beim Modellieren aus, die sie folgendermaßen beschreiben:

„Formulation: in which the problem situation is considered and a mathematical model is constructed to represent it;
Solution: in which the mathematical model is solved by the application of appropriate mathematical techniques;
Interpretation: in which the mathematical solution is translated into the problem situation context:
Validation: in which the validity of the model is tested by checking the solution, by observation or experiment, against the problem situation." (Treilibs 1979, 2)

Treilibs, Burkhardt & Low fokussieren ihre Analysen auf die „formulation phase", die sie, sowohl für Lehrende als auch für Lernende, als die schwierigste Phase beim Modellieren erachten. Das Verständnis und die Vermittlung der – in Form einer Aufgabe – gegebenen realen Situation, verbunden mit deren Strukturierung und Vereinfachung bis hin zu einem mathematischen Modell, betrachten sie als besonders komplizierten Unterrichtsgegenstand, da diesem keine einfach lehr- und lernbaren Algorithmen zugrunde liegen. Diese Probleme, so Treilibs (1979, 3), hemmen den Enthusiasmus der Lehrenden, das Modellieren zu unterrichten. Entsprechend liegt der Fokus seiner Studie auf den „formulation processes". Dabei analysiert er Unterschiede zwischen geübten („good modellers") und ungeübten („poor modellers") Modellierern (vgl. Treilibs 1979, 59) in Bezug auf deren Entwicklung eines mathematischen Modells und die damit verbundenen Fähigkeiten. In seiner explorativen Studie vergleicht er Ingenieursstudenten im ersten Studienjahr mit geübten Ingenieursstudenten gegen Ende des Studiums. Um die Denkprozesse transparent werden zu lassen, lässt er die Studierenden in Gruppen beim Modellieren laut denken und erstellte Protokolle der Lösungsprozesse. Die Konkretisierung der Mikroprozesse während der „formulation phase" erfolgt durch so genannte „flowcharts", wobei der Prozess der Modellbildung am Beginn mit „start" und am Ende mit „stop" abgegrenzt ist. Diese Flowcharts, basierend auf Burkhardt (1981) (siehe Abb. 1.10 aus Burkhardt), ermöglichen einen detaillierten Blick auf kognitive Prozesse, wobei die in der unteren Abbildung dargestellten Schleifen bzw. Kreisläufe den Modellierungsprozess vom Start bis zum Stopp als nicht linearen Prozess verdeutlichen und aufzeigen, an welchen Stellen Rückschritte im Prozess notwendig sind, um zu einer adäquaten Lösung zu gelangen.

Mit Hilfe der Flowcharts kann vor allem die „formulation phase" von (s. o.) „good" und „poor modellers" verglichen werden. Interessanterweise hat Treilibs diese Flowcharts für eine gesamte Gruppe von „poor modellers" oder „good modellers" und nicht für ein einzelnes Individuum erstellt. Dabei analysiert er, welche „Themenbereiche" („content") in den jeweiligen Gruppen diskutiert wurden, die dann zum Erfolg oder zum Misserfolg führten. Die Abbildung 1.11 zeigt zwei Flowcharts zu derselben Aufgabe (Treilibs 1979, 59, 61).

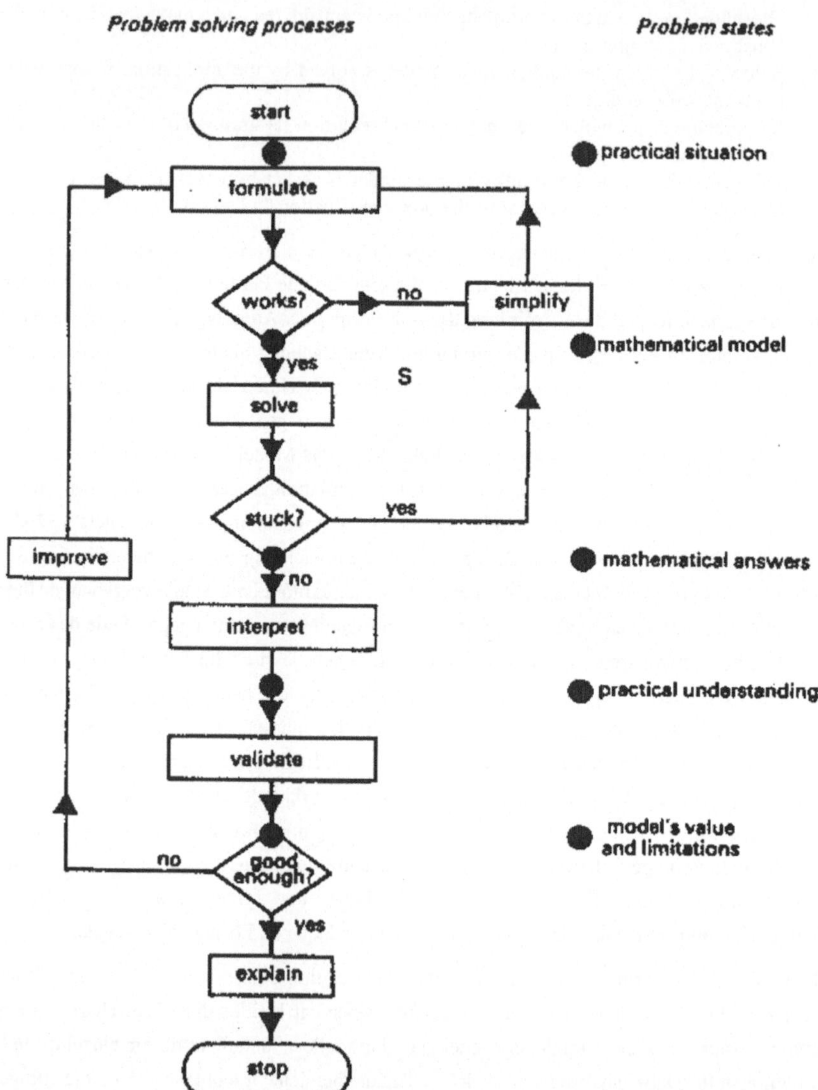

Abbildung 1.10: Flowchart nach Burkhardt (2006, 181)

Als zentrales Ergebnis stellt Treilibs in einer ersten Untersuchung (1979) und später (1980) in einer weiteren Studie mit Burkhardt und Low heraus, dass gute Modellierer stringenter an Modellierungsaufgaben herangehen und die unterliegende Struktur der Lösungsmethode schnell im Blick haben. Damit in Zusammenhang steht auch die gute Organisation innerhalb der Gruppe, die sich in Bezug auf den Lösungsweg durch geeignete Fragen nach Methode und mathematischen Techniken schnell einen guten Lösungsplan erarbeitet. Sie ist daher auch in der Lage, ihren Bearbeitungsprozess zu strukturieren, in dem sie sich beispielsweise auf die Berechnung des Ergebnisses konzentriert, dabei bleibt und somit nicht in andere ablenkende Überlegungen verfällt. Diese Aspekte zeigen sich auch in der Darstellung des Verlaufs in der linken Abbildung, insbesondere bei der Anwendung einer direkten Methode zu Beginn des Lösungsprozesses, in diesem Fall ein Vergleich der Kosten für die Nutzung des Fahrrads im Vergleich zu den Kosten für den Bus über denselben Zeitraum. Schließlich werden Schlüsselvariablen sowie weitere, zu der Aufgabe in Beziehung stehende Variablen generiert. Die direkte Methode „Aufstellen einer Tabelle" wird angewendet, um die Kosten über 5 Jahre zu vergleichen, was dann zu einer Lösung führt. Diese wird diskutiert und interpretiert. Für die „good modellers" spricht abschließend deren Auseinandersetzung über die Güte des Modells beziehungsweise dessen Modifikation.

Die ungeübten Modellierer haben dagegen keine direkte Methode, um an die Aufgabe heranzugehen, wie die rechte Abbildung zu erkennen gibt. Die Klärung der Aufgabe nimmt einen Großteil des Bearbeitungsprozesses in Anspruch. Das weitere Problem der „poor modellers" ist das Generieren von Variablen. Sie sind kaum in der Lage, sogenannte Schlüsselvariablen zu erkennen, und verfallen somit in die Aufstellung einer Vielzahl von Variablen, von denen sie jedoch nur wenige für die Lösung verwenden können. Das führt in den meisten Fällen zu einer unbefriedigenden oder gar keiner Lösung. Generell verlieren sie die Gesamtsicht über die Aufgabe und vermeiden organisatorische Entscheidungen während des Modellierens in der Gruppe.

Mit dieser Laborstudie Ende der siebziger Jahre wurde zum ersten Mal ein kognitiver Blick auf Modellierungsprozesse unternommen, wobei der Fokus speziell auf der Modellbildung lag und eingehende Analysen der weiteren Phasen zurückstanden. Diese Art von Untersuchungen wurde am Shell Centre bedauerlicherweise nicht fortgeführt.

"Terry is soon to go to secondary school. The bus trip to school costs 5p and Terry's parents are considering the alternative of buying a bicycle. Help Terry's parents decide what to do carefully working out the relative merits of the two alternatives."

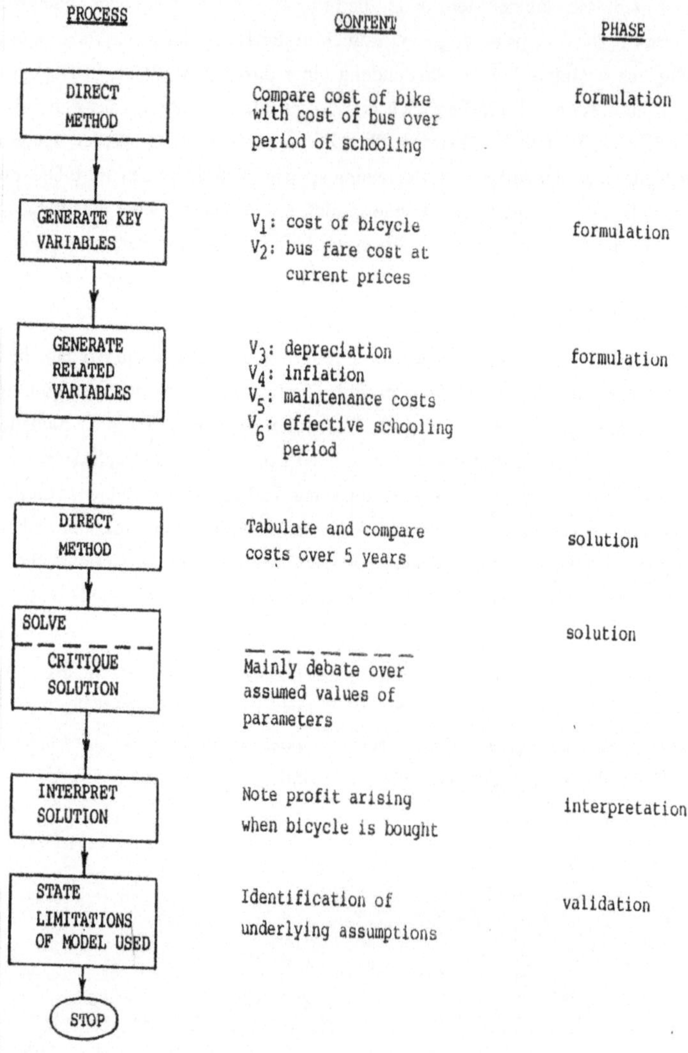

Abbildung 1.11: Flowcharts von „good modellers"...

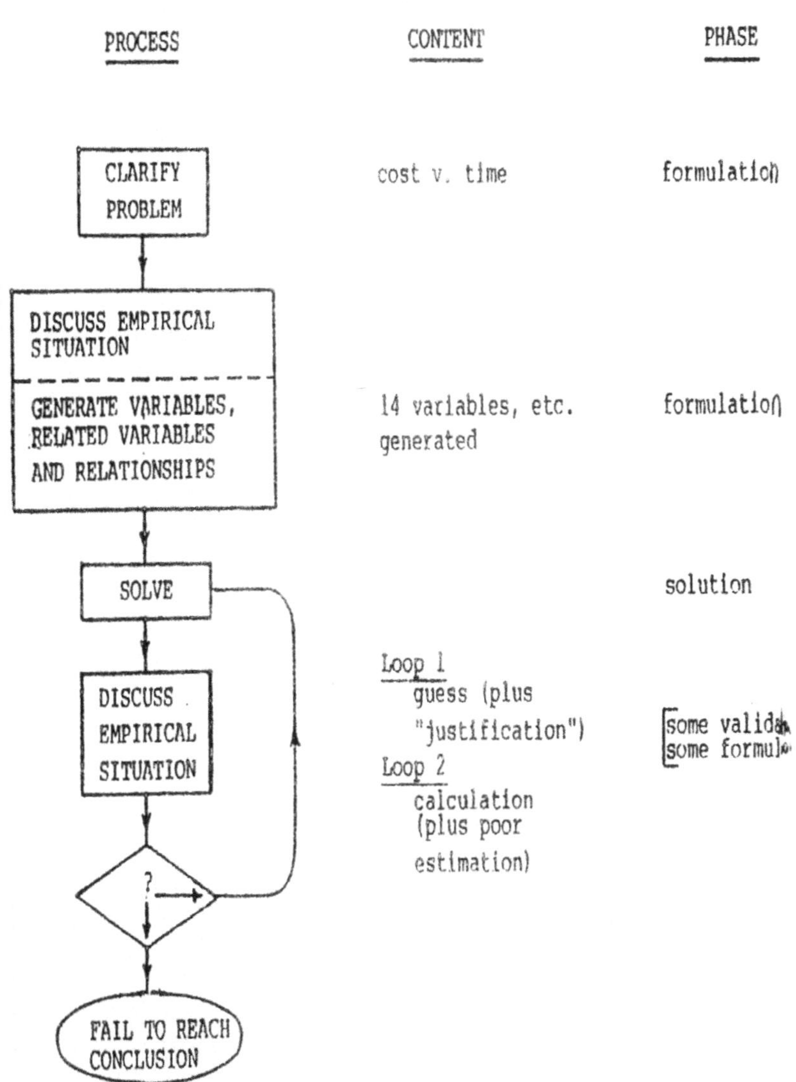

... und „poor modellers" im Vergleich

(B) Studien von Galbraith, Stillman, Edwards & Brown

Galbraith und Stillman (2006, 143 ff.) (siehe auch Galbraith, Stillman, Brown & Edwards 2006) haben in einer neuen, großen Studie ihren Fokus auf die Identifikation von Blockaden vierzehn- bis fünfzehnjähriger Lernende beim Modellieren gelegt.

> „In our study we aim to learn more about critical aspects within transitions between stages in the modelling process …“ (Galbraith & Stillman 2006, 144)

Aus einer theoretischen Perspektive verlangen diese Übersetzungsprozesse von einer Phase in die nächste von den Lernenden eine hohe kognitive Aktivität, welche durch die empirischen Untersuchungen detailliert rekonstruiert werden soll. Auch Galbraith und Stillman gehen nicht von einer Linearität des Modellierungskreislaufs aus, sondern von Vor- und Rücksprüngen innerhalb des Modellierungsprozesses, die durch metakognitive Aktivitäten gefördert werden und auch notwendig sind, um das gegebene Problem zu lösen. Gleichzeitig verdeutlichen sie das Auftreten kritischer Aspekte bei den einzelnen Phasenübergängen, die zu Blockaden führen und somit eine erfolgreiche Bearbeitung verhindern können. Galbraith und Stillman (2006, 144) formulieren ihre Auffassung eines Modellierungsprozesses mit Phasenübergängen wie folgt:

> „1. Messy real world situation → real world problem statement;
>
> 2. Real world problem statement → mathematical model;
>
> 3. Mathematical model → mathematical solution;
>
> 4. Mathematical solution → real world meaning of solution;
>
> 5. Real world meaning of mathematical solution → (evaluation) revise model or accept solution.“

Die Identifizierung von kognitiven Blockaden während des Modellierens ist ein Ziel ihrer Studie. Damit zusammenhängend stellen sich Galbraith und Stillman die Frage, wie die Lernenden die im Unterricht zur Verfügung stehenden Technologien nutzen, um damit die zwei für die Studie vorgesehenen Modellierungsaufgaben zu lösen.

Auf der Basis dieser Überlegungen setzen sich Galbraith und Stillman das Ziel, einen theoretischen Rahmen zu entwickeln, zu testen und schließlich zu modifizieren, um das Erkennen von Blockaden der Schülerinnen und Schüler beim Modellieren operationalisierbar zu machen. Dazu sollten zunächst sogenannte „Schlüsselaktivitäten“ identifiziert und dokumentiert werden, die einen Durchlauf des Modellierungskreislaufs erfolgreich ermöglichen. Zu diesen Schlüsselaktivitäten gehört beispielsweise, simplifizierende Annahmen zu treffen oder eine Strategie zu entwickeln, um den Übergang von der realen Situation zum realen Modell zu ermöglichen. Des Weiteren ist die Rekonstruktion der Ausprägung sowie gegebenenfalls die

Aufhebung von Blockaden an den kritischen Stellen nötig, wenn der Prozess eine jeweilige Interaktion zwischen Modellierung, mathematischem Inhalt und Technologien erforderte.

Nachstehend ist der Modellierungsprozess von Galbraith und Stillman (2006, 147) für die Phasen reale Situation bis mathematisches Modell dargestellt, welche die sogenannten Schlüsselaktivitäten anhand der Nummerierungen verdeutlichen.

> „1. MESSY REAL WORLD SITUATION => REAL WORLD PROBLEM STATEMENT:
> 1.1 Clarifying context of problem
> 1.2 Making simplifying assumptions
> 1.3 Identifying strategic entit(ies)
> 1.4 Specifying the correct elements of strategic entit(ies)
> 2. REAL WORLD PROBLEM STATEMENT => MATHEMATICAL MODEL:
> 2.1 Identifying dependent and independent variables for inclusion in algebraic model
> 2.2 Realising independent variable must be uniquely defined
> 2.3 Representing elements mathematically so formulae can be applied
> 2.4 Making relevant assumptions
> 2.5 Choosing technology/mathematical tables to enable calculation
> 2.6 Choosing technology to automate application of formulae to multiple cases
> 2.7 Choosing technology to produce graphical representation of model
> 2.8 Choosing to use technology to verify algebraic equation
> 2.9 Perceiving a graph can be used on function graphers but not data plotters to verify an algebraic equation.
> 3. MATHEMATICAL MODEL => MATHEMATICAL SOLUTION
> 3.1 Applying appropriate formulae
> 3.2 Applying algebraic simplification processes to symbolic formulae to produce more sophisticated functions
> 3.3 Using technology/mathematical tables to perform calculation
> 3.4 Using technology to automate extension of formulae application to multiple cases
> 3.5 Using technology to produce graphical representations
> 3.6 Using correctly the rules of notational syntax (whether mathematical or technology)
> 3.7 Verifying of algebraic model using technology
> 3.8 Obtaining additional results to enanble interpretation of solutions."

Die Rekonstruktion der Phasenübergänge verlangte methodisch nach Tiefenanalysen der Bearbeitungsprozesse. Galbraith und Stillman audio- und videografierten die Lernenden unter anderem beim Lösen der Modellierungsaufgaben und führten nachträgliche Interviews durch.

In ihren Ergebnissen konnten sie einerseits einen besonders starken Einfluss der Technologien beim zweiten Phasenübergang rekonstruieren, zum anderen stellten sie heraus, dass einige Übersetzungsprozesse prädestiniert für die Entstehung von Blockaden sind.

„We note that technology features strongly in transitions 2 and 3. In the former the knowledge of the capabilities of different calculator or computer operations impact directly on how a model is formulated." (Galbriath & Stillman 2006, 146)

Von „Station" „mathematical solutions" zu „real world meaning" entstehen viele Blockaden, da die Lernenden dabei oft scheitern, ihre mathematischen Ergebnisse mit der Realität abzugleichen. Kritisch ist auch der letzte Übersetzungsschritt, in dem entschieden werden muss, ob das Modell und seine Lösung akzeptiert werden oder es zu einem erneuten Durchlauf des Prozesses kommen muss. Dieser stellte sich als komplexer heraus, als vorher angenommen, so dass es dort zu besonders vielen Blockaden seitens der Schülerinnen und Schüler kam.

„This transition produced some potential sites for blockages, noting that interpretive aspects of tasks also cause difficulties when students have to ultimately reconcile mathematical and real world aspects of a problem." (Galbraith & Stillman 2006, 159)

Insgesamt scheint Galbraith und Stillman die Anwendung dieses theoretischen Rahmens vor allem für zwei Bereiche nützlich: Zum einen eröffnet sich ein besserer Einblick in die individuellen Lernprozesse der Schülerinnen und Schüler, welcher Forschenden, aber auch Lehrenden wertvolle Informationen über den Umgang von Lernenden mit Anwendungsaufgaben gibt. Damit sind insbesondere didaktische Aspekte verknüpft. So würde die Vorhersagbarkeit der möglichen Arten von Blockaden an bestimmten Stellen den Lehrkräften im Hinblick auf die Unterrichtsplanung, insbesondere beim Erwägen verschiedener Interventionsmöglichkeiten helfen. Zum anderen kann dieser theoretische Rahmen bei der Konstruktion von Modellierungsaufgaben verwendet werden, so dass alle Phasen des Modellierungskreislaufs adäquat vertreten sind. Das würde sich bei einer Leistungsüberprüfung positiv widerspiegeln, vor allem, wenn Teilkompetenzen getestet werden.

C) Studien von Matos und Carreira

Im romanischsprachigen Raum sind die Untersuchungen von Matos und Carreira bisher die einzigen Arbeiten, die explizit eine kognitive Perspektive aufweisen.

„One of our main concerns was the clarification of the nature of students' modelling activities as we intended to construct a certain mapping of what was envolving from a cognitive point of view." (Matos & Carreira 1997, 77)

In ihren ersten Arbeiten (1995) lag ihr Fokus noch auf der Frage, inwieweit sich bei Lernenden während des Bearbeitens realitätsbezogener Aufgaben begriffliche Modelle ausbilden, worauf an dieser Stelle jedoch nicht weiter eingegangen werden soll.

Relevanter sind im Hinblick auf die kognitive Perspektive hingegen ihre Studien zu kognitiven Prozessen und Repräsentationen beim angewandten Problemlösen (siehe 1997, 71 ff.), auf die ich mich im Folgenden beziehe. Ihr Ziel war die Identifikation und Rekonstruktion von begrifflichen Modellen („conceptual models"), die während des Modellierungsprozesses von Lernenden gebildet werden. Matos und Carreira verwendeten insgesamt neun verschiedene Aufgaben während des laufenden Projekts, an denen Zehntklässler in Gruppen in ihrem regulären Mathematikunterricht arbeiteten. Die Schülerinnen und Schüler konnten Computer sowie weitere bereitgestellte Materialien nutzen. Eine Gruppe wurde während der ganzen Zeit videografiert.

Um die kognitiven Prozesse der Lernenden dieser Gruppe zu analysieren und dieser Analyse die nötige Tiefe zu verleihen, fokussierten Matos und Carreira zwei Aspekte: erstens die Entstehung begrifflicher Modelle der Lernenden bezüglich der realen Situation und zweitens die Verbindungen zwischen Mathematik und der realen Situation, die während der Modellierungsaktivitäten der Schülerinnen und Schüler ersichtlich wurden. Sie waren vor allem an den Übersetzungsprozessen von realer Situation zur Mathematik und umgekehrt interessiert. Allerdings wurden sie nicht konkret, indem sie sich etwa auf ein bestimmtes Modell des Modellierungskreislaufs bezogen. In ihrem Artikel werden jedoch einzelne Phasen im Zusammenhang mit der Aufgabe und dem Lösungsprozess der Schülerinnen und Schüler benannt (z. B. Phase I „The Identification of Variables; Phase II „Structuring Mathematical Relations" (1997, 72/7).

Die Darstellung der Analysen macht dennoch ersichtlich, dass Matos und Carreira gemäß ihren Zielen auf einer Mikroebene gearbeitet haben. So rekonstruierten sie in Bezug auf eine Aufgabe beispielsweise ein additives, ein rekursives und ein funktionales Modell. Das so genannte additive Modell beschreibt beispielsweise eine Aktivität, wie das wiederholte Aufrollen eines Papiers, was für die Aufgabenlösung von den Lernenden durchgeführt wurde. Matos und Carreira interpretierten diesen Vorgang als einen Übersetzungsprozess von „real situation => mathematics". Auf der Basis der Interaktionen und Handlungen der Lernenden analysierten sie demgemäß die Richtungen der Übersetzungsprozesse von Mathematik in die Realität und umgekehrt.

Aus einer theoretischen Perspektive vertreten Matos und Carreira die Position, dass ein mathematisches Modell eine permanente Interaktion zwischen Realität und Mathematik fordert sowie verschiedene Arten mathematischer Repräsentationen, die diese Interaktion beschreiben.

> „It is based on this notion of mathematical model that we find the cognitive processes of students to be essentially characterised by the dynamic balance between their reasoning about reality and their mathematical ideas and concepts." (Matos & Carreira, 1997, 78)

Diese dynamische Balance konnten Matos und Carreira auch in ihren Ergebnissen rekonstruieren; sie sprechen von einem Dialog zwischen Mathematik und Realität, der bei den Modellierungsprozessen der Lernenden deutlich wird. Durch die eingehende Analyse der Abfolge der Übersetzungen zwischen Mathematik und Realität und umgekehrt schließen sie darauf, dass die gesamte Modellierungsaktivität eine kognitive Architektur besitzt, die wiederum aus mehreren Mikro-Modellierungskreisläufen bestehen könnte. Unter diesem Aspekt folgern sie im Hinblick auf Schülerinnen und Schüler die Notwendigkeit, eine Koordination zwischen Mathematik und Realität herzustellen. Lernende sollen aber zunächst die Problemsituation eingehend verstanden haben, bevor sie Zusammenhänge vom realen Kontext zur Mathematik herstellen.

Zusammenfassend lässt sich feststellen, dass die Studie von Matos und Carreira zum einen die „Nicht-Linearität" von Modellierungsprozessen verdeutlicht und zum anderen – damit zusammenhängend – die kognitiven Prozesse beim Übersetzen rekonstruiert.

(D) Die DISUM-Studie

Im deutschsprachigen Raum wurden einige Untersuchungen zum mathematischen Modellieren im Unterricht durchgeführt. Im Folgenden werden das DISUM-Projekt ebenso wie die innerhalb dieses Projekts durchgeführten Untersuchungen von Leiß (2007) vorgestellt.

> „Für einen Einsatz in der Schule [...] muss der Lehrer im Detail wissen: Welche kognitiven Anforderungen stellt diese Aufgabe?" (Leiß, Blum & Messner 2007)

Das Projekt DISUM (**D**idaktische **I**nterventionsformen für einen **S**elbständigkeitsorientierten aufgabengesteuerten **U**nterricht am Beispiel **M**athematik) ist ein Kooperationsprojekt zwischen den Disziplinen Mathematikdidaktik, Erziehungswissenschaft und pädagogischer Psychologie (siehe Leiß, Blum & Messner 2007). DISUM untersucht, wie Lernende und Lehrende mit komplexen Modellierungsaufgaben umgehen und welche Wirkungen verschiedene Formen des Lehrens und Lernens in aufgabengesteuerten Lernaufgaben haben. Dabei geht es bei diesen – zum Teil ko-konstruktiv angelegten – Lernarrangements um die Rekonstruktion von darauf bezogenen Arten des Agierens und Intervenierens von Lehrenden sowie unterschiedlichen Intensitäten von Schülerselbständigkeit. Untersucht wurden Schülerinnen und Schüler der Klassen 8 bis 10 aller Schulformen. Bei den eingesetzten Aufgaben handelt es sich um Modellierungsaufgaben. Diese wurden im Vorhinein im Hinblick auf Lösungsvielfalt und kognitive Anforderungen hin analysiert.

Insbesondere der Aspekt, wie und mit welchem „Instrument" die Aufgaben stoffdidaktisch analysiert wurden, ist im Hinblick auf den kognitionspsychologischen Ansatz meiner Studie interessant. Vor allem interessiert der siebenschrittige Modellierungskreislauf, in dem das sogenannte Situationsmodell als zusätzliche Station integriert wurde, wie es ausführlich in Abschnitt 1.1.3 beschrieben wurde.

Leiß (2007) rekonstruiert in seiner Untersuchung im Rahmen des DISUM-Projekts vor allem Lehrerinterventionen beim mathematischen Modellieren in Laborsitzungen. In diesem Zusammenhang führt Leiß Analysen auf Mikroebene durch, so dass auch die Lösungs- und Handlungsprozesse der Schülerinnen und Schüler nachvollziehbar werden. So werden durch detaillierte Übersichten des Redeanteils der Lernenden und Lehrenden sowie durch Schemata von Lösungsprozessen, welche die einzelnen Phasen und deren „Verweildauer" während der Bearbeitung kennzeichnen, vielfältige (kognitive) Einblicke möglich. Leiß hat somit im Zusammenspiel von Schülern und Lehrern nicht nur verschiedene Arten von Lehrerinterventionen rekonstruiert (er unterscheidet nach organisatorischen, affektiven, strategischen und inhaltlichen Interventionen), sondern auch die Auslöser dafür. Für eine genauere Übersicht über verschiedene Klassifikationen von Interventionen siehe Leiß & Wiegand (2005).

Hinsichtlich meiner Untersuchung, in der unter anderem nach dem Einfluss von mathematischen Denkstilen auf Modellierungsprozesse von Lernenden und Lehrenden gefragt wird, sind ebenfalls die Interventionen von Lehrerinnen und Lehrern ein wichtiges Analysekriterium. Dabei geht es nicht um die in der Literatur vorfindlichen Unterscheidungen von Interventionsarten, sondern darum, wie sich Hilfeleistungen aufgrund des mathematischen Denkstils der Lehrerinnen und Lehrer äußern. Konkret bedeutet dies, dass zunächst gefragt wird, auf welcher Ebene (visuell, analytisch oder integriert) die Interventionen getätigt wurden, und schließlich, ob das Auswirkungen darauf hat, inwieweit die Lehrenden stärker in der „Realität" oder der „Mathematik" der jeweiligen Aufgabenstellungen verhaftet sind. Ich verweise dahingehend auf den Ergebnisteil dieser Arbeit.

1.2.2   Grundströmung des kontextbezogenen Modellierens

In der Forschung zum mathematischen Modellieren ist Lesh mit seinen umfangreichen und langjährigen Arbeiten international führend. Seine Publikationen und Projekte umfassen fast alle Bereiche des Modellierens, die zum Erkenntnisgewinn bezüglich des Lehrens und Lernens von Modellierung beitragen, angefangen bei der Rekonstruktion von Modellierungsprozessen einzelner Lernender im Sinne von Laborstudien (vorwiegend im Elementarbereich) über Grundlagenforschung bis hin zu wissenschaftlich begleiteten Lehrerfortbildungen (siehe u. a. Schorr & Lesh 2003). In dem von Lesh und Doerr herausgegebenen Buch „Beyond Constructivism" (2003) wird diese Bandbreite sehr deutlich. Lesh hat – jedoch vorwiegend auf theoretischer Ebene – Modellierung auch aus einem kognitionspsychologischen Blickwinkel betrachtet. Einige seiner Ansätze, die in der europäischen Modellierungsdiskussion bislang noch wenig Berücksichtigung gefunden haben, sollen im Folgenden aufgegriffen und erläutert werden. Dabei werde ich den Ansatz von Lesh, der sich damit auseinandersetzt hat, durch welche Gehirnaktivitäten Modelle entstehen, etwas ausführlicher darstellen, um insbesondere aufzuzeigen, dass sein Konstrukt der „modelling eliciting activities" einen kognitionspsychologischen Charakter aufweist.

Lesh & Doerr (vgl. 2003, 10 f.) formulieren sehr präzise, was sie zunächst unter einem Modell und schließlich unter einem mathematischen Modell verstehen. Für sie bilden die nachstehenden Definitionen die entscheidenden Charakteristika, welche den kognitiven Prozessen der Lernenden beim Modellieren zugrunde liegen:

> „Models are conceptual systems (consisting of elements, relations, operations and rules governing interactions) that are expressed using external notation systems, and that are used to construct, describe, or explain the behavior of other system(s) – perhaps so that the other system can be manipulated or predicted intelligently.
> A mathematical model focuses in structural characteristics (rather than, for example, physical or musical characteristics) of the relevant systems." (Lesh & Doerr 2003, 10)

Für Lesh und Doerr besteht ein mathematisches Modell somit aus begrifflichen Systemen, sozusagen aus Netzwerken, bestehend aus Relationen, Operationen, aber auch aus Interaktionsregeln, die auf unterschiedliche Art und Weise externalisiert, dabei insbesondere strukturiert werden, um ein relevantes System zu beschreiben. Das relevante System wäre hier eine realitätsbezogene Aufgabenstellung.

Diese Charakterisierung wirkt recht anspruchsvoll und erweckt den Eindruck, dass gerade Lernende diese Art von Modellkonstruktion nicht leisten könnten. Lesh und Doerr sind im Sinne ihres Ansatzes jedoch von Folgendem überzeugt: Selbst kleine Kinder sind in der Lage, ein Modell zu entwickeln, um Struktur in ein für sie interessantes System aus ihrer alltäglichen Lebenswelt zu bringen. Das Modell eines Kindes, darauf legen Lesh und Doerr Wert, ist nichts anderes als eine simplere Version eines Modells, das beispielsweise von einem professionellen Mathematiker entwickelt wird. Dahinter verbirgt sich der Ansatz, dass Schülerinnen und Schüler durchaus in der Lage sind, Problemstellungen, die sich in der „Erwachsenenwelt" oder der „Berufswelt" stellen, zu lösen. Selbstverständlich sind dann diese Problemstellungen altersgemäß formuliert und für die Kinder nachvollziehbar aufbereitet. Darauf werde ich noch zurückkommen, denn mit diesem Ansatz verbindet sich eine zentrale Begrifflichkeit, die vor allem auf Lesh (1987) selbst zurückgeht. Zunächst soll noch verdeutlicht werden, „wo", nach Lesh & Doerr, sich in der geistigen Vorstellung Modelle entwickeln bzw. befinden.

> „Do the kind of models we are talking about reside inside the minds of learners or problem solvers? Or, are they embodied in the equations, diagrams, computer programs, or other representational media that are used by scientists, or other learners and problem solvers?" (Lesh & Doerr 2003, 11)

Die Antwort von Lesh und Doerr darauf ist schlicht: beides! Ihre Begründung (vgl. Lesh & Doerr 2003, 11 f.) scheint einleuchtend: Modelle sind nach ihrer Definition begriffliche Systeme, die zum Teil intern in einem Individuum angelegt sind und ähnlich den begrifflichen Systemen sind, die Kognitionspsychologen als kognitive Strukturen bezeichnen.

Des Weiteren entfalten die produzierten begrifflichen Systeme der Mathematik erst dann ihre volle Wirkung, wenn sie durch gesprochene Sprache, geschriebene Symbole, konkrete Materialien, Diagramme, Bilder oder Computer-Programme ausgedrückt werden. Generell sehen Lesh und Doerr heutzutage eine starke Beeinflussung des täglichen Lebens durch Kommunikationssysteme oder Sozial- und Wirtschaftssysteme, die jedoch wiederum ein Ergebnis der von Menschen kreierten begrifflichen Systeme darstellen, welche benutzt werden, um unsere Welt zu strukturieren und uns gleichzeitig eine Struktur dafür zu geben, wie wir die Welt zu interpretieren haben.

> *„Thus (internal) conceptual systems are continually being projected into the (external) world." (Lesh & Doerr 2003, 11)*

Die dahinter stehende Aussage ist auch hier wieder: Selbst Kinder können – im Rahmen des Mathematikunterrichts – ihre begrifflichen Systeme, insbesondere bei realitätsbezogenen Aufgaben (im Gegensatz zu herkömmlichen Textaufgaben) auf unterschiedliche Weise (Grafiken, geschriebene Sprache, erfahrungsbasierte Metapher etc.) ausdrücken.

Es sind also zwei Punkte, in denen man den Ansatz von Lesh und Doerr zusammenfassen kann:

1. Kinder entwickeln nur eine simplere Version eines (mathematischen) Modells, das professionelle Mathematikerinnen und Mathematiker entwickeln würden.

2. Die begrifflichen Systeme eines Individuums sind auf kognitiver Ebene angesiedelt; durch sie strukturieren Individuen ihr Lebensumfeld. Vor allem bei realitätsbezogenen Aufgaben können sie ihre begrifflichen Systeme auf unterschiedliche Weise ausdrücken.

Nachdem verdeutlicht wurde, was Lesh und Doerr unter einem „mathematical model" verstehen, und somit der kognitionspsychologische Zusammenhang hergestellt wurde, soll nachfolgend der Begriff der sogenannten „model eliciting activities" (MEA) geklärt werden. Model eliciting activities lassen sich am konkretesten anhand einer Aufgabe verdeutlichen. Das nachfolgende Problem („Big Foot" nach Lesh & Doerr 2003, 6) und die damit verbundenen Aktivitäten bezeichnen Lesh und Doerr (2003, 3 ff.) als so genannte model eliciting activities.

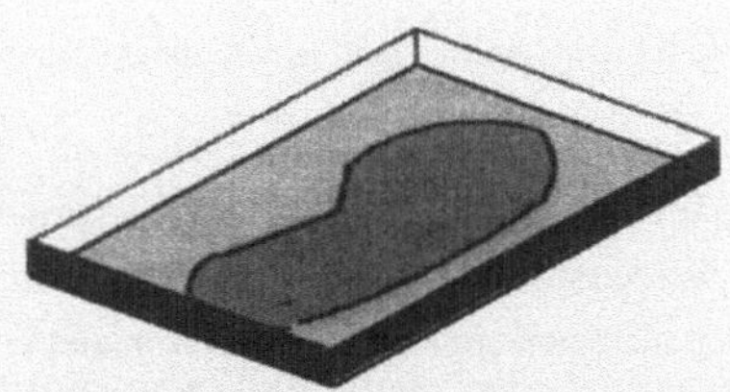

Abbildung 1.12: Big Foot Problem (Lesh & Doerr 2003, 6)

Schülerinnen und Schüler sollen durch die Bearbeitung dieser Aufgabe zu weit mehr als nur zu Kurzantworten gelangen, vielmehr setzen sie sich mit speziellen Fragestellungen auseinander, modifizieren ihre Annahmen, beschreiben ihre Ideen, nutzen mathematische Begriffe zur Modellkonstruktion und so fort. Dieser Prozess ist, so Lesh und Doerr, genauso wichtig wie das Produkt selbst beziehungsweise stellt sogar das wesentliche Ergebnis dar. Hinzu kommt, dass sich model eliciting activities von traditionellen Aufgaben aus Textbüchern unterscheiden. Die dahinter stehenden Überlegungen wurden zuvor bereits im Zusammenhang mit der Begriffserklärung des „mathematical model" angedeutet: Die Nähe zu realen Situationen, in denen Mathematik sinnvoll und anwendbar wird, soll in den model-eliciting activities präsentiert werden (siehe u.a. Sriraman 2005, Lesh & Sriraman 2005).

> „That is, model-elicting activities are similar to many real life situations in which mathematics is useful."

Dadurch soll jedoch gleichzeitig eine kognitive Struktur beim Lernenden aufgebaut und fortlaufend miteinbezogen werden.

> „Model-eliciting activities in which the conceptual systems that need to be developed involve basic cognitive structures…" (Lesh & Doerr 2003, 19)

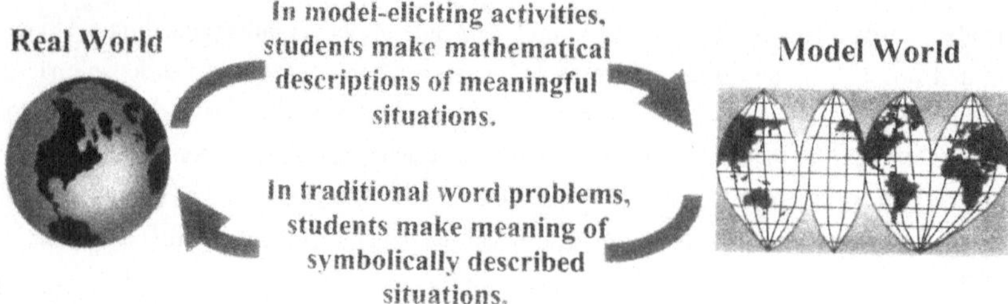

Abbildung 1.13: Modeling-eliciting activities (Lesh & Doerr, 2003, 4)

Lesh und Doerr vertreten nicht die traditionelle Sicht bezüglich des Lernens und Problemlösens, nach der reale Problemstellungen als grundsätzlich schwieriger in der Bearbeitung betrachtet werden als Textaufgaben aus dem Schulbuch. Vielmehr sehen sie traditionelles Problemlösen als einen speziellen Fall von model eliciting activities. Im Gegensatz zur traditionellen Sichtweise, so beschreiben es Lesh und Doerr, ist angewandtes Problemlösen wiederum als spezieller Fall von traditionellem Problemlösen aufzufassen.

Diese Sichtweise erscheint ungewöhnlich angesichts der verschiedenen Ansätze und Theorien innerhalb der umfassenden Problemlösedebatte (siehe v. a. Schoenfeld 1985), in der das „problem solving" zunächst als der große Bereich gesehen wird, aus dem heraus Unterkategorien hinsichtlich innermathematischer und außermathematischer Probleme bilden. Diese Diskussion soll jedoch an dieser Stelle nicht geführt werden.

1.2.3 Weitere Studien

Im Hinblick auf die vorherigen Ausführungen soll nochmals betont werden, dass ich in meiner Arbeit Modellierungsprozesse von Lernenden auf einem Mikrolevel analysiere und mich dabei auf den gesamten Modellierungskreislauf und nicht nur auf Teilphasen beziehe.

Einige weitere Untersuchungen, in denen auch die kognitive Perspektive als Teilaspekt betrachtet wird, sollen im Folgenden kurz beschrieben werden.

Die Niederländische Gruppe um Roorda, Vos und Goedhart (2007), stark durch die Freudenthalsche Schule geprägt, analysierte ebenfalls Übersetzungsprozesse von Schülerinnen und Schülern beim Modellieren. Dabei gingen sie unter anderem der Frage nach, ob das Verständnis von Elftklässlern vom Ableitungsbegriff eher bei innermathematischen oder außermathematischen Fragestellungen zum Tragen kommt. Sie verwendeten einen theoretischen Rahmen, der drei Unterscheidungen von möglichen Repräsentationen des Ableitungsbegriffs deutlich macht, mit Querverbindungen zu anderen Wissenschaftsdisziplinen wie Physik oder Chemie. Auf der Basis von Fragebögen und späteren Videoaufnahmen vom Bearbeitungsprozess kamen sie zwar zu dem Ergebnis, dass die Lernenden ihr Wissen in den Modellierungsaufgaben zum Teil gar nicht anwendeten, aber sie konnten dennoch unterschiedliche Repräsentationen rekonstruieren, die Lernenden beim Modellieren halfen. Den Modellierungsprozess einzelner Schülerinnen und Schüler kennzeichneten sie schließlich in Kurzform in einer Art Verlauf (z. B. S1=>F1=>F4=>F3=>S3). Damit sind nicht etwa die Phasen des Modellierungskreislaufs gemeint, viel mehr beziehen sich die Abkürzungen auf die Art der Repräsentation, welche im theoretischen Modell festgehalten ist. Insgesamt hat die Niederländische Gruppe mit ihrer Studie interessante kognitive Einblicke im Bereich der Analysis ermöglicht.

Weitere kognitive Studien über das Modellieren finden sich in der „problem solving"-Debatte, die sich mit einfachen Textaufgaben beschäftigt. Ein prominenter Vertreter dieser Debatte, Schoenfeld (1992), analysierte Lösungsstrategien von Lernenden und zugehörige Hilfestellungen auf einer metakognitiven Ebene. Mevarech (2006) untersuchte Effekte von meta-kognitiven Instruktionen bei Lernenden, die unterschiedliche Aufgabentypen, darunter eine Modellierungsaufgabe, lösten. Die Arbeit von Nesher, Hershkovitz und Novotna (2003) fokussierte ebenfalls die Lösungsstrategien von Schülerinnen und Schülern sowie Lehrerinnen und Lehrern und untersuchte", wie auch De Corte (1987), mit Hilfe einer eigens entwickelten Skala die Komplexität von Aufgaben. Weitere Arbeiten wie zum Beispiel die von Kintsch und Greeno (1985) analysierten Lösungsstrategien bei Textaufgaben aus linguistischer Perspektive. Weitere Beispiele sind De Corte und Verschaffel (1981), die Textaufgaben, welche eine Addition als Grundmuster enthalten, in „combine"-, „change"- und „compare"- Probleme kategorisierten, sowie Reusser (1997), der das Wechselspiel von sprachlichen, sachlichen und mathematischen Verarbeitungsprozessen analysierte.

Zusammenfassend wird deutlich, dass Modellieren eine komplexe Tätigkeit ist – die Analyse von Modellierungsprozessen ebenfalls. Beides kann aus unterschiedlichen Blickwinkeln betrachtet werden. Die bisherigen Ausführungen haben Studien mit einem mehr oder weniger expliziten Fokus auf die Analyse von kognitiven Prozessen beim Modellieren dargestellt. Meine zu Beginn des Kapitels dargestellte Charakterisierung von Modellierung unter einer kognitionspsychologischen Perspektive ist daher grundlegend für die empirischen Untersuchung meiner Studie sowie für die Einordnung der Ergebnisse.

1.3 Theoriebaustein I: Entwicklung einer eigenen Auffassung vom Modellierungskreislauf unter kognitionspsychologischer Perspektive

Der Modellierungskreislauf kann, wie beschrieben, unterschiedliche Funktionen einnehmen. In meiner Studie mit kognitionspsychologischer Ausrichtung hat ein bestimmtes Modell eines Modellierungskreislaufs die wichtige Funktion des Analyseinstruments für individuelle Modellierungsprozesse. Gleichzeitig kann das Modell auch ein Diagnoseinstrument für die Lehrperson sein, soweit diese es verinnerlicht hat. Auf diesen Aspekt soll hier jedoch nicht weiter eingegangen werden.

In meiner Untersuchung adaptiere ich das Kreislaufmodell von Blum und Leiß (2005), das ich aufgrund der folgenden Argumente noch modifiziert habe. Mein Hauptargument lautet zunächst, dass der Begriff des Situationsmodells nicht auf der Ebene anderer Modellbegriffe (reales Modell oder mathematisches Modell) liegt. Die Begründungen dafür beziehen sich unter anderem auf die Genese des Begriffs Situationsmodell im Zusammenhang mit Textaufgaben und komplexen Modellierungsaufgaben. Wie bereits beschrieben, stammt der Begriff des Situationsmodells aus der Textlinguistik und bezieht sich auf Textaufgaben, die nur einen verkürzten Modellierungsprozess gegenüber komplexen Modellierungsaufgaben aufweisen.

Daher verwende ich den Begriff der mentalen Situations-Repräsentation (MSR). Dieser beschreibt (für die vorliegende Forschungsintention) meines Erachtens

- den Fokus auf individuelle Prozesse adäquater,

- einen größeren Assoziationsraum im Hinblick auf den Einbezug auch komplexer Modellierungsaufgaben und nicht, wie beim Situationsmodell, nur Textaufgaben,

- dass nicht nur die Struktur des Textes bei den Textaufgaben maßgeblicher Einflussfaktor auf die Bildung mentaler Repräsentationen ist, sondern dass eine komplexe Modellierungsaufgabe, zum Beispiel nur dargestellt als Bild, ebenfalls zu einer mentalen Situations-Repräsentation führt.

Ob Situationsmodell oder mentale Situations-Repräsentation als Begriff verwendet wird – die internen Repräsentationen der Individuen unterscheiden sich nicht. Die zweite Verwendung legt nur im Sinne der mathematischen Denkstile Wert darauf, dass die „Art" der Repräsentation, bildlich oder formal, möglich ist und mit berücksichtigt wird.

Im Folgenden stelle ich den für meine Untersuchung verwendeten „Modellierungskreislauf unter kognitiver Perspektive" (Borromeo Ferri 2006) vor: Die reale Situation wird immer durch die vorgelegte Aufgabe dargestellt. So beschreiben es auch Blum und Leiß (2005). Innerhalb des DISUM-Projekts wurde unter anderem, wie bereits angedeutet, nach Ursachen gesucht, warum Lernende zu Beginn der Bearbeitung Probleme hatten. Auf der Basis der Analysen konnte rekonstruiert werden, dass die Individuen oft ein inadäquates Situationsmodell bildeten, sich somit eine kognitive Barriere aufbaute und sie deshalb zunächst erfolglos waren (siehe u. a. Leiß 2007). Die Mitglieder des DISUM-Projekts sehen demnach die Entwicklung des Situationsmodells als eine kognitive Hürde an, die überwunden werden muss. Konkret analysieren sie, inwieweit das jeweilige Situationsmodell adäquat oder inadäquat ist.

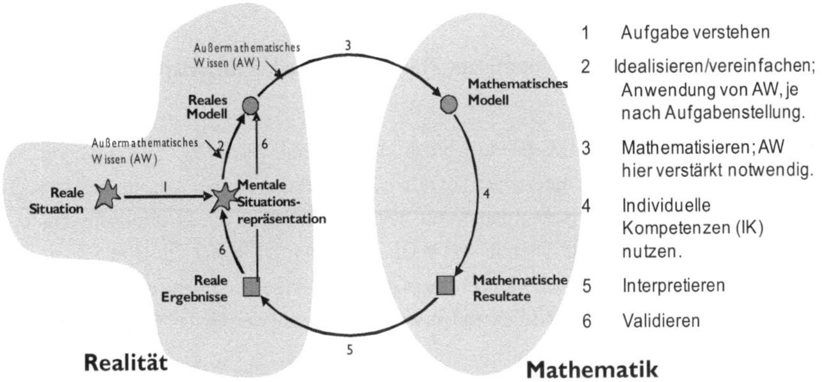

Abbildung 1.14: Modellierungskreislauf unter kognitionspsychologischer Perspektive

In meiner Untersuchung wird ein anderer Fokus gesetzt. Meine Frage richtet sich darauf, ob und wie sich eine mentale Situations-Repräsentation beim Individuum während des Modellierens überhaupt äußert. Das heißt, welche (verbalen) Handlungen von Individuen lassen eine mentale Situations-Repräsentation zu einer solchen werden? An dieser Stelle möchte ich noch nicht zu den diesbezüglichen methodischen Fragen kommen. Diese werden in Kapitel 2 ausführlich behandelt, doch der beschriebene Schwerpunkt – im Unterschied zum DISUM-Projekt – sollte deutlich werden. Das vorhandene (oder nicht vorhandene) außermathematische Wissen, ein nicht auszulassender Einflussfaktor beim mathematischen Modellieren, habe ich in den Kreislauf vor allem in die Phasen des Idealisierens und Mathematisierens integriert. Denn insbesondere zu Beginn benötigen Individuen dieses Wissen, um überhaupt ein mathematisches Modell aufstellen zu können. Unstrittig ist, dass in der Phase des Validierens ebenfalls außermathematisches Wissen vonnöten ist, um den Abgleich zur Realität ziehen zu können.

Ein weiterer Unterschied zum Kreislauf von Blum und Leiß (2005) besteht in der Darstellung der Validierungsphase. Während Blum und Leiß den Pfeil nur von den „realen Ergebnissen" zum Situationsmodell ziehen, möchte ich auch die Verbindung zum „realen Modell" betonen. Eine Validierung findet sicherlich mit Bezug auf die eigene mentale Repräsentation statt – doch nicht nur dort. Die Überlegungen müssen auch zum realen Modell gehen, denn Vereinfachungen innerhalb der Realität finden hier statt.

Zusammenfassend kann festgehalten werden, dass der Begriff der mentalen Situations-Repräsentation den Fokus auf individuelle Modellierungsprozesse für meine Untersuchung adäquat darstellt und daher im Folgenden mit diesem Begriff und dem oben dargestellten Modellierungskreislauf gearbeitet wird.

1.4 Modellierung und mathematische Denkstile – die kognitionspsychologische Verknüpfung

Der eben beschriebene Theoriebaustein I bietet einen Bezug, der meine Untersuchung zum mathematischen Modellieren unter einer kognitiven Perspektive fassen lässt. In diesem Kapitel soll der andere wichtige Bezug dargestellt werden, sozusagen die kognitionspsychologische Verknüpfung – die lokale Theorie[1] der mathematischen Denkstile. Im Hinblick auf eine Fragestellung meiner Studie nach dem Einfluss mathematischer Denkstile auf die Modellierungsprozesse von Lernenden und Lehrenden wird gleichzeitig der Stellenwert dieser lokalen Theorie für die Untersuchung ersichtlich.

Im Folgenden sollen die für die vorliegende Studie notwendigen Aspekte der lokalen Theorie der mathematischen Denkstile wiedergegeben werden, die in meiner Dissertation (Borromeo Ferri 2004a) ausführlich dargelegt sind. Mit dem Einbezug dieser Erkenntnisse in die neue, vorliegende Untersuchung soll die lokale Theorie der mathematischen Denkstile gefestigt, zum anderen weiterentwickelt werden. Bis zu meiner empirischen Untersuchung in 2004 existierte noch keine Charakterisierung des Konstrukts „mathematischer Denkstil". Auf dieser neuen begrifflichen Grundlage habe ich empirisch unterschiedliche mathematische Denkstile rekonstruiert. Dabei sollten insbesondere die Fragen geklärt werden, wie ein mathematischer

---

[1] Nach Bikner und Prediger (2006) sind lokale Theorien in der Regel Vordergrundtheorien, die einen eingeschränkten Geltungsbereich mittlerer Reichweite haben und sich somit nur auf einen Ausschnitt der Welt beziehen (z. B. Algebra für Klasse 5 und 6 im Gymnasium). Mathematische Denkstile beispielsweise sind bei Lernenden (Klasse 9 und 10) und bei Lehrenden rekonstruiert worden, was ebenfalls nur einen Ausschnitt betrifft. Eine Vordergrundtheorie gibt den Status in einem Forschungsprozess an. Eine Hintergrundtheorie ist eine Art Philosophie, die für viele Vordergrundtheorien gelten kann, wie etwa Konstruktivismus oder Symbolischer Interaktionismus.

Denkstil zu charakterisieren ist, wie sich dieser bei 15- und 16-jährigen Lernenden äußert und ob unterschiedliche Denkstile rekonstruiert werden können.

Die empirische und theoretische Forschung im Bereich des mathematischen Denkens sowohl in der Mathematikdidaktik als auch in der Kognitionspsychologie beinhaltet viele maßgebliche Untersuchungen. Schon der Mathematiker Felix Klein unterschied 1892 zwischen unterschiedlichen Denkrichtungen, wie des „Geometers", „Analytikers" und „Philosophen". Auch der Mathematiker Henri Poincaré (1910) sprach von den zwei „Geistesrichtungen", die er im Analytiker und im Geometer repräsentiert sah. Neben den Mathematikern haben sich auch Psychologen mit unterschiedlichen Arten des Denkens auseinandergesetzt. Der Psychologe Ribot (1909) entwickelte einen Fragebogen zur Erforschung der Denk- und Arbeitsweise von Mathematikern. Auf der Basis seiner Ergebnisse rekonstruierte er zwei individuelle Denkweisen, zum einen das mehr zeichenorientierte algebraische und zum anderen das mehr geometrisch-bildhaft orientierte Denken (vgl. Hadamard 1945, 86 f.). Leone Burton (1995, 1997) verwendete in einer Untersuchung diesen Fragebogen als Grundlage mit zusätzlichen Modifikationen erneut, um insgesamt 70 praktizierende Mathematikerinnen und Mathematiker zu befragen. Anhand ihrer Ergebnisse unterschied sie schließlich drei Denktypen: den visuellen, den analytischen und den konzeptuellen Typ.

Weitere Vorschläge innerhalb der mathematikdidaktischen Diskussion kamen etwa von Skemp (1987), der sogenannte visuelle und verbal-algebraische Symbole unterschied, oder von Radatz (1975). Er hatte bereits einschlägige Befunde zur Relevanz kognitiver Stile für die mathematikdidaktische Forschung aufgearbeitet, um deren Bedeutung für die unterrichtliche Praxis zu diskutieren (vgl. Radatz 1975, 83 ff.). Dabei betonte er insbesondere die fehlende Reflexion lern- und erkenntnispsychologischer Fakten in der mathematikdidaktischen Forschung, die von vielen Seiten (Bigalke 1974, Wittmann 1974, Postel 1974, Freudenthal 1974) gefordert wurde. Radatz (vgl. 1975, 85) interessierte daher die Frage, welche Gründe es dafür gibt, dass Kinder mit vergleichbaren Intelligenzprofilen sehr unterschiedliche Leistungen, Interessen und Verhaltensformen bei denselben Problemen oder Unterrichtsmodellen zeigen. Gerade mit dieser Frage haben sich Kognitionspsychologen wie Sternberg oder Riding auseinandergesetzt, auf die ich weiter unten eingehen werde.

Festzuhalten ist, dass bis auf Krutezki (1976), der in einer großangelegten Studie 14- bis 15-jährige Schülerinnen und Schüler unter anderem zu Denkprozessen untersuchte, vorwiegend nur praktizierende Mathematikerinnen und Mathematiker im Fokus von Untersuchungen standen.

Im Folgenden sollen kurz einige Ansätze aus der Kognitionspsychologie dargestellt werden, die das Konstrukt „mathematischer Denkstil" entscheidend mitgestaltet haben. Sternbergs (1997, 2001) Beschreibung eines Denkstils ist hierfür grundlegend:

„A style is a way of thinking. It is not an ability, but rather, a preferred way of using the abilities one has. The distinction between style and ability is a crucial one. An ability refers to how well someone can do something. A style refers to how someone likes to do something." (Sternberg 1997, 8)

„Präferenz" scheint somit das Schlüsselwort zu sein, denn erst die mit positiven Affekten besetzten Präferenzen, wie wir unsere Fähigkeiten nutzen, lassen den Stil zum Stil, also zu einer Art des Denkens („a way of thinking") werden. Sternberg hält daher die Präferenzen für die Art und Weise, wie Menschen denken, für genauso wichtig wie eine Aussage darüber, wie „gut"[2] sie denken.

Riding (2001), ebenfalls Kognitionspsychologe wie Sternberg, beschäftigte sich eingehend mit den seit 1950 veröffentlichten Stildimensionen und betonte kognitive Stildimensionen. Riding teilte mit weiteren Forschern die Ansicht, dass viele Bezeichnungen nur Synonyme für dieselbe Stildimension darstellten. Er und sein Kollege Cheema (1991) überprüften Beschreibungen, Korrelationen, Erhebungs- und Messinstrumente und die Auswirkungen auf das Verhalten zu über dreißig Stilbezeichnungen und konnten diese schließlich in zwei fundamentale kognitive Stildimensionen gruppieren, welche sie als „wholist-analytic" und „verbal-imagery" bezeichneten. Die beiden Stildimensionen werden von Riding als nicht zusammenhängend betrachtet und von der Intelligenzdimension abgegrenzt. Er charakterisiert sie wie folgt:

> „the wholist-analytic style dimension of whether an individual tends to organize information in wholes or parts, and the verbal-imagery style dimension of whether an individual tends to represent information during thinking verbally or in mental pictures". (Riding 2001, 48).

Ein Individuum kann zudem unterschiedliche Präferenzen dafür haben, ob es ein Problem vorwiegend intern löst, also ohne Aufschrieb, oder verstärkt extern, mit Aufschrieb. Somit unterscheide ich zwischen sogenannten internen und externen Typen. Intern orientierte Typen bevorzugen die interne Verarbeitung mathematischer Sachverhalte. Extern orientierte Typen hingegen benötigen stets eine externe Darstellung ihrer Vorstellungen.

Auf der Basis dieser theoretischen Hintergründe sowie erster theoretischer Erkenntnisse der Studie zu mathematischen Denkstilen beschreibe ich die beiden Komponenten des Konstrukts „mathematischer Denkstil" wie folgt:

Komponente 1: Interne Vorstellung und externe Darstellung

Komponente 2: Ganzheitliche und zergliedernde Vorgehensweise

Die zweite Komponente, ganzheitliches und zergliederndes Vorgehen, trägt entscheidend zur Fassung des Konstrukts „mathematischer Denkstil" bei, weil damit die Bearbeitungsprozesse ins Zentrum der Analysen rücken. Zum einen werden die internen Vorstellungen und externen Darstellungen miteinbezogen und zum anderen wird gleichzeitig erfasst, wie mit diesen Vor-

---

[2] Sternberg versteht unter „gut" vor allem den Erfolg und die Leistung, die mit Fähigkeiten verbunden sind.

stellungen und Darstellungen beim „Mathematiktreiben" umgegangen wird. Eine Vorgehensweise, bei der ein Individuum die Lösung einer Aufgabe bzw. eine Situation oder einen mathematischen Sachverhalt als Ganzes erfasst, wird als „ganzheitlich" bezeichnet, im Allgemeinen vom Ganzen zu den Teilen übergehend. Eine Vorgehensweise, bei der ein Individuum die Lösung einer Aufgabe bzw. die Situation oder mathematische Sachverhalte schrittweise erschließt, wird als „zergliedernd" bezeichnet, im Allgemeinen von den Teilen zum Ganzen übergehend. Eine Vorgehensweise, bei der ein Individuum den Lösungsweg einer Aufgabe bzw. das Verstehen mathematischer Sachverhalte sowohl ganzheitlich als auch zergliedernd erfasst, wird als kombinierend bezeichnet.

Auf der Basis der vorangegangenen Ausführungen wird ein mathematischer Denkstil wie folgt charakterisiert:

> „Ein mathematischer Denkstil ist die von einem Individuum bevorzugte Art und Weise, mathematische Sachverhalte und Zusammenhänge durch gewisse interne Vorstellungen und/oder externe Darstellungen zu repräsentieren und durch gewisse Vorgehensweisen zu verarbeiten, genauer: zu durchdenken und zu verstehen. Demnach basiert ein mathematischer Denkstil auf zwei Komponenten: 1) der internen Vorstellung und der externen Darstellung, 2) der (ganzheitlichen bzw. zergliedernden) Vorgehensweise." (Borromeo Ferri 2004a, 50)

Folgende mathematische Denkstile konnten als Ergebnisse dieser empirischen Studie, die mit zwölf Schülerinnen und Schülern aus der neunten und zehnten Klasse eines Gymnasiums durchgeführt wurde, rekonstruiert werden:

- *Visueller Denkstil (bildlich-ganzheitlicher Denkstil)*
  Visuelle Denker zeigen ausgeprägte Präferenzen für interne bildliche Vorstellungen und externe bildliche Darstellungen sowie Präferenzen für das ganzheitliche Erfassen mathematischer Sachverhalte und Zusammenhänge mithilfe anschaulicher Darstellungen. Interne Vorstellungen sind v. a. durch starke Assoziationen mit erlebten Situationen geprägt.

- *Analytischer Denkstil (symbolisch-zergliedernder Denkstil)*
  Analytische Denker zeigen Präferenzen für interne formale Vorstellungen und für externe formale Darstellungen. Mathematische Sachverhalte werden bevorzugt durch bestehende symbolische oder verbale Darstellungen mit einer schrittweisen Vorgehensweise nachvollzogen und erfasst.

- *Integrierter Denkstil (gemischt-kombinierender Denkstil)*
  Integrierte Denker weisen Präferenzen für beide mathematischen Denkstile auf. Aufgrund ihres Wechselspiels zwischen internen bildlichen und formalen Vorstellungen so-

wie den dazugehörigen externen Darstellungen zeigen sie viel Flexibilität im Zugang zu Aufgaben und im Prozess von deren Lösung.

In mehreren weiteren Fallstudien konnten zudem bildlich-zergliedernde und symbolisch-ganzheitliche Denkstile rekonstruiert werden. Ich bezeichne diese als piktoriell bzw. formultan. Aufgrund ihres nicht direkten Bezuges zur aktuellen Untersuchung werde ich an dieser Stelle darauf jedoch nicht weiter eingehen.

Um den Charakterisierungen mathematischer Denkstile mehr Transparenz zu verleihen, sollen hier einige Beispiele von Lernenden aus der Untersuchung dargestellt werden. Jeweils zwei Schülerinnen und Schüler bearbeiteten Problemlöseaufgaben. Dabei wurden sie videografiert. Danach fand in einem Dreistufendesign (Busse & Borromeo Ferri 2003a und 2003b) ein individuelles nachträgliches lautes Denken statt, bei dem das Video vorgespielt wurde. Abschließend wurde ein individuelles Interview durchgeführt. Auf diese Weise konnten mathematische Denkstile der Lernenden rekonstruiert werden.

Eines der zu bearbeitenden Probleme war die sogenannte „Geburtstagsaufgabe". Sie soll im Folgenden als Grundlage dienen, die mathematischen Denkstile der Lernenden zu verdeutlichen[3] (die Lösung der Aufgabe ist 28):

> Auf einer Geburtstagsfeier sind acht Leute versammelt. Jeder möchte mit jedem genau einmal anstoßen. Wie oft werden je zwei Gläser zusammenstoßen?

Exemplarische Schülerlösungen:

Sandra, die Analytikerin:

Sandra, 16 Jahre, äußerte direkt zu Beginn dieser Aufgabe:
> „Eine Formel, wir brauche eine Formel!"

Doch während und bis zum Ende des Bearbeitungsprozesses fand Sandra keine passende Formel. Ihr kam die Idee, Variablen wie x und y aufzuschreiben (siehe Abb. unten), weil sie damit Formeln assoziierte oder möglicherweise eine Gleichung aufstellen wollte. Dieser Aspekt verdeutlicht ihre bevorzugte Ausrichtung auf symbolisch-formale interne Vorstellungen und externe Darstellungen, was nicht nur bei dieser Aufgabe zum Ausdruck kam.

Sandras Präferenz für interne formale Vorstellungen und entsprechende externe Darstellungen ließen sich auch in ihrem Bild von Mathematik und ihren Aussagen zu Verstehensprozessen im Mathematikunterricht erkennen. Sie versteht unter Mathematik Zahlen, Formeln und abstraktes Denken. Besonders die ersten beiden Aspekte erschienen ihr auch bei der Aufgabenbearbeitung als sehr zentral. Im Interview betonte sie ergänzend:

---

[3]   Siehe für eine ausführliche Darstellung Borromeo Ferri (2004).

Abbildung 1.15: Sandras Lösung zur Geburtstagsfeier

„Man muss immer mit Formeln denken, denke ich, weil Mathe hat immer was mit Formeln zu tun, auch wenn das kein Lehrer am Anfang sagt, das hat immer mit Matheformeln zu tun.“

Sonja, die Visuelle:

Auch Sonja, 16 Jahre, brachte schon zu Beginn der Bearbeitung ihre Präferenzen zum Ausdruck, und zwar für einen visuellen Denkstil, was sie im nachträglich lauten Denken erklärte:

> „Ja, also am Anfang hatte ich mir erst mal acht Personen gemalt und dann acht gegenüber. Mein erster Eindruck war, sich das bildlich vorzustellen, die Zahlen haben mir nichts gesagt ... ich habe auf meinen Zettel was gemalt, weil nur so kam ich drauf.“

Ihre Aufzeichnungen dokumentieren ihre internen bildlichen Vorstellungen, die sie eben auch extern darstellte:

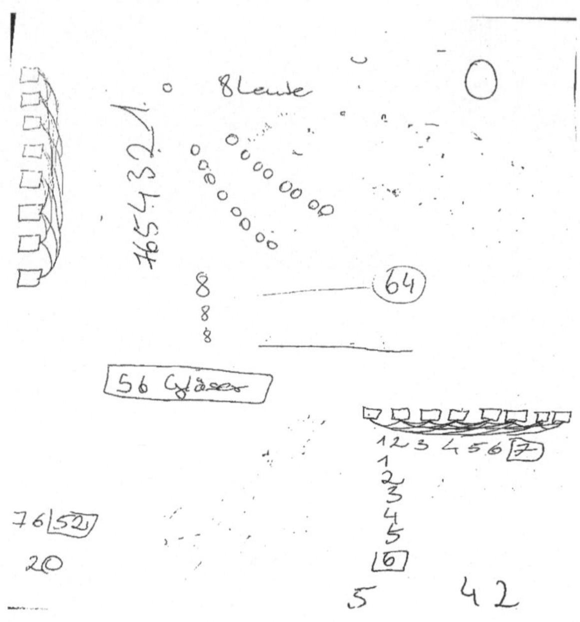

Abbildung 1.16: Sonjas Lösung zur Geburtstagsaufgabe

Präferenzen für den visuellen Denkstil spiegelten sich auch in Sonjas Bild von Mathematik wider. Im Interview verdeutlichte sie: „Bei mir geht alles bildlich, ich glaub das geht bei mir alles bildlich auch bei den Strahlensätzen jetzt, da ging auch alles nur bildlich, wo ein Baum steht, da ein kleines Mädchen, wie lang die Entfernung, musste ich mir, habe ich alles gleich vor Augen, also alles bildlich vorgestellt."

Der integrierte Denkstil ist in seiner Darstellung nicht so einfach wie in den beiden vorangegangenen, da die unterschiedlichen Komponenten bei den verschiedenen Aufgaben zu verschiedenen Zeitpunkten auftreten. Bei Tim, dem integrierten Denker, konnte eine sogenannte Inkongruenz festgestellt werden. Das heißt, er stellte sich die Personen zwar vor, aber in seiner externen Darstellung schrieb er Zahlen auf. Zu Beginn sagte er:

„Ja, das ist ähm, die achte Person stößt mit sieben Leuten an, die siebte mit sechs und so weiter, zweite mit einer und die erste sozusagen stößt mit keinem mehr an, weil es mit jedem angestoßen hat. Und diese Stoßzahl sozusagen addiert man und dann kommt man auf achtundzwanzig."

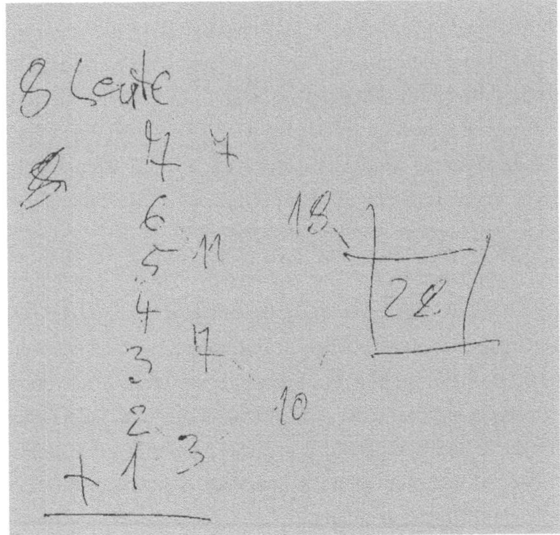

Abbildung 1.17: Tims Lösung zur Geburtstagsaufgabe

Tims Bild von Mathematik und seine Präferenz für den integrierten Denkstil zeigte sich bei allen dargestellten Untersuchungsaufgaben und auch im Interview. Das Konzeptualisieren der Aufgaben stand bei ihm vorwiegend am Anfang, indem er versuchte, an bekannte Schemata und Bearbeitungsweisen anzuknüpfen und diese auf das vorliegende Problem zu übertragen. Der Fokus lag für Tim stärker auf dem Lösungsweg, weniger darauf, welche „Werkzeuge" er im Sinne von Formeln oder Bildern zu Beginn der Bearbeitung benutzen wollte. Diese ergaben sich für ihn erst aus der entwickelten Bearbeitungsweise.

Im Sinne dieser Beispiele stellen die mathematischen Denkstile die kognitionspsychologische Hintergrundtheorie meiner aktuellen Untersuchung zum mathematischen Modellieren dar. Im nachfolgenden Kapitel, dem Theoriebaustein II, soll diese Verknüpfung zunächst durch eine Fallstudie, sozusagen einer explorativen Vorarbeit zu meiner aktuellen Untersuchung, verdeutlicht werden.

1.5 Theoriebaustein II: Analyse von Modellierungsprozessen unter der Perspektive mathematischer Denkstile

In meiner Dissertation zu mathematischen Denkstilen wurden Probleme ähnlich dem eben beschriebenen Beispiel verwendet. Es handelte sich um Aufgaben, die zwar einen außermathematischen Bezug aufwiesen, jedoch nicht als komplexe Modellierungsaufgaben zu bezeichnen sind. Dennoch ging dieser Anwendungsbezug in neuere Überlegungen mit ein, denn fokussiert man auf die mathematische Modellierung, so stellen sich zunächst global die Fragen: (1) Welche kognitiven Prozesse laufen bei Individuen beim Übersetzen, beim Interpretieren, beim Validieren bzw. beim gesamten Modellierungsprozess ab? (2) Warum stellt ein Lernender bei derselben Aufgabe in der Darstellung, aber auch in seiner Vorstellung genau dieses eine Modell auf und der andere Lernende ein komplett anderes?

Da es sich bei Textaufgaben jedoch nur um einen verkürzten Modellierungsprozess handelt (siehe Abschnitt 1.2.2 und Unterkapitel 1.3), beschränkte sich die erste Frage im weiteren Verlauf der Untersuchung eher auf den Übersetzungsprozess vom realen Modell zum mathematischen Modell. Die zweite Frage könnte, ohne weiter nachzuforschen, pragmatisch beantwortet werden mit Verweis darauf, dass jedes Individuum naturgemäß anders denkt und somit mathematische Sachverhalte anders darstellt. An diesen Aspekt in der Fallstudie (siehe Borromeo Ferri 2004b, 2004c, 2000d) anknüpfend, sollten erste Hypothesen entwickelt werden, wie und warum es zu solchen Differenzen kommt.

Anhand mathematischer Denkstile auf die Übersetzungsprozesse (Realität/Mathematik) zu schauen und somit Modellierung aus kognitiver Perspektive zu betrachten, beinhaltete die Notwendigkeit, Mikroprozesse stärker zu fokussieren, um die beim Modellieren ablaufenden kognitiven Aktivitäten besser erfassen zu können. Als Mikroprozesse bezeichne ich in diesem Zusammenhang individuelle Denkprozesse, die innerhalb der einzelnen Phasen des Modellierungskreislaufs, bei der Fallstudie insbesondere zwischen dem realen und dem mathematischen Modell, ablaufen, beispielsweise interne Vorstellungen und ggf. externe Darstellungen zu der Aufgabe.

Die oben gestellten Fragen lassen sich wie folgt präzisieren:

Beeinflussen mathematische Denkstile den Übersetzungsprozess von der Realität in die Mathematik? Wie „übersetzt" ein visuellen Denker und wie ein analytischer Denker?

An der explorativen Fallstudie nahm in einem ersten Schritt eine gesamte zehnte Klasse eines Gymnasiums teil. Da die mathematischen Denkstile von allen Schülerinnen und Schülern rekonstruiert werden sollten, wäre das Dreistufendesign (Busse & Borromeo Ferri 2003a, 2003b) zu aufwändig gewesen. Daher entwickelte ich auf der Basis der Ergebnisse meiner Dissertation und unter Einbezug von Lehrerinnen und Lehrern einen Fragebogen zum mathematischen Denken[4]. Dieser beinhaltete sowohl Fragen zum Mathematikbild der Lernenden als auch ein angewandtes Problem, das zu lösen und zu dem der Lösungs- und zugrunde liegende Denkprozess aufzuschreiben war. Auf diese Weise konnten die mathematischen Denkstile der teilnehmenden Jugendlichen rekonstruiert werden.

Für die Analyse der kognitiven Prozesse beim Modellieren wurden schließlich sechs Schülerinnen und Schüler ausgewählt, die jeweils in Paaren zwei Textaufgaben bearbeiteten. Der Lösungsprozess der beiden Probanden wurde in einem ersten Schritt audiografiert, in einem zweiten Schritt fand ein individuelles nachträgliches lautes Denken statt. Die Audioaufnahmen sollten einem späteren Nachvollziehen des Problemlöseprozesses dienen und wurden den jeweiligen Schülerinnen und Schülern nicht vorgespielt. Das nachträgliche laute Denken fand somit nicht direkt auf der Basis der Aufnahmen statt.

Beide Schritte ermöglichen durch unterschiedliche Reflexionsebenen die Erfassung kognitiver Prozesse beim Modellieren und eröffnen einen Weg zur tieferen Aufschlüsselung der jeweiligen Modellierungskreisläufe und zur Erfassung von Mikroprozessen.

Für die Auswertung wurden sowohl der Lösungsprozess als auch das nachträgliche laute Denken der Lernenden transkribiert und mit der Software ATLAS.ti kodiert. Die weitere Analyse führte nach Gruppierung der Kodes zu Mustern in den Daten, deren Ergebnisse als Hypothesen der Fallstudie formuliert werden konnten.

Zunächst aber sollen die verwendete Aufgabe, die „Murmelaufgabe"[5] aus TIMSS samt stoffdidaktischer Analyse[6] sowie zwei unterschiedliche Lösungen von Lernenden vorgestellt werden. Hierzu ist grundsätzlich anzumerken, dass beim Lösen einer Aufgabe, sei es einer Text- oder einer komplexen Modellierungsaufgabe, Individuum und Aufgabe (fast) immer in einer Wechselbeziehung zueinander stehen. Insofern werden beim konkreten Lösungsprozess immer (mehr oder weniger ausgeprägt) sowohl Merkmale des Individuums als auch Merkmale des Problems sichtbar.

Die Murmelaufgabe

Carolin hat einen Sack mit 24 Murmeln. Sie gibt die Hälfte davon Herbert und dann ein Drittel der Murmeln, die noch im Sack sind, Peter. Wie viele Murmeln hat Carolin am Ende übrig?

---

[4] Dieser Fragebogen wurde seither vielfach getestet und verbessert. Da er auch in der aktuellen Untersuchung Verwendung findet, wird er im Zusammenhang mit den Methoden in Kapitel 2 vorzustellen sein.

[5] Die Aufgabe wurde im Rahmen von TIMSS zwar für 15 Jährige konzipiert, ist aber auch für 16Jährige nicht zu leicht.

[6] Als eine stoffdidaktische Analyse wird die Analyse von Aufgaben insbesondere bezüglich ihrer möglichen Lösungen im Hinblick auf fachstrukturelle Aspekte bezeichnet.

Von ihrer Struktur her legt die Aufgabe eher ein zergliederndes Vorgehen nahe, denn die Murmeln werden nacheinander abgegeben, so dass eine Zerteilung stattfindet. Wird diese Aufgabe unter kognitiven Aspekten stoffdidaktisch im Sinne eines zergliedernden bzw. ganzheitlichen Vorgehens analysiert, so können beim Übersetzungsprozess vom Realmodell ins mathematische Modell dennoch zwei unterschiedliche Betrachtungs- bzw. Vorgehensweise differenziert werden.

Nachfolgend handelt es sich um idealisierte Vorgehensweisen, die von den faktischen durchaus abweichen können (vgl. Borromeo Ferri 2004b).

Realmodell (RM): Ein Sack mit 24 Murmeln, von denen erst die Hälfte und später ein Drittel des verbleibenden Rests abgegeben werden. Wie viele Murmeln bleiben am Ende übrig?

Mathematisches Modell (MM):

Denkexperiment 1 (zergliedernd):
Hier stehen vor allem Überlegungen im Vordergrund, die das schrittweise Vorgehen verdeutlichen: Ich habe 24 Murmeln. Davon nehme ich zunächst 12 Murmeln heraus, da ich die Hälfte an Herbert abgebe. Dann bleiben $24-12=12$ Murmeln im Sack. Von denen nehme ich dann 4 Murmeln heraus, da Herbert ein Drittel davon bekommt. Im Sack bleiben dann schließlich $12-4=8$ Murmeln übrig.

Mathematisches Modell:

$$24 - \underbrace{(1\text{-}1\text{-}1\text{-}1..\text{-}1)}_{12\text{ mal}} - \underbrace{(1\text{-}1\text{-}...\text{-}1)}_{4\text{ mal}}$$

Denkexperiment 2 (ganzheitlich):
Beim ganzheitlichen Erfassen sind folgende Gedanken primär: Ich sehe die 24 Murmeln, mit denen gedanklich simultan zwei Veränderungen passieren: Ich greife die Hälfte (12) und von dem verbleibendem Rest ein Drittel (4) der Murmeln heraus, sodass am Ende 8 Murmeln übrigbleiben.

Mathematisches Modell: $24 - (\frac{1}{2}\cdot 24) - \frac{1}{3}(\frac{1}{2}\cdot 24)$

Zur Illustration unterschiedlicher Lösungen werden Emil, 16 Jahre und Giulia, 16 Jahre, vorgestellt.

Bei Emil, 16 Jahre, konnte eine Präferenz für den analytischen Denkstil rekonstruiert werden. Auf die Frage, warum ihm die Murmelaufgabe gefallen hat, bemerkte er:

> „Weil mit Zahlen und so und man musste im Prinzip nur rechnen.“

Im Problemlöseprozess sowie in den Schilderungen seiner ersten Ideen und Eindrücke wird weiter deutlich, dass für ihn der Aspekt des Rechnens mit einem Fokus auf Zahlen und vor allem das „Rausschreiben von Zahlen" in der Vordergrund tritt. Im nachträglichen lauten Denken merkte er an:

> „Einfach rechnen, hab ja erst die Zahlen aufgeschrieben, also gleich die Zahlen angeguckt."

Bereits in dieser Phase hat Emil das Realmodell verlassen. Keine seiner Aussagen und Reflexionen verdeutlicht, dass er sich mit der realen Situation weiter auseinandersetzt oder entsprechende Vorstellungen dazu entwickelt. Er geht direkt dazu über, ein mathematisches Modell aufzustellen und kommentiert sein Vorgehen wie folgt:„Ich hab 'ne Gleichung aufgestellt... also erst mal habe ich die vierundzwanzig Murmeln aufgeschrieben, dann minus die Kugeln, die Herbert bekommen hat, und dann hab ich dann vierundzwanzig minus zwölf und dann minus vier."

Zwei Aspekte werden bei seinem Vorgehen deutlich: Zum einen geht er stark zergliedernd vor, indem er die Kugeln nacheinander abzieht, und zum anderen sieht er die Murmeln und die Personen als mathematische Objekte, mit denen er rechnen kann. Das wird in seiner externen formalen Darstellung ersichtlich:

Die Vermutung liegt nahe, dass Emil dieses formale mathematische Modell aufgrund seiner Präferenz für einen analytischen Denkstil aufgestellt hat. Seine internen Vorstellungen verdeutlichten bereits, wie schnell er vom Realmodell zum mathematischen Modell gewechselt ist. Seine externen symbolisch-formalen Darstellungen bekräftigen zusätzlich, dass bei ihm die Präferenz für das Formale ausgeprägt ist.

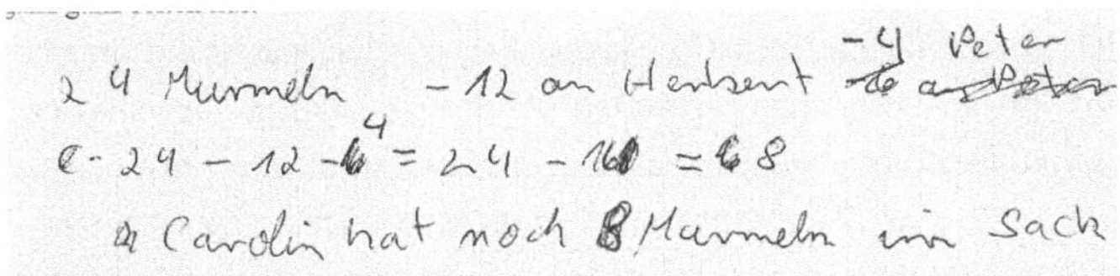

Abbildung 1.18: Emils Lösung zur Murmelaufgabe

Auf die Frage, warum er bei dieser Aufgabe keine bildlichen Darstellungen anfertigte oder ob er sonst bildliche Darstellung bevorzugt, bemerkte er:

> „Bildliche Darstellungen benutze ich ganz selten und mache es nur, wenn der Lehrer es sagt, am liebsten mag ich eigentlich nur rechnen mit Formeln."

Giulia, 16 Jahre, bei der eine Präferenz für einen visuellen Denkstil rekonstruiert werden konnte, zeigt eine deutlich andere Herangehensweise an die Aufgabe. Schon in ihren ersten Ideen und Eindrücken wird ersichtlich, dass ihre bildlichen Vorstellungen in starkem Zusammenhang mit dem Sachkontext der Aufgabe stehen und im realen Modell verankert sind, was sich im nachträglichen lauten Denken wie folgt äußert:

> „Ich hab mir einen Sack mit Murmeln vorgestellt und drei Personen im Kopf, das war so meine Vorstellung, halt eine Person mit einem Sack voll Murmeln...“

Giulias Beschreibungen weisen gegenüber Emils mehr Bildhaftigkeit und Dynamik auf. In ihren Vorstellungen sieht sie die Personen als tatsächlich agierende und nicht als mathematische Objekte, die sie mit den Zahlenangaben in der Aufgabenstellung in Verbindung bringt. Beim nachträglichen lauten Denken formuliert sie:

> „Eine Person mit einem Sack voll Murmeln, mit vierundzwanzig Murmeln drin, dass sie davon die Hälfte abgibt, sprich da sind zwei Personen mit jeder einen Sack mit zwölf Murmeln und dann hab ich überlegt, halt das Drittel von zwölf, weil das Carolin ja dann noch abgibt, ja und am Ende sind es acht übrig.“

Für Giulia sind die handelnden Personen in der Aufgabe nicht nur Objekte; sie benennt diese mit Namen, wie zum Beispiel Carolin. Schon zu Beginn ihrer Beschreibungen stellt sie ein mathematisches Modell auf, in dem sie sich den Sack mit Murmeln als Ganzes vorstellt, von dem Teile (ein Halb, ein Drittel) als Ganzes herausgenommen werden. Giulia wechselt jedoch zwischen realem und mathematischem Modell hin und her, da sie immer eine Verbindung zum Kontext der Aufgabe herstellt. Sie fertigt keine externen Darstellungen an, dennoch wird deutlich, dass sie nicht wie Emil auf die Zahlen fokussiert, vielmehr setzt die reale Situation innerhalb der Aufgabe in ihren internen Vorstellungen Bilder frei, mit denen sie die Aufgabe löst:

> „Solche bildlichen Vorstellungen mache ich mir bei Textaufgaben, weil da sind ja immer solche Beispiele gegeben und da sind die Bilder automatisch vorhanden.“

Auch bei den vier übrigen Probandinnen und Probanden zeigten sich interessante Ergebnisse, die sich folgendermaßen zusammenfassen lassen: Die Präferenz der Schülerinnen und Schüler für einen analytischen oder visuellen Denkstil scheint die internen Vorstellungen bereits bei den ersten Eindrücken der gestellten Aufgabe zu beeinflussen. Die Aufgabe wird entweder aufgefasst als Angabe von Zahlen, die mit einer realen Situation verkleidet sind, welche jedoch nicht berücksichtigt wird, oder die reale Situation wird bildlich erfasst, was notwendig ist, um die Aufgabe zu lösen. Diese Mikroprozesse, die auf einer kognitiven Ebene und eher unbewusst ablaufen, führen zu unterschiedlichen Arten von Modellen, die sowohl auf interner als auch auf externer Ebene von Lernenden angefertigt werden. Hinsichtlich dieser Mikroprozesse, vor allem beim Übersetzungsprozess vom Realmodell ins mathematische Modell, formuliere ich auf der Basis der explorativen Fallstudie folgende Hypothesen:

<u>Hypothese 1:</u>

Probanden mit der Präferenz für einen visuellen Denkstil bleiben beim Aufgabenlösen stärker im Realmodell bzw. wechseln ständig zwischen mathematischen Modell und Realmodell hin und her. Ihr Übersetzungsprozess ist geprägt durch die Beschreibung lebendiger Bilder und durch ihr Hineinversetzen in das Realmodell. Die mathematischen Modelle sind vorwiegend bildlicher Natur und spiegeln die Realsituation direkt wider.

<u>Hypothese 2:</u>

Probanden mit der Präferenz für einen analytischen Denkstil lösen sich schneller vom realen Modell, sie wechseln sofort ins mathematische Modell und argumentieren beim Übersetzen auf interner und externer Ebene formal. Sie konzentrieren sich vorwiegend auf formale Angaben (Zahlenangaben etc.) in der Aufgabe.

Diese Hypothesen können nur Teilantworten auf die zu Beginn gestellten Fragen geben. Offen bleibt, inwieweit sich diese Hypothesen bei komplexen Modellierungsaufgaben in einem realitätsbezogenen Mathematikunterricht bestätigen. Das soll unter anderem in der aktuellen Studie zu kognitionspsychologischen Aspekten von Modellierungsprozessen weiterverfolgt und analysiert werden. Mehr noch, die Perspektive der mathematischen Denkstile als kognitive Brille, mit der auf Modellierungsprozesse geblickt wird, gibt nicht nur Aufschluss über die Schülertätigkeiten, sondern soll auch den Umgang der Lehrperson mit solchen Aufgaben durchleuchten.

Folgende Vorüberlegungen werden im Hinblick auf die empirische Untersuchung mathematischer Denkstile getroffen:

Basierend auf Erfahrungswissen mit Modellierungsprozessen erscheint es plausibel anzunehmen, dass beim Modellieren von weniger erfahrenen Lernenden die zergliedernde Vorgehensweise dominieren könnte. Demnach ist die Dimension der Vorgehensweise (zergliedernd versus ganzheitlich) vermutlich weniger aufschlussreich, denn aufgrund der verstärkt zergliedernden Struktur von Modellierungsaufgaben könnte sich die Aufgabe quasi eher „durchsetzen" als die Präferenz des Individuums für eine Vorgehensweise. Deshalb berücksichtigt diese Studie hinsichtlich des mathematischen Denkstils nur die *Dimension der Repräsentation* (bildlich versus formal bzw. eine Mischform beider), wonach auch eine entsprechende Einordnung aller Probanden (Lehrenden wie Lernende) erfolgen wird. Somit wird in dieser Arbeit von bevorzugten Repräsentationen bzw. dennoch von präferierten mathematischen Denkstilen gesprochen.

Präzisierung der Forschungsfragen

Auf der Basis der vorangegangenen Ausführungen lassen sich meine Forschungsfragen nun detaillierter darstellen:

- *Welche Phasen bzw. Schritte des Modellierungskreislaufs können bei individuellen Modellierungsprozessen rekonstruiert werden, insbesondere: Können mentale Situations-Repräsentation, Realmodell und mathematisches Modell empirisch unterschieden werden? Sind Validierungsaktivitäten erkennbar?*

- *Zeichnen sich bei den individuellen Prozessen Muster oder Präferenzen ab und hängen diese vom mathematischen Denkstil der Schülerin oder des Schülers ab, und wenn ja, wie?*

- *Wie hängen Einzel- und Gruppenprozesse zusammen, insbesondere: Spiegeln sich die Modellierungsprozesse von Individuen in den Gruppenprozessen wider?*

- *Gibt es Präferenzen von Lehrenden für bestimmte Phasen bzw. Schritte und hängen solche Präferenzen vom mathematischen Denkstil der Lehrerin oder des Lehrers ab, und wenn ja, wie?*

2 Rekonstruktion der Innenwelt des mathematischen Modellierens: Methodologische und methodische Grundlagen

> *„Observing [...] processes during modelling is as difficult as observing other thought processes and is further complicated by the effect of variations between modellers due to background differences both in experience of the problem situation and in their knowledge of mathematics that could be applied to it."* *(Treilibs, Burkhardt, Low 1980, 43)*

Dieses Kapitel widmet sich der Methodologie und den methodischen Grundlagen der Untersuchung, die es ermöglicht haben, Einblicke in die „Innenwelt des mathematischen Modellierens", das heißt in die kognitiven Prozesse von Lernenden und Lehrenden zu erlangen. Dass die Rekonstruktion von solchen Prozessen beim Modellieren, aber auch allgemein von Denkprozessen nicht einfach ist, beschreiben schon Treilibs, Burghardt und Low zu Beginn der achtziger Jahre. Im Unterkapitel 2.1 werden neben der methodologischen Verortung insbesondere weitere zentrale Ansätze aus Teildisziplinen der Psychologie beschrieben, die begründen, warum Analysen von individuellen Prozessen innerhalb einer Gruppe und von Gruppenprozessen im Gesamten sich gegenseitig nicht ausschließen. Dabei scheint mir eine ausführliche Darlegung theoretischer und empirischer Erkenntnisse bezüglich der Gruppenarbeit notwendig, da mathematisches Modellieren, das zeigen viele Untersuchungen, vornehmlich durch die Arbeit in der Gruppe Erfolge für den weiteren Kompetenzaufbau bringt. In Unterkapitel 2.2 werden dann die Erhebungsmethoden und die Erhebungsphasen ausführlich erläutert. Die Auswertungsmethoden finden sich in Unterkapitel 2.3.

2.1 Positionierung in der qualitativen empirischen Forschung

Um die Replikation wohlbekannter Positionen zu vermeiden, beschränke ich mich im Folgenden auf diejenigen Aspekte, die eine Verortung meiner Studie in der qualitativen empirischen Forschung begründen.

Die Untersuchung kognitiver Prozesse im Mathematikunterricht, bei denen es unter anderem um die Frage geht, welchen Einfluss mathematische Denkstile auf den Modellierungsprozess haben oder inwieweit sich Phasen des Modellierungskreislaufs nach kognitiven Aspekten unterscheiden lassen, verlangt zum einen nach empirischen Erkenntnissen und zum anderen nach qualitativen Zugängen. Daher lässt sich die vorliegende Studie Ansätzen der qualitativen empirischen Forschung zuordnen.

Qualitative Forschung grenzt sich von quantitativer Forschung ab, insofern Letztere sich auf die systematische Messung und Auswertung von Fakten stützt. Qualitative und quantitative standardisierte Forschungsmethoden können zwei verschiedenen Methodenparadigmen zugeordnet werden, wobei jedoch eine Kombination beider Forschungsmethoden möglich ist (vgl. Kelle/Erzberger 2000, 299-309). Dennoch sollte nicht außer Acht gelassen werden, dass sich qualitative und quantitative Forschung in wesentlichen Aspekten voneinander unterscheiden. Die Differenzen beider Forschungsrichtungen zeigen sich vor allem darin, welche Formen von Erfahrungen als methodisch kontrollierbar angesehen und in der Folge als erlaubte Erfahrungen zugelassen werden, was sich insbesondere an der Rolle des Forschers und am Grad der Standardisierung des Vorgehens festmacht. Einen zentralen Stellenwert innerhalb der quantitativen Forschung nimmt die Unabhängigkeit des Beobachters vom Forschungsgegenstand ein. Dagegen greift die qualitative Forschung auf die subjektive Wahrnehmung des Forschers als Bestandteil der Erkenntnis zurück. Für ihre vergleichend-statistischen Auswertungen ist die quantitative Forschung auf ein hohes Maß an Standardisierung der Datenerhebung angewiesen. Bei einem Fragebogen führt das dazu, dass die Reihenfolge der Fragen wie auch die Antwortmöglichkeiten fest vorgegeben und die Bedingungen bei der Beantwortung der Fragen für allen Untersuchungsteilnehmer möglichst konstant gehalten werden. Bei qualitativen Interviews ist demgegenüber eine größere Flexibilität mit Rücksicht auf den Einzelfall möglich (vgl. Flick, von Kardoff & Steinke 2000, 24 ff.).

Prägnant lässt sich das Ziel des mit qualitativer Forschung angestrebten Erkenntnisinteresses auch mit dem Begriff der „Tiefe", das Ziel quantitativer Forschung eher mit dem Begriff der „Breite" beschreiben.

Corbin und Strauss sehen die qualitative in Abgrenzung zur quantitativen Forschung als *„jene Art von Forschung, deren Ergebnisse keinen statistischen Verfahren oder anderer Art von Quantifizierung entspringe"* (Corbin & Strauss 1996, 3).

Bei qualitativer Forschung handelt es sich demnach nicht um einen bestimmten methodischen Ansatz, sondern um einen Oberbegriff für verschiedene Forschungsansätze. Straus und Corbin (1996, 6) unterscheiden dabei nach Grounded Theory, Ethnographie, dem phänomenologischen Ansatz, Biographieforschung und Konversationsanalyse als Typen qualitativer Forschung. Qualitative Methoden finden in vielen verschiedenen Forschungsbereichen Einsatz und haben nach Flick, Kardorff und Steinke (2000) „den Anspruch, Lebenswelten *, von innen heraus' aus der Sicht des handelnden Menschen zu beschreiben"* (Steinke, Flick & Kardorff 2000, 14).

Dieser Aspekt wird auch für meine Studie als grundlegend angesehen. Die Modellierungsprozesse jugendlicher Schülerinnen und Schüler sollen aus deren direktem mathematischen Tun rekonstruiert werden können. Das ist nur möglich, wenn diese Prozesse aufgezeichnet und mikroanalytisch untersucht werden. Auf eine andere Art und Weise kann dieser kognitive Zugang beim Modellieren kaum erfasst werden. Quantitatives Vorgehen wäre in Bezug auf das

Ziel der Untersuchung kein adäquater Weg, da in dieser Studie vor allem die „Tiefe" und weniger die „Breite" der Ergebnisse von Bedeutung ist. Ein weiterer Grund für die Wahl des qualitativen Paradigmas liegt in dem hier vorliegenden fast völlig neuen Forschungsfeld innerhalb der Modellierungsdiskussion, das praktisch keinen anderen Zugang zulässt. Dies soll im Zusammenhang mit der gewählten Forschungsmethode später eingehender erläutert werden.

Zuvor soll jedoch in einem kurzen Überblick auf die Gütekriterien qualitativer Forschung eingegangen werden. Dabei beziehe ich mich auf den von Steinke (2000) dargestellten Katalog von Kriterien und werde diesen unter Berücksichtigung der Fragestellung, Methode und Spezifik des Forschungsfeldes sowie des Untersuchungsgegenstands meiner Studie verdeutlichen. Steinke (2000, 324 ff.) listet sieben zentrale Punkte (mit zahlreichen Unteraspekten) als Gütekriterien auf: intersubjektive Nachvollziehbarkeit, Indikation des Forschungsprozesses, empirische Verankerung, Limitation, Kohärenz, Relevanz sowie reflektierte Subjektivität.

Die Herstellung *intersubjektiver Nachvollziehbarkeit* des Forschungsprozesses bildet in der qualitativen Forschung die Basis für die Bewertung der Ergebnisse. Steinke (2000, 324) führt an, dass die Sicherung und Prüfung der Nachvollziehbarkeit auf drei Wegen erfolgen kann, wobei sie die Dokumentation des Forschungsprozesses[7] als die zentrale Technik hervorhebt. Bezüglich meiner Studie habe ich mich für diese Technik entschieden, um Transparenz zu schaffen hinsichtlich des Prozesses der Generierung meiner Ergebnisse.

Bei der Dokumentation des Forschungsprozesses geht es um die notwendige Darstellung des Vorverständnisses des Forschenden, um später entscheiden zu können, welche Erkenntnisse der Studie tatsächlich neuartig sind. Bezogen auf meine Arbeit wurde vor allem im Theorieteil ersichtlich, dass ein kognitionspsychologischer Blick auf Modellierungsprozesse einen neuen Bereich innerhalb der didaktischen Modellierungsdiskussion eröffnet und dass die Analysen des Einflusses mathematischer Denkstile von Lehrenden und Lernenden während des Modellierens im Unterricht zu neuen Erkenntnissen führt.

Des Weiteren soll die Dokumentation die Erhebungsmethoden, den Erhebungskontext und die Transkriptionsregeln miteinbeziehen. In diesem Kapitel werden sämtliche Erhebungsmethoden meiner Studie dargestellt und auch verdeutlicht, wie diese entwickelt wurden. Die Transkriptionsregeln finden sich im Anhang dieser Arbeit und zeigen eine pragmatische, dem Untersuchungsgegenstand angemessene Transkriptionsweise, die sämtliche verbalen und nonverbalen Aktionen der Probandinnen und Probanden mit einschließt, ohne Berücksichtigung differenzierter linguistischer Untersuchungen.

Die Dokumentation der Daten sowie der Auswertungsmethoden ist von weiterer Bedeutung. Die Auswertungsmethoden finden sich in diesem Kapitel dargestellt und zum Teil an Beispie-

---

[7] Weitere Techniken sind: Interpretationen in der Gruppe und die Anwendung kodifizierter Verfahren (Steinke 2000, 324-326).

len, das heißt anhand von wörtlichen Äußerungen der Beteiligten aufbereitet, so dass die Interpretation ersichtlich wird.

Auch die Dokumentation von Problemen und Entscheidungen, die zum Beispiel Überlegungen zur Methodenwahl einschließen, wird in meiner Arbeit berücksichtigt. Darunter fällt die Auseinandersetzung, ob die Rekonstruktion individueller Modellierungsprozesse innerhalb einer Gruppe methodisch vertretbar ist. Dieses Problem habe ich aufgegriffen und an entsprechender Stelle diskutiert.

Steinke nennt als weiteres Gütekriterium die Indikation des Forschungsprozesses, *„da nicht nur die Angemessenheit der Erhebungs- und Auswertungsmethoden, sondern der gesamte Forschungsprozess hinsichtlich seiner Angemessenheit (Indikation) beurteilt wird"* (Steinke 2000, 326). Dieses Kriterium beinhaltet wiederum einige Unterpunkte[8], die sich mit den zum Teil bereits zuvor ausführlicher behandelten Aspekten überschneiden. Daher beziehe ich mich auf noch nicht diskutierte Sachverhalte.

Die Indikation der Methodenwahl, die nach der Angemessenheit der Erhebungs- und Auswertungsmethoden fragt, wird in den Unterkapiteln 2.2 und 2.3 ausführlich diskutiert. An dieser Stelle sei jedoch angemerkt, dass im Hinblick auf den Untersuchungsgegenstand dieser Arbeit eine Vielzahl von Erhebungsmethoden genutzt wird. Die Verwendung von nur einer Erhebungsmethode wäre nicht ausreichend gewesen, um die komplexe Fragestellung dieser Studie zu beantworten.

Die Indikation der Samplingstrategie ist im Hinblick auf die verwendeten Erhebungsmethoden innerhalb dieser Studie von Bedeutung. Bei den Schülerinnen und Schülern wurde die Fallauswahl für die Mikroanalyse von Modellierungsprozessen gezielt vorgenommen, so dass ein endgültiges Sample von 35 Lernenden im Hinblick auf die intensive Auswertung ausreichend und repräsentativ erscheint.

Bei dem Gütekriterium der *empirischen Verankerung* geht es darum, als Forschende sicherzustellen, dass die Bildung und Überprüfung von Hypothesen bzw. Theorien in den Daten verankert sind. Zur Gewährleistung dieser Verankerung gibt es unterschiedliche Wege[9]: so zum Beispiel die Verwendung kodifizierter Methoden, wie etwa der Grounded Theory, die in meiner Studie als Methodologie und Methodik der Datenauswertung zugrunde liegt. Auch die kommunikative Validierung wurde in dieser Studie in der Form eines nachträglichen lauten Denkens mit einer Lehrperson sowie in einer Laboruntersuchung mit zwei Lernenden angewendet.

---

[8] 1. Indikation des qualitativen Vorgehens; 2. Indikation der Methodenwahl; 3. Indikation der Transkriptionsregeln; 4. Indikation der Samplingstrategie; 5. Indikation der methodischen Einzelentscheidungen im Kontext der gesamten Untersuchung: 6. Indikation der Bewertungskriterien (siehe Steinke 2000, 326-328).

[9] 1. Kodifizierte Methoden; 2. Hinreichend Textbelege für die entwickelte Theorie?; 3. Analytische Induktion; 4. Ableiten von Prognosen aus der generierten Theorie; 5. Kommunikative Validierung (siehe Steinke 2000, 328-329).

Das Gütekriterium *Limitation* dient dazu, die Frage der Verallgemeinerbarkeit einer entwickelten Theorie zu klären und zu überprüfen. Hilfreich dafür sind die Techniken der Fallkontrastierung sowie die explizite Suche und Analyse abweichender, negativer und extremer Fälle. Bezogen auf meine Studie wurde vor allem die erste Technik angewandt. Die Fallkontrastierung war dabei ein wichtiges Element, genauso wie die Zusatzerhebung im Labor mit zwei Lernenden. Es zeigte sich, wie später noch ausgeführt wird, dass der Settingwechsel keinen Einfluss auf rekonstruierte Phänomene aus der Hauptstudie hatte, was die These einer Konstanz der generierten Hypothesen und einer Übertragbarkeit der Ergebnisse stützt.

Das Gütekriterium der *Kohärenz* zielt auf die Prüfung der Konsistenz der entwickelten Theorie, wie bereits diskutiert.

Die *Relevanz* als Gütekriterium hat für den Forschenden auch hinsichtlich der Verortung seiner Studie in die Scientific Community Bedeutung. An dieser Stelle verweise ich vor allem auf das Unterkapitel 4.2, in dem Konsequenzen der Studie sowohl für die weitere Theorieentwicklung im Bereich der mathematischen Modellierung als auch im Bereich Schule und Lehrerbildung abgeleitet werden, wodurch die theoretische und praktische Relevanz der Fragestellungen dieser Studie noch einmal verdeutlicht wird.

Als letztes Gütekriterium nennt Steinke (2000, 330 ff.) schließlich die *reflektierte Subjektivität*. Dabei geht es um die Überprüfung der Rolle des Forschenden als Subjekt und als Teil der sozialen Welt, die von ihm oder ihr erforscht wird, und darum, inwieweit diese weitgehend methodisch reflektiert in die Theoriebildung miteinbezogen wird. Bezüglich dieses Gütekriteriums sind es vor allem meine Erfahrungen aus vorangegangenen größeren oder kleineren empirischen Studien, die zur stärkeren Reflektiertheit bei dieser Untersuchung geführt haben. Das heißt, die Prüfung, ob der Forschungsprozess durch Selbstbeobachtung begleitet wird, ob persönliche Voraussetzungen für die Erforschenden des Gegenstandes reflektiert werden, eine Vertrauensbeziehung zwischen Forscher und Informant besteht oder Reflexionen während des Feldeinstiegs erfolgen, bildet meines Erachtens die Grundvoraussetzungen für eine erfolgreiche Studie.

Im Folgenden soll nun auf die Grounded Theory (Strauss & Corbin 1990) eingegangen werden. Diese stellt die Methodologie und die Methodik meiner Untersuchung dar.

Grounded Theory als gewählte Methodologie

Innerhalb der qualitativen Forschung gibt es nicht nur die eine Forschungsmethode, sondern vielmehr ein methodologisches Spektrum von Forschungsansätzen, das je nach Fragestellung und Forschungstradition ausgewählt werden soll. Qualitative Forschung kennzeichnet weiter, dass die Forschungsmethoden immer für ein bestimmtes Forschungsproblem entwickelt wurden und somit gegenstandsangemessen sind, denn oftmals erwiesen sich bereits existierende Methoden als nicht passend. Im Interesse der qualitativen Forschung etwa liegt das Durch-

leuchten beziehungsweise die Analyse des Alltagsgeschehens, welches auch besonders adäquat ist, um mathematisches Modellieren im Mathematikunterricht zu erforschen.

Die Zielsetzung qualitativer Forschung ist es, aus den empirischen Daten Theorien zu generieren. Es geht nicht darum, schon bekannte Hypothesen zu überprüfen (vgl. Flick, Kardoff &
Steinke 2000, 13-24). Daher sollen Phänomene in den Daten meiner Untersuchung rekonstruiert werden, die mit Hilfe theoretischer Begriffe aus der Literatur und noch zu entwickelnder
Konzepte beschrieben werden.

Das Zusammenspiel von sogenannten theoretisch sensibilisierten Begriffen und den Phänomenen, die sich erst aus den Daten ergeben – ein sich gegenseitig befruchtendes Wechselspiel
– was zur Theoriegenerierung führt, stellt ein zentrales Vorgehen bei der qualitativen Forschungsmethode der Grounded Theory (Strauss & Corbin 1990) dar.

> *„Die Grounded Theory ist eine qualitative Forschungsmethode bzw. Methodologie, die
> eine systematische Reihe von Verfahren benutzt, um eine induktiv abgeleitete,
> gegenstandsverankerte Theorie über ein Phänomen zu entwickeln." (Strauss & Corbin
> 1996, 8)*

Hinsichtlich der Fragestellungen meiner Studie und dem von mir gewählten völlig neuen For-
schungsbereich innerhalb der Modellierungsdiskussion eignet sich die Grounded Theory als
methodologische Basis zur Gewinnung neuer Erkenntnisse.

Ein Verfahren der Grounded Theory, wenn nicht sogar der zentrale Prozess, um eine gegen-
standsverankerte Theorie zu generieren, ist das Kodieren. Daten werden durch diesen Vorgang
aufgebrochen, konzeptualisiert und auf eine neue Weise zusammengesetzt. Somit kommt es
zu einem ständigen Vergleich zwischen Phänomenen, Begriffen, Fällen etc. sowie zur Formulierung von Fragen an den Text und damit zu einer systematischen Theorieentwicklung.

Die Konstruktion des Kodierschemas hängt jedoch vom Grad der theoretischen Sensibilität
des Forschenden ab. Das heißt, Vorerfahrungen im Phänomenbereich oder ein intensives Lite-
raturstudium haben Auswirkungen auf die Bildung von Kodes, was Strauss und Corbin als
Chance verstehen, damit phantasievoll umzugehen.

> *„Theoretische Sensibilität stellt einen wichtigen kreativen Aspekt der Grounded Theory
> dar. Sie beruht auf der Fähigkeit, nicht nur persönliche und berufliche Erfahrung,
> sondern auch die Literatur sinnvoll zu nutzen. Sie befähigt den Analysierenden, die
> Forschungssituation und die damit verbundenen Daten auf eine neue Weise zu sehen
> und das Potential der Daten für das Entwickeln einer Theorie zu erforschen." (Strauss
> & Corbin, 1996, 27)*

Bezüglich meiner Untersuchung wurden zudem bestimmte Theorieansätze reflektiert, beispielsweise die bereits beschriebenen idealtypischen Modellierungskreisläufe samt Phasenbeschreibungen. Dieses Wissen und die einzelnen Begrifflichkeiten (reales Modell, mathematisches Modell usw.) werden genutzt, um damit (implizite) theoretische Kodes zu entwickeln,
was in Unterkapitel 2.3 dargestellt wird.

Der Grad des theoretischen Wissens hat dann zwangsläufig Auswirkungen auf die Konstruktion des Kodierschemas. Strauss und Corbin (1996, 43 ff.) bezeichnen diese Art der Kodierung als theoretisches Kodieren, was sich in drei Umgangsweisen mit dem Text unterscheiden lässt: offenes Kodieren, axiales Kodieren und selektives Kodieren.

„Analyse in der Grounded Theory besteht aus sehr sorgfältigem Kodieren der Daten, welches hauptsächlich, wenn auch nicht ausschließlich, durch eine mikroskopische Untersuchung der Daten geschieht." (Strauss & Corbin 1996, 40)

Beim offenen Kodieren werden die Daten erstmals aufgebrochen, Konzepte entwickelt und diese den Daten zugeordnet. Das axiale Kodieren fügt die aufgebrochenen Daten auf eine neue Weise zusammen. Vorhandene Konzepte werden verfeinert und vor allem verglichen. Es kommt zur Spezifizierung der Kategorien und somit zur Bildung von Subkategorien. In der Phase des selektiven Kodierens wird schließlich eine Kernkategorie ausgewählt, welche das zentrale Phänomen darstellt, um das herum sich alle Kategorien gruppieren.

Während des Kodierprozesses kommt es immer wieder zu einem Wechsel der beiden Kodierungsarten, insbesondere zwischen dem offenen und dem axialen Kodieren, so dass diese nicht als hintereinander getrennt ablaufende Phasen zu verstehen sind.

„Hier möchten wir unterstreichen, daß die Grenzen zwischen den verschiedenen Typen des Kodierens künstlich sind. Die verschiedenen Typen finden nicht notwendigerweise in einer Folge von Stadien statt." (Strauss & Corbin 1996, 40)

2.1.1   Gruppenunterricht und Gruppenprozesse – relevante Aspekte

„Wer alleine arbeitet addiert, wer zusammen arbeitet multipliziert."
(Arabisches Sprichwort)

Generell wird davon ausgegangen, dass Modellieren eine Gruppenaktivität ist. Dabei existieren kaum Untersuchungen, die empirische Belege für die Bedeutsamkeit von Gruppenaktivitäten bezüglich des Modellieren herausstellen. Etwas eingehender haben sich Ikeda und Stephens (2001) mit diesem Aspekt auseinandergesetzt. Sie analysieren die Effekte von Diskussionen in Kleingruppen und kommen zu dem Ergebnis, dass Gruppendiskussionen, vor allem zu Beginn des Modellierungsprozesses, zu besseren Lösungen führen. Auf die Prozesse der Lernenden selbst gehen sie jedoch nicht ein.

Im Folgenden werden Aspekte zum Gruppenunterricht und zu Gruppenprozessen dargelegt, die relevant für meine empirische Studie und vor allem deren Auswertung waren. Einerseits sollte der Fokus auf das Individuum innerhalb der Gruppe gelegt werden, andererseits auf die Gesamtgruppe als Einheit, um auch Gruppenvergleiche zu ermöglichen.

In der Literatur lassen sich viele verschiedene Arten des Arbeitens in Gruppen unter dem Begriff des *Gruppenunterrichts* zusammenfassen, zum Teil wird auch von Gruppenarbeit gesprochen. In Anlehnung an Meyer (2003), Gudjons (2003) sowie Dann, Diegritz und Rosenbusch (1999) verwende auch ich den Begriff Gruppenunterricht in meiner Untersuchung.

Nach Meyer (2003) beschreibt Gruppenunterricht eine Sozialform des Unterrichts. Die Schüler einer Klasse arbeiten, für einen begrenzten Zeitraum, in handlungsfähigen Kleingruppen an einer gegebenen oder selbst gewählten Aufgabenstellung. Die Ergebnisse, die in den Kleingruppen entstehen, sollen anschließend der gesamten Klasse nahegebracht werden. Darüber hinaus meint Gruppenarbeit „[…] die in dieser Sozialform von den Schülerinnen und der Lehrerin geleistete zielgerichtete Arbeit, sozialer Interaktion und sprachlicher Verständigung" (Meyer 2003, 146).

Gudjons (2003) präzisiert den Begriff des Gruppenunterrichts als Unterricht, in dem

> *„der Klassenverband auf Zeit in Kleingruppen aufgelöst wird, und diese – bei definierter Arbeitsstellung – jeweils eigenständige Lösungen erarbeiten, die ggf. wieder in ein Gesamtergebnis eingebracht werden". (Gudjons 2003, 12)*

Die Gruppenarbeit wird als eine kooperative Lernform beschrieben, in der die Lernenden, so Hepp und Miehe (2006, 4), „im wechselseitigen Austausch Wissen und Kompetenz" erwerben; zudem „findet eine aktive Aufnahme im Gegensatz zu einer reinen Wissensübernahme statt (konstruktivistisches Lernen)".

Dass (traditionelle) Gruppenarbeit jedoch nicht mit kooperativem Lernen (siehe u. a. Johnson & Johnson 1999) mit seinen Basiselementen und Feedbackmöglichkeiten gleichgesetzt werden kann, ist mittlerweile in den Schulen angekommen. Studien über kooperatives Lernen haben viele Effekte dieser Lernform nachgewiesen: Beispielsweise ist die Einstellung der Lernenden zum Lerngegenstand langfristig positiver, das soziale Klima und die Fähigkeiten zum selbständigen Arbeiten verbessern sich, Kommunikations- und Kooperationsfähigkeit steigen, die Bereitschaft zur Verantwortungsübernahme erhöht sich ebenso wie das Selbstwertgefühl der Lernenden. Die Lernprozesse der Schülerinnen und Schüler gestalten sich im Laufe der Zeit schüleraktivierend und effektiv. Selbst die Mathematik kann als eine auf Kommunikation beruhende Wissenschaft erfahren werden (vgl. Hepp & Miehe, 2006, 4).

Bereits Sjolund (1974, 91-95) berichtet über Kommunikationsmuster und über verschiedene Anordnungen von Personen in der Gruppe sowie deren Auswirkungen. Das Kommunikationsmuster einer Fünfergruppe kann auf verschiedenste Weise variieren, je nachdem auf welche Weise und wie nah man zueinander platziert ist.

Hinsichtlich meiner Untersuchung wurde der Abstand der Gruppenmitglieder untereinander möglichst klein gehalten, um Kommunikation gut zu ermöglichen. Die Anordnung der Lernenden war weitgehend kreisförmig. Dies bewirkt eine möglichst direkte Verbindung für alle und gleiche „Zentralität". Die Zentralität gilt als „Maß für den Abstand jedes einzelnen von allen übrigen Gruppenmitgliedern" (Sjolund, 1974, 91). Somit sind günstige Voraussetzungen für eine Kommunikation aller Beteiligten geschaffen. Auf die Zuschreibung von Funktionen an die einzelnen Gruppenmitglieder, wie beispielsweise eines Gruppenleiters, wie sie Flick (2002, 174) beschreibt, wurde verzichtet, da der Eigendynamik der Gruppe eine besondere Bedeutung zukommt und der Ablauf und Inhalt der Diskussion nicht beeinflusst werden sollte. Rollen wie Teamsprecher, Zeit- und Lautstärkewächter, Materialverantwortlicher oder Spion und Schriftführer (vgl. Hepp 2006, 10 f., vgl. Green 2007 und Weidner 2003, siehe auch Biermann et al. 2008), die im kooperativen Lernen häufig eingesetzt werden, wurden ebenfalls nicht vergeben, da der Bearbeitungsprozess der Gruppe und die kognitiven Prozesse der Schüler im Zentrum der Beobachtungen standen und nicht durch bestimmte Rollenzuschreibungen unvergleichbar werden sollten. Zudem waren die Lernenden aller drei Klassen nicht mit Methoden des kooperativen Lernens vertraut.

Gruppenprozesse wiederum können aus mehreren, etwa soziologischen und psychologischen Perspektiven analysiert werden. Darauf weist schon Anger in den siebziger Jahren hin. Gudjons (1993, 130 f.) beschreibt Gruppenprozesse pointiert als ein *„äußerst komplexes, vernetztes und dynamisches Geschäft"* und formuliert Strukturgesetze für Gruppenprozesse. Der Fokus seiner Beobachtungen liegt auf Binnen- und Ausgliederungen, also Isolierungen einzelner Lernender und Bildung von Untergruppen innerhalb der Gruppe. Gudjons ist der Ansicht, dass kein Gruppenmitglied die gesamte Gruppe im Blick behalten kann und deshalb seine Wahrnehmung nur auf bestimmte Aspekte beschränkt ist. Unbewusste Übertragungen von Gefühlen, die mit früheren Erfahrungen mit der Arbeit in Gruppen in Verbindung stehen, beeinflussen den Gruppenprozess laut Gudjons (1993, 130 f.) ebenfalls. In der Literatur finden sich vielfach Forschungsarbeiten, die Gruppenprozesse mit Phasenmodellen beschreiben (vgl. Gudjons 1993, 131). Diese Phasen sind allerdings an Gruppenprozessen allgemein orientiert und legen keinen Fokus auf die Phasen beim mathematischen Modellieren, wie es in meiner Studie geschieht.

Bei meiner Betrachtung der Schülergruppen spielt der sogenannte Verlaufsprozess, von Anger (1970) auch Gruppenprozess genannt, der sich auf soziale Interaktionen und andere Verhaltensweisen innerhalb der Gruppe bezieht (vgl. Anger 1970, 101), eine besondere Rolle. Nach Anger ist der Gruppenprozess „als eine Sammelbezeichnung für beliebige Arten des (tatsächlich oder vermeintlich) wahrgenommenen Verhaltens der Gruppenmitglieder" (Anger 1970, 101) zu verstehen. Dieser Prozess wird durch

> *„die Art des Gruppenziels und die sonstigen Anforderungen der Umwelt, auf der anderen Seite aber auch durch die Zusammensetzung der Gruppe (die Persönlichkeit ihrer Mitglieder) und die verschiedenen Aspekte der vorhandenen Gruppenstruktur"* *(Anger 1970, 103)*

beeinflusst. Von großer Bedeutung ist weiterhin die Zusammensetzung der Gruppe – individuelle Persönlichkeitsmerkmale wirken insbesondere auf den Gruppenprozess ein (vgl. Anger 1970, 103).

Die Zusammensetzung der Gruppe wurde in meiner Untersuchung durch mich so bestimmt, dass Lernende mit unterschiedlichen mathematischen Denkstilen zusammengeführt wurden.

Das Gruppenziel ist hierbei die Lösung der gegebenen Aufgabe.[10] Die betrachteten Gruppen, die an meiner Studie teilnahmen, sollten im Rahmen des Mathematikunterrichts videografiert werden, das heißt, es handelte sich um eine sogenannte Felduntersuchung. In Abschnitt 2.1.3 soll kurz verdeutlicht werden, warum diese Art von Untersuchung für meine Zwecke angemessen ist.

2.1.2 Zur Rolle des Individuums in der Gruppe

In der vorliegenden Untersuchung sollen unter anderem sowohl individuelle Modellierungsprozesse innerhalb einer Gruppe als auch die Prozesse der Gruppe im Gesamten rekonstruiert werden. Unter methodologischen Gesichtspunkten könnte man diskutieren, ob beide Zugriffe erlaubt sind, da individuelle Prozesse doch kaum aus dem Gruppengeschehen herauszulösen sind.

Die Rolle des Individuums in der Gruppe wurde in Untersuchungen im Bereich der mathematischen Modellierung bisher noch nicht in den Fokus genommen, so dass im Folgenden auf Erkenntnisse aus anderen Forschungsgebieten zurückgegriffen wird.

Nach Flick (1999) sind Rekonstruktionen von Phänomenen eines Individuums, das sich in einer sozialen Gruppe befindet, im Allgemeinen möglich. In der Psychologie erfolgen Betrachtungen individueller Prozesse in einer sozialen Gruppe in einem Überlappungsbereich der Persönlichkeits- und Sozialpsychologie. Asendorpf bemerkt hierzu:

> *„Es gibt aber einen weiteren Überlappungsbereich (individuelle Besonderheiten im Erleben und Verhalten in sozialen Situationen). Insofern stehen sich Persönlichkeits- und Sozialpsychologie besonders nahe.“ (Asendorpf 2004, 119)*

Hörmann (2003, 66) formuliert, dass die Sozialpsychologie „das Individuum mit seinen (mikroskopischen) Funktionen und Eigenschaften im (makroskopischen) Kontext einer sozialen Umwelt zu ihrem Gegenstand macht". Die Basis der Beobachtungen bildet laut Hörmann der dynamische Interaktionsprozess (Hörmann, 2003, 66). Aus psychologischer Sicht bildet die Gruppe erst die Möglichkeit für die Betrachtung des „individuellen Lebens und Verhaltens unter sozialem Einfluss" (Hörmann 2003, 66).

Beobachtungen von Gruppendiskussionen werden in vielen Forschungsbereichen angewendet. Interessanterweise zeigt sich bei der Auseinandersetzung mit der Literatur zu Gruppenverfahren (siehe Flick 1999 sowie Flick, Kardoff & Steinke 2000), dass die Rekonstruktion individueller Besonderheiten in der Gruppe keinen Widerspruch in sich birgt. Die bereits ausgeführten Ansätze aus der Kognitionspsychologie, Persönlichkeits- und Differentiellen Psychologie haben das ebenfalls bestätigt.

Die Entscheidung für eine Gruppe in meiner Untersuchung soll nicht nur die Alltagsnähe (dazu später mehr) verdeutlichen, sondern zum einen den individuellen Modellierungsprozess

---

[10] Siehe dazu ausführlich das nächste Kapitel.

und zum anderen den der Gesamtgruppe aufzeigen. Es soll beispielsweise nicht um die Rekonstruktion von Meinungsbildern in der Gruppe gehen, was das Ziel einiger Untersuchungen im Bereich der Gruppenforschung darstellt. In meiner Studie stehen Gruppen von Lernenden im Vordergrund, die jeweils dieselbe Aufgabe bearbeiteten, so dass eine Vergleichbarkeit gegeben ist.

Insbesondere der Aspekt der Vergleichbarkeit von Gruppen stellt im Forschungsprozess von Gruppenverfahren oft ein Problem dar. Gruppenverfahren bzw. Gruppendiskussionen werden in Forschungen mit den unterschiedlichsten Zielen angewendet. Einige Wissenschaftler sehen in der Gruppe vor allem den Vorteil, dass Meinungen, Verhaltensweisen etc. nicht isoliert (wie beim Einzelinterview) betrachtet werden (vgl. Flick 1999, 132). Des Weiteren wird die Gruppe zum Mittel, „um individuelle Meinungen angemessener zu rekonstruieren" (Flick 1999, 133).

Johnson und Johnson (1991, 49 f.) gehen noch weiter und bemerken, dass ein Informationsaustausch und eine Stimulierung des kognitiven Prozesses nicht in Einzelarbeit oder Prüfungssituationen stattfinden soll, sondern nur in kooperativen Lernformen. Über solche Verbalisierungen, wie sie Johnson und Johnson ansprechen, sollen die kognitiven Prozesse der Lernenden in meiner Untersuchung rekonstruiert werden.

> *„To observe students engaging in such outcomes of science instruction as scientific reasoning, scientific problem solving and metacognitive thinking, students must be observed ‚thinking out loud' in cooperative learning groups. In essence, cooperative learning groups are ‚windows into students' minds." (Johnson & Johnson 1991, 213)*

Unstrittig ist jedoch, dass die Gruppe einen Einfluss auf das Individuum hat und in Schweigephasen des Individuums, in denen nicht durch Gesten kommuniziert wird oder das Individuum schreibt bzw. zeichnet, die kognitiven Prozesse nicht erfasst werden können. Dies wird jedoch von Kognitionspsychologen als unvermeidbar akzeptiert. Flick bemerkt hierzu:

> *„Bei der Auswertung von Daten ergeben sich häufig Probleme [...] wegen der Schwierigkeit, Meinungen und Sichtweisen des einzelnen Gruppenmitgliedes in dieser Dynamik noch auszumachen." (Flick 1999, 139)*

Die oben beschriebenen Erkenntnisse aus der Gruppen- und Kleingruppenforschung verdeutlichen, dass die Betrachtung von Individuen innerhalb einer Gruppe aus methodologischer Sicht möglich und ertragreich ist.

2.1.3   Vom Labor ins Feld

Aufgrund der Zielsetzung und Fragestellungen meiner Studie war die Entscheidung, ins Feld zu gehen, angemessen,[11] denn es geht um die Rekonstruktion von Phänomenen in einem realitätsbezogenen Unterricht, der nur in der „Realität" im Umfeld Schule stattfinden kann.

Gruppenarbeit, insbesondere bei der Bearbeitung von komplexen (Modellierungs-) Aufgaben, stellt ebenfalls keine ungewöhnliche beziehungsweise alltagsfremde Situation im Mathematikunterricht dar.

> *„Feldstudien mit natürlicher Situationsvariation haben den Vorteil, dass die Repräsentativität der Situationen für den Alltag hoch ist. Bei Laborstudien und künstlicher Situationsvariation ist die Repräsentativität für den Alltag entweder überhaupt nicht gegeben, weil vergleichbare Situationen im Alltag nicht vorkommen oder nur schwer nachprüfbar sind."* *(Asendorpf 2004, 137)*

Nicht nur die individuellen Prozesse sollen im Feld rekonstruiert werden, auch die weiteren Fragestellungen der Studie sollen in diesem Setting aus oben genannten Gründen beantwortet werden. Ergeben sich unerwartete Phänomene[12] bei der Datenanalyse, besteht jederzeit die Möglichkeit, ins Labor zu gehen, um gerade das soziale Umfeld beziehungsweise andere Störvariablen weitgehend auszuschalten. Dadurch wäre es möglich, jedoch nicht garantiert, diese Phänomene präziser rekonstruieren zu können. In diesem Zusammenhang stellt sich tatsächlich die Frage, ob das Labor die Alternative darstellt, um eine weitere Hypothesenprüfung und theoretische Fundierung durchzuführen. An dieser Stelle möchte ich nicht weiter ausführen, ob das Labor angemessener als das Feld ist. Da ich selbst Laborstudien betrieben habe, soll dennoch angemerkt werden, dass dies immer auch vom Untersuchungsgegenstand abhängt. Ein zentraler Untersuchungsgegenstand sind die mathematischen Denkstile, die ich in dieser Studie vom Labor ins Feld transferiere, um damit Erklärungsversuche für aufgetretene Phänomene in einem realitätsbezogenen Mathematikunterricht zu finden.

> *„There is no doubt that moving out of the lab and into an educational setting can have number of advantages. First and foremost is the obvious benefit of generalizing results to important real world issues and establishing external validity."* *(Harackiewicz & Barron 2004, 478)*

Ein weiterer Aspekt, der für die externe Validität spricht, ist die Tatsache der Konstanthaltung der Gruppengröße, was in meiner Studie in den jeweiligen Klassen der Fall war.

---

[11] In der Studie zu mathematischen Denkstilen wurde ausschließlich im Labor untersucht. Da die Theorie der mathematischen Denkstile auch in meiner aktuellen Forschung weiterentwickelt werden soll, ist unter diesem Aspekt ein Wechsel vom Labor ins Feld notwendig.

[12] Beispielsweise „individuelle Modellierungsverläufe" (siehe dazu ausführlich den Ergebnisteil dieser Arbeit).

2.2 Erhebungsmethoden und Erhebungsphasen

In diesem Unterkapitel wird zunächst das Sample der Studie beschrieben. Anschließend rücken die Erhebungsmethoden sowie deren Vernetzung innerhalb der Untersuchung in den Fokus. Den Untersuchungsaufgaben samt stoffdidaktischen Analysen wird ein eigener Abschnitt gewidmet. Etwas kürzer werden abschließend die Erhebungsphasen – mit dem Ziel der Vertiefung – dargestellt.

2.2.1 Das Sample

Das Sample der Untersuchung setzt sich aus Lernenden der Jahrgangsstufe 10 verschiedener Gymnasien sowie deren Fachlehrerinnen und -lehrern zusammen. Die Wahl von gymnasialen Zehntklässlern hing mit den Vorerfahrungen und Erkenntnissen der Studie zu mathematischen Denkstilen zusammen, in der ebenfalls, neben Lernenden aus Klasse 9, die Jahrgangsstufe 10 im Fokus stand. Des Weiteren wurde die Altersstufe so gewählt, dass komplexere Modellierungen und Fragestellungen, die explizit auf den Modellierungsprozess abzielen, möglich sind. Der entwickelte Fragebogen zum mathematischen Denken ist zudem für diesen Altersbereich konstruiert worden und sollte in der aktuellen Untersuchung Verwendung finden.

Lehrerinnen und Lehrer wurden während Fortbildungsveranstaltungen auf das Projekt angesprochen und es wurden schließlich drei Lehrpersonen ausgewählt. Diese, ein Mann und zwei Frauen, hatten etwa einen ähnlichen Erfahrungshintergrund bezüglich des Unterrichtens von mathematischer Modellierung.

Insgesamt nahmen 64 Schülerinnen und Schüler aus drei Klassen sowie ihre drei Lehrpersonen an der ersten Erhebungsphase teil. Im Hinblick auf das Schülersample sind nachfolgend einige weitere Anmerkungen zu machen:

Alle Lernenden wurden zwecks Rekonstruktion ihrer mathematischen Denkstile bzw. bevorzugten Repräsentationen durch den Fragebogen zum mathematischen Denken erfasst. Auf dieser Basis erfolgte auch die Gruppierung von Schülerinnen und Schülern für die Aufgabenbearbeitung (siehe dazu ausführlich den nächsten Abschnitt). In jeder Klasse wurde dann jeweils eine Gruppe pro Aufgabe beim Modellieren mit der Videokamera aufgenommen, was bedeutet, dass in jeder Unterrichtsstunde eine neue Gruppe fokussiert wurde. Auf diese Weise konnte zwar nicht die Konstanz einer Gruppe oder eines Individuums über die Aufgaben hinweg analysiert werden, was laut Fragestellung nicht das Ziel der Arbeit ist, aber es konnten möglichst viele Lernende aus einer Klasse während des Modellierens erfasst werden, um deren Prozesse für die Analyse zu verwenden. Für die drei Klassen ergab sich somit eine Anzahl von 45 Schülerinnen und Schülern insgesamt. Bei 10 Lernenden – und das wurde beim Analyseprozess erst ersichtlich – war zu wenig bis gar keine individuelle Rekonstruktion möglich. Die eigentliche empirische Basis, auf der eingehende Analysen und Ergebnisse gründen, besteht daher aus 35 Lernenden.

In der zweiten Erhebungsphase wurden nochmals eine der drei Lehrpersonen und zwei Schüler im Labor zu bestimmten Aspekten untersucht.

2.2.2   Erhebungsmethoden – und deren Vernetzung

Um die „Innenwelt des mathematischen Modellierens" rekonstruieren zu können, sollten vielfältige Methoden verwendet werden, die sich sinnvoll ergänzen: Fragebögen, Interviews mit Lehrerinnen und Lehrern, Videografie des Unterrichts (mit Fokus auf einer Gruppe pro Klasse und dem Plenum), Audiografie sämtlicher Interaktionen der Lehrperson durch Minidisc-Gerät am Körper und nachträgliches lautes Denken.

Im Folgenden wird jede verwendete Methode bzw. jedes Instrument dargestellt, was insbesondere auch den chronologischen Einsatz im Untersuchungsprozess verdeutlicht.

Der Fragebogen

Der bisher vielfach erwähnte Fragebogen zum mathematischen Denken soll an dieser Stelle in seiner Funktion vorgestellt werden. Ausgangspunkt für die Entwicklung waren die Ergebnisse der Studie zu mathematischen Denkstilen und die Überlegung, wie mathematische Denkstile ohne aufwändiges Dreistufendesign (siehe Busse & Borromeo Ferri, 2003a und 2003b), quasi im „Klassensatz", rekonstruiert werden können.

Entwickelt wurde somit ein offener Fragebogen, der neben Fragen zum Mathematikbild konkret Fragen zur Präferenz interner und externer Repräsentationen stellt. Zudem wurde ein zu lösendes Problem gestellt, was zusätzlich der Zuordnung zu den mathematischen Denkstilen dienen sollte. Bereits im Vorfeld, auch im Zusammenhang mit einer kleineren Fallstudie als Vorbereitung dieser Untersuchung (siehe Kapitel 1.5), wurde der Fragebogen pilotiert. Einige Änderungen hinsichtlich der Fragestellungen folgten, die in Zusammenarbeit mit Lehrpersonen und anderen Forschenden stattfanden. Erneute unabhängige Kodierungen zeigten schließlich eine hinreichend große Übereinstimmung der vermuteten mathematischen Denkstile der Lernenden. Somit fand die folgende Version in der aktuellen Studie Verwendung:

Fragebogen zu mathematischen Denkstilen

1   Beschreibe, was für dich Mathematik ist.

2   Welche mathematischen Themengebiete liegen dir besonders? Begründe!

3   Welche mathematischen Themengebiete liegen dir nicht besonders? Begründe!

4   Wenn im Mathematikunterricht neue Themen behandelt werden, wie würdest du dir die Vermittlung durch den Lehrer/die Lehrerin wünschen?

5 Wenn du Aufgaben löst, wie gehst du an diese heran? (Benötigst du Zeichnungen, Skizzen oder konzentrierst du dich eher auf die Zahlen und Symbole in der Aufgabenstellung?)

6 Versuche, genau darüber nachzudenken, wie du mathematische Sachverhalte verstehst. Die nachfolgenden Fragen geben dir Hilfestellung.

   a) Musst du dir immer direkt etwas aufschreiben/aufmalen, um es vor dir zu haben?

   b) Benötigst du weniger Darstellungen jeglicher Art, sondern verarbeitest Sachverhalte lieber im Kopf?

   c) Würdest du sagen, dass du beim Lösen von Aufgaben bildliche Vorstellungen benötigst?

7 Siehst du Verbindungen zwischen Mathematik und Realität? Begründe, warum oder warum nicht!

8 Löse folgende Aufgabe und schreibe deine Denkvorgänge (Vorstellungen) auf. Wenn du die Aufgabe nicht lösen kannst, schildere deine Probleme (Platz ist auf der Rückseite).

Die Murmelaufgabe

Carolin hat einen Sack mit 24 Murmeln. Sie gibt die Hälfte davon Herbert und dann ein Drittel der Murmeln, die noch im Sack sind, Peter.

Wie viele Murmeln hat Carolin am Ende übrig?

Den Schülerinnen und Schülern wurde der Fragebogen einige Tage vor den Videoaufnahmen vorgelegt, da Lernende oft aufgrund von Krankheit fehlen. Damit sollte gewährleistet werden, dass auch die Fehlenden den Fragebogen noch rechtzeitig ausfüllen konnten. Um die Gruppen nach Personen mit unterschiedlichen mathematischen Denkstilen zusammenzusetzen, war es wichtig, die gesamte Klasse zu erfassen. Die Fragebögen wurden zunächst von mir und einem Forschungsstudenten einzeln kodiert und nachträglich verglichen. Über einige Fälle, die eine Zuordnung schwierig machten, wurde eingehend diskutiert, bis ein Konsens gefunden wurde.

Kritisch ist anzumerken, dass die Rekonstruktion eines mathematischen Denkstils nur auf der Basis dieses Fragebogens schwierig sein kann und bei Schülerinnen und Schülern vor allem eine vertiefte Kenntnis des Konstrukts des mathematischen Denkstils sowie seiner Äußerungsformen erfordert. Wie bereits in Unterkapitel 1.5 beschrieben wurde, bestand im Vorfeld die Annahme, dass weniger erfahrene Lernende beim Modellieren die zergliedernde Vorgehensweise favorisieren würden. Das heißt, aufgrund ihrer Struktur bezogen auf die Vorgehensweise beim Modellieren setzt sich die Modellierungsaufgabe und nicht das Individuum durch. Daher, und das waren die Überlegungen vor der Untersuchung, schien die Berücksichtigung der Vorgehensweise wenig aufschlussreich, so dass die Dimension der Repräsentation (bildlich, formal, gemischt) zur Einordnung aller Probanden gewählt wurde.

Der Fragebogen hat sich jedoch bezüglich der Rekonstruktion mathematischer Denkstile bewährt, vor allem aufgrund der zusätzlich durchgeführten kommunikativen Validierung mit den jeweiligen Lehrenden, die ihre Schülerinnen und Schüler aus dem Unterricht sehr gut kennen. Das heißt, die unabhängige Zuordnung durch mich und einen weiteren Kodierer wurde unterstützt.

Videografie des Unterrichts mit Fokus auf einer Gruppe
Um die Datenmenge überschaubar zu halten, jedoch gleichzeitig Reichhaltigkeit zu erlangen, fiel die Entscheidung, dass pro Klasse jeweils zwei Doppelstunden und eine Einzelstunde videografiert werden sollten. In jeder Stunde (davon zweimal eine Doppelstunde) erhielten die Lernenden eine Modellierungsaufgabe (siehe später), die in Gruppenarbeit zu lösen war. Eine Gruppe wurde durch mich auf der Basis des Fragebogens und somit der unterschiedlichen mathematischen Denkstile bzw. bevorzugten Repräsentationen der Lernenden aus fünf Individuen zusammengesetzt und stand während der Stunde im Fokus der Videoaufnahme. Die Gruppengröße wurde so gewählt, dass die Gruppe gut kommunizieren konnte. Sjöberg (zitiert nach Zech 1998, 360) empfiehlt zu diesem Zweck eine Gruppengröße von vier bis sechs Teilnehmern. Gudjons (1993, 126 f.) empfiehlt für Gruppenarbeit im Unterricht eine Gruppengröße von fünf Personen. Seine Argumentation bezieht sich auf die Verantwortungsverteilung und die Identifikation der Gruppenteilnehmer mit dem Gruppenziel. Zech (1998, 360) berichtet von Erfahrungen aus Unterrichtsbesuchen, dass eher die untere Grenze günstig wäre. In Anschluss an Zech, Sjöberg und Gudjons habe ich fünf, einmal sechs Teilnehmer pro Gruppe gewählt, um die Voraussetzungen für die Kommunikation der Gruppenmitglieder günstig zu halten und eine weitere Unterteilung in zwei Zweiergruppen während der Aufgabenbearbeitung zu vermeiden. Es wurden, wie bereits angemerkt, keine weiteren Funktionen in der Gruppe verteilt, wie es Hepp (2006, 10 f.) vorschlägt, so dass gleichberechtigter untereinander kommuniziert werden konnte (vgl. Rosenbusch, Dann & Diegritz 1999b, 359).

Die Auswahl der gefilmten Gruppen einer Klasse wechselte von Stunde zu Stunde, wie bereits zuvor beschrieben.

Eine Fragestellung der Studie ist bekanntlich, ob ein individueller mathematischer Denkstil Einfluss auf Modellierungsprozesse hat oder nicht. Unter den 35 Lernenden sind unterschiedliche Denktypen vertreten, deren individuelle Prozesse rekonstruiert werden können. Insbesondere diese hohe Anzahl der Personen sollte es ermöglichen, gegebenenfalls bei denselben Vertretern für bestimmte Denkstile dieselben Muster beobachten zu können. Die restlichen

Schülerinnen und Schüler, die nicht der fokussierten Gruppe angehörten, durften sich selbständig in Fünfergruppen zusammenfinden. Nach Beendigung der Arbeitsphase in den Gruppen fokussierten die Aufnahmen vor allem auf die Plenumsphasen, die sowohl die Darstellung der Ergebnisse durch einzelne Lernende als auch Diskussionen über die Aufgabe beinhalteten. Dadurch sollten einerseits die Schülerreaktionen sowie andererseits die Umgehensweisen der Lehrperson für die Analysen festgehalten werden.

Die folgende Abbildung zeigt nochmals eine Übersicht des Designs:

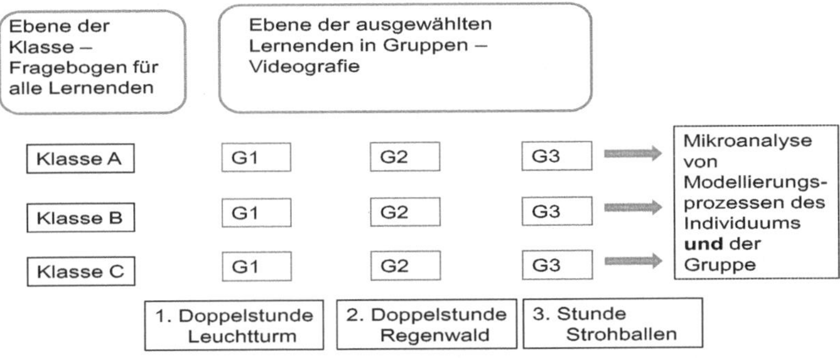

Abildung 2.1:   Übersicht über das Design der Erhebung der Klassen. Erläuterung: G=Gruppe

Interviews und Audiografie der Interaktionen der Lehrperson

Von Bedeutung sollen nicht nur die Modellierungsprozesse der Lernenden sein, sondern auch das Verhalten und die Hilfestellungen der Lehrpersonen während der Unterrichtsstunden. Um die Interaktionen des Lehrers und der Lehrerin festzuhalten, wurde ein Minidisc-Gerät an deren Körper befestigt. Auf diese Weise konnten sämtliche Interaktionen nachvollzogen werden, die auch darüber Aufschluss geben sollten, ob der mathematische Denkstil der Lehrperson Einfluss auf den Umgang mit den Lernenden hat. Im Gegensatz zu den Schülerinnen und Schülern erhielten die Lehrerinnen und Lehrer keinen Fragebogen, um deren mathematischen Denkstil zu rekonstruieren, da ein fokussiertes, leitfadengestütztes Interview (vgl. Flick 1999) durchgeführt wurde. Dieses Interview fand allerdings erst nach Beendigung der Videoaufnahmen der Klassen statt. Die Fragen für das Interview wurden selbst entwickelt und lehnen sich zum Teil an den Fragebogen für die Schülerinnen und Schüler an.

Um mehr Hintergrundwissen über die Person zu erhalten, wurde neben Fragen zum Mathematikbild auch Biographisches hinsichtlich des Mathematikstudiums und der ersten Jahre im Lehrerberuf abgefragt. Auf diese Weise entstand ein abgerundetes Bild der Lehrperson, das bei den späteren Analysen immer in Zusammenhang mit dem tatsächlichen Handeln im Unterricht gesehen werden sollte. Auch mit zwei Lernenden fanden Interviews statt, jedoch erst in der zweiten Erhebungsphase, auf die ich noch eingehen werde. Im Folgenden sind die Interviewfragen an die Lehrperson wiedergegeben:

Fragen für das Lehrerinterview

- Was ist für Sie Mathematik?

- Was assoziieren Sie mit Mathematikunterricht?

- Wie betreiben Sie selbst Mathematikunterricht?

- Welches Bild von Mathematik möchten Sie Ihren Schülerinnen und Schülern vermitteln?

- Woran erinnern Sie sich in Ihrem Mathematikstudium?

- Welches Bild von Mathematik ist Ihnen durch das Studium vermittelt worden?

- Hat die Vermittlung von Mathematik durch verschiedene Professoren Ihre Auffassung von Mathematik verändert?

- Welches weitere Fach haben Sie studiert und welchen Einfluss hat dies auf Ihren Mathematikunterricht?

- Hat sich Ihr Bild von Mathematik im Laufe Ihrer Lehrtätigkeit verändert?

- Hat sich auch Ihre Art, Mathematik zu vermitteln, im Laufe der Lehrertätigkeit verändert?

- Welche methodischen Hilfen und Hinweise für mathematische Vorgehensweisen (Veranschaulichungen/Skizzen/Arbeitsblätter) bieten Sie Ihren Lernenden im Mathematikunterricht an?

- Können Sie am Beispiel der Einführung der Exponentialfunktion beschreiben, wie Sie diese neue Begrifflichkeit Ihren Schülerinnen und Schülern vermitteln würden?

- Bitte beschreiben Sie nochmals, wie Sie selbst die Leuchtturmaufgabe gelöst haben.

Nachträgliches lautes Denken (NLD)

Das nachträgliche laute Denken, siehe Wagner et al. (1977, siehe auch Weidle et al. 1994), fand in der zweiten Erhebungsphase – zwecks Vertiefung der Erkenntnisse sowie fallstudienartig – nur mit einer Lehrperson statt. Weitere Erläuterungen dazu werden im nächsten Unterkapitel folgen.

Zur Vernetzung der einzelnen Erhebungsmethoden
In der Studie wird eine Reihe von unterschiedlichen Methoden verwendet, die zum Teil in verschiedene Erhebungsphasen fielen. Im Folgenden gebe ich als Zusammenfassung und zur Beschreibung der Vernetzung eine Übersicht der einzelnen Methoden.

Erhebungsmethoden	Chronologie	Vernetzung
Fragebogen	1	Fragebogen dient als Grundlage der Rekonstruktion der mathematischen Denkstile der Lernenden; wird direkt vernetzt mit (2).
Videografie Unterricht Audiografie Lehrerinteraktionen	2	Erst nach Auswertung des Fragebogens kann die Schülergruppe aus fünf Lernenden zu einer heterogenen Denkstilgruppe, die an den Modellierungsaufgaben arbeitet, zusammengesetzt werden.
Lehrerinterviews	3	Erkenntnisse aus dem Lehrerinterview vernetzen sich mit (1) und stärker noch mit (2), denn erst dadurch wird die Lehrer-Schüler-Verbindung für die spätere Analyse hergestellt.

2.2.3   Die Modellierungsaufgaben – Stoffdidaktische Analysen

Die Modellierungsaufgaben stellen den notwendigen inhaltlichen Kern dar, mittels dessen die Modellierungsprozesse bei Lernenden unter kognitionspsychologischen Aspekten rekonstruiert werden sollten.

Jede der drei Klassen hatte im herkömmlichen Unterricht bereits anwendungsbezogene Aufgaben bearbeitet. Auf der Basis von Vorgesprächen mit den Lehrpersonen konnte somit vorausgesetzt werden, dass die Schülerinnen und Schüler den Aufgaben nicht völlig unerfahren gegenüberstanden, andererseits aber auch nicht, als ausgesprochen trainierte Modellierer zu bezeichnen waren. Sowohl Lehrende als auch Lernende bewegten sich demnach in einem als normal anzusehenden „natürlichen" Mittelbereich, was für meine Untersuchung günstig war.

Kriterien der Aufgabenauswahl waren demgemäß einerseits die Angemessenheit bezüglich der Altersstufe und der entsprechenden mathematischen Kenntnisse sowie andererseits eine nicht zu große Komplexität, da die Aufgaben im Rahmen von Doppelstunden bzw. einer Einzelstunde zu lösen sein sollten. Wie bereits angemerkt, waren insgesamt drei Aufgaben zu bearbeiten, um eine Vergleichbarkeit der Analysen herzustellen. Zusätzlich erhielten die Lehrpersonen zwei weitere Aufgaben, welche die Lernenden als Hausaufgabe mitnahmen.

Alle Untersuchungsaufgaben stammen aus dem DISUM-Projekt[13] (2005), haben sich dort bewährt und erfüllen die oben genannten Kriterien. Vor allem die stoffdidaktischen Analysen dieser Aufgaben sind es schließlich, die einen tieferen inhaltlich-fachlichen Einblick in die Lösungsprozesse der Lernenden gewähren. Jede Aufgabe lässt sich dabei nach verschiedenen Aspekten stoffdidaktisch analysieren, wie etwa nach den Lösungsprozess beeinflussenden Grundhaltungen oder benötigten Kompetenzen. Meine gewählten Untersuchungsaufgaben wurden im Sinne des Modellierungskreislaufs unter kognitionspsychologischer Perspektive (siehe Unterkapitel 1.3) nach einzelnen Phasen analysiert.

Im Folgenden werden vor allem die in den drei videografierten Stunden verwendeten Aufgaben samt Analysen dargestellt, was auch der zeitlichen Reihenfolge der Untersuchung entspricht. Die Aufgabenanalysen haben zum Ziel, die Prozesse der Schülerinnen und Schüler genauer zu verstehen und nachzuvollziehen, und werden daher in einer gewissen Ausführlichkeit behandelt.

Stoffdidaktische Analyse der Leuchtturm-Aufgabe
Gegenstand der Aufgabe ist der Leuchtturm „Roter Sand" in der Bremer Bucht. Die Frage ist, wie weit ein Schiff ungefähr entfernt ist, wenn der Leuchtturm zum ersten Mal zu sehen ist.

In der Bremer Bucht wurde 1884 direkt bei der Küste der 30,7 m hohe Leuchtturm „Roter Sand" gebaut. Er sollte Schiffe durch sein Leuchtfeuer davor warnen, dass sie sich der Küste näher.

Wie weit war ein Schiff ungefähr von der Küste noch entfernt, wenn es zum ersten Mal den Leuchtturm sah? (Runde auf ganze km)

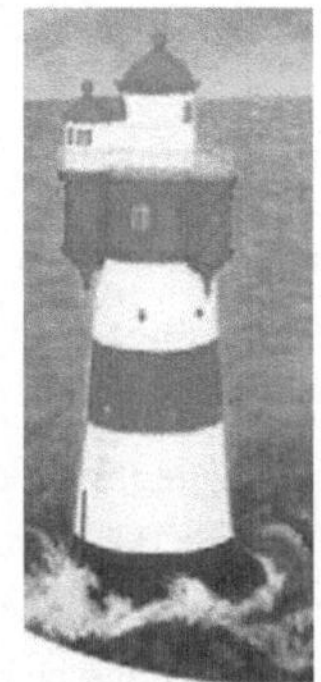

Aufgabe 1: Leuchtturm

Mentale Situations-Repräsentation
In der mentalen Situations-Repräsentation verdeutlichen sich die Lernenden die Aufgabenstellung. Sie müssen erkennen, dass ein Leuchtturm in einer Bucht steht und 30,7 m hoch ist.

---

[13]Ich danke den Projektleitern für die freundliche Genehmigung zur Verwendung dieser Aufgaben.

Zudem müssen sie die Frage verstehen – aus welcher Entfernung der Leuchtturm von einem Schiff aus das erste Mal zu sehen ist.

Reales Modell
Nun wird die Schülerin oder der Schüler diese Situation vereinfachen, idealisieren und strukturieren. Sie oder er muss als Erstes feststellen, dass die Erdkrümmung bedeutsam ist bzw. dass die Erde näherungsweise als eine Kugel mit dem Radius von ca. 6 370 km beschrieben werden kann. Dieses außermathematische Wissen können die Lernenden aus eigenem Wissen, aus einem Atlas oder dem Internet beziehen. Sie werden, um die Situation zu vereinfachen, davon ausgehen müssen, dass der Turm 30,7 m über Normalnull ragt. Auch werden sie davon ausgehen, dass klare Sicht herrscht und kein Wellengang besteht. Ebbe und Flut sollten zunächst ebenfalls vernachlässigt werden. Zusätzlich könnten sich die Schüler Gedanken darüber machen, dass der Mensch, der vom Schiff aus den Turm sehen soll, ungefähr 1,8 m groß sein könnte und nicht unbedingt auf Normalnull stehen muss, sondern auch ein wenig erhöht auf dem Deck, in der Kapitänskabine oder sogar im Ausguck stehen könnte. Hier müssten dann möglicherweise auch Annahmen über die Größe des Schiffes gemacht werden.

Mathematisches Modell
Nun sollten die Lernenden diese Annahmen mathematisch umsetzen und gegebenenfalls eine Skizze zeichnen. Hierbei wird die Erde im Querschnitt vereinfacht als Kreis dargestellt. Die Lernenden müssten wissen, dass eine Tangente an einen Kreis immer im rechten Winkel zu der Mittelpunktsgeraden durch den Berührpunkt dieser Tangente steht. Wenn das Schiff als punktförmig angenommen wird, erhalten die Lernenden folgende mathematische Figur und somit den Ansatz zur Anwendung des Satzes des Pythagoras als einer Lösungsmöglichkeit:

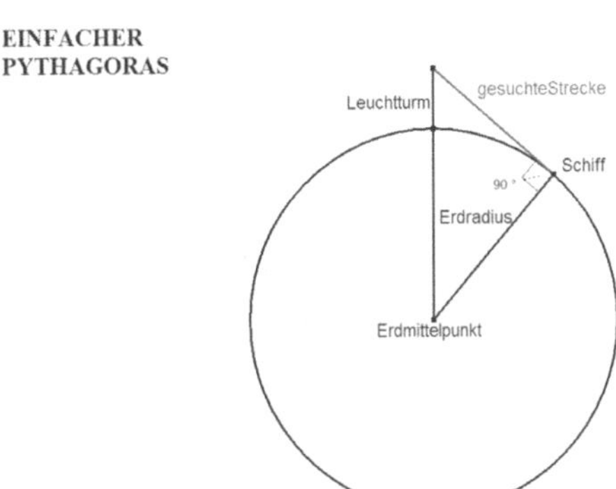

Die Länge der Hypotenuse ist gleich der Höhe des Leuchtturms plus der Länge des Erdradius, die Längen der Katheten sind einmal die gesuchte Größe, also die Entfernung des Schiffes zum Leuchtturm (genauer: zum Licht des Leuchtturms an dessen Spitze), wenn der erste Lichtstrahl des Turms auf das Schiff (Normalnull) trifft, und der Erdradius. Nun kann die Schülerin oder der Schüler den Satz des Pythagoras anwenden:

Es sind r_E der Radius der Erde und h die Höhe des Leuchtturms sowie x die gesuchte Entfernung, so ergibt sich folgende Gleichung:

$r_E^2 + x^2 = (r_E + h)^2$ und hieraus sofort:

$$x = \sqrt{(r_E + h)^2 - r_E^2} = \sqrt{2r_E h + h^2}.$$

Da h gegenüber r_E sehr klein ist, kann h^2 gegenüber $2r_E h$ vernachlässigt werden. Es ergibt sich $x \approx \sqrt{2r_E h}$ (vgl. Blum 2006, 10).

Diese Lösung nenne ich im Folgenden „einmalige Anwendung des Satzes des Pythagoras".

Haben die Schülerinnen und Schüler die Augenhöhe des Menschen, der den Leuchtturm sehen soll, nicht auf Normalnull gesetzt, so entstehen zwei Dreiecke und man muss den Satz des Pythagoras zweimal anwenden. Diesen Ansatz werde ich im Folgenden „doppelte Anwendung des Satzes des Pythagoras" nennen.

DOPPELTER
PYTHAGORAS

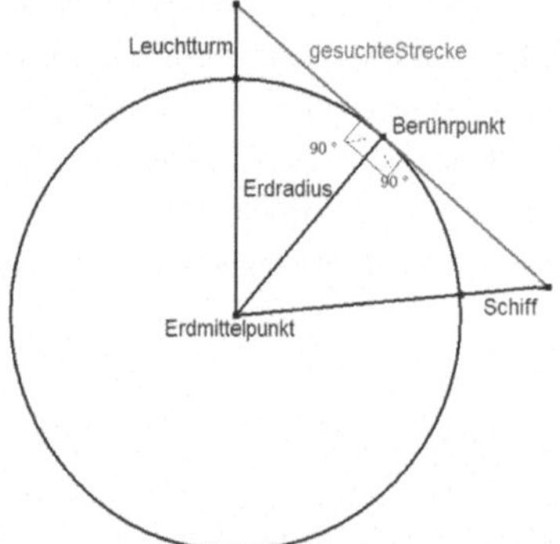

Die gesuchte Entfernung x_{ges} setzt sich zusammen aus der Entfernung x_1 des Leuchtturms zum Berührpunkt des Lichtstrahls und der Entfernung x_2 vom Berührpunkt zum Menschen auf dem Schiff[14].

$$x_{ges} = \sqrt{(r_E + h_{Leuchtturm})^2 - r_E^2} + \sqrt{(r_E + h_{Schiff})^2 - r_E^2}$$

$$= \sqrt{2r_E h_{Leuchtturm}} + \sqrt{r_E h_{Schiff} + h_{Schiff}^2}$$

---

[14] Eigentlich wird die tatsächliche Entfernung auf der Erdoberfläche berechnet, wobei der Unterschied nicht bedeutsam ist.

Eine weitere Möglichkeit wäre, die Definition des Kosinus zu benutzen.

**EINFACHER
KOSINUS**

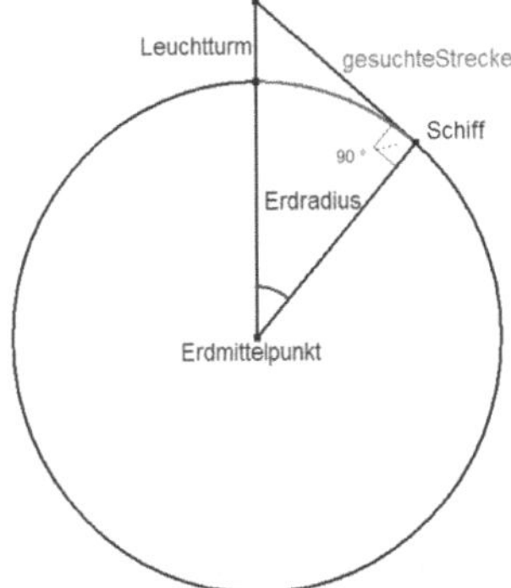

Hier ist der Ansatz, wenn α der Mittelpunktswinkel ist und man restliche Bezeichnungen aus dem erstgenannten Modell übernimmt:

$$\cos\alpha = \frac{r_E}{r_E+h}, \text{ einfach } \alpha = \cos^{-1}\frac{r_E}{r_E+h}$$

Mit $U_{Kreisausschnitt} = \frac{\alpha}{360°}\cdot 2\pi\cdot r_E$ ergibt sich für die gesuchte Größe (hier: Entfernung des Schiffes vom Fuß des Leuchtturms) dann: $U_{Kreisausschnitt} = \dfrac{\cos^{-1}\frac{r_E}{r_E+h}}{360°}\cdot 2\pi\cdot r_E$

Man kann auch, wenn man davon ausgeht, dass der Mensch, der den Leuchtturm sieht, nicht auf Normalnull ist, den Kosinus zweimal anwenden.

**DOPPELTER
KOSINUS**

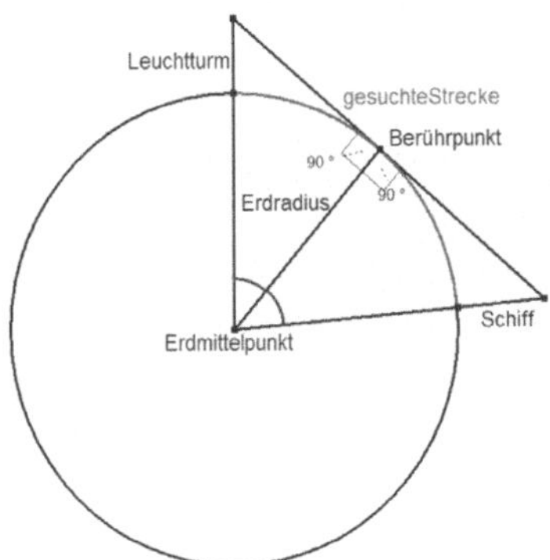

Man erhält zwei rechtwinklige Dreiecke mit Mittelpunktswinkeln α_1 und α_2.

Für die gesuchte Entfernung $U_{Kreisauschnitt}$ ergibt sich schließlich:

$$U_{Kreisausschnitt} = \frac{\cos^{-1}\dfrac{r_E}{r_E + h_{Leuchtturm}} + \cos^{-1}\dfrac{r_E}{r_E + h_{Schiff}}}{360°} \cdot 2\pi \cdot r_E$$

Alle Winkel wurden in Grad angegeben.[15]

Mathematische Resultate

Rechnet man mit dem Ansatz „einmalige Anwendung des Satzes des Pythagoras", so erhält man als Ergebnis ca. 19,8 km, rechnet man mit dem Ansatz „doppelte Anwendung des Satzes des Pythagoras", so ist das Ergebnis bei einer Ausguckhöhe von 30,7 m ca. 39,6 km. Rechnet man mit dem Ansatz „einmalige Anwendung des Kosinus" so erhält man als Ergebnis ebenfalls 19,8 km, der Ansatz „doppelte Anwendung des Kosinus" mit einer Blickhöhe von 2,3 m (50 cm über der Wasseroberfläche stehende, 1,8 m große Person) liefert ein Ergebnis von 25,2 km. Die mathematischen Ergebnisse sollten zwischen 19 und 40 km, je nach Ansatz und Vereinfachung im Realmodell, liegen.

Reale Resultate

Diese mathematischen Ergebnisse müssen dann in die Realität zurückübersetzt und rückinterpretiert werden; es ist herauszufinden, ob das errechnete Ergebnis realistisch scheint. Hier sind Vergleichswerte aus der eigenen Erfahrungswelt und Vorstellungsvermögen für die Situation gefragt.

Der Ansatz über den Kosinus erscheint etwas realistischer, da er genau die Entfernung berechnet, die auch gesucht ist. Der Ansatz über den Satz des Pythagoras, der von Schülerinnen und Schülern häufiger gewählt werden wird, da der Satz des Pythagoras vielen Lernenden geläufiger ist als der Kosinus und oft auch die Länge des Lichtstrahls mit der gesuchten Entfernung gleichgesetzt wird, liefert das schwächere Ergebnis, das jedoch letztendlich kaum von dem Ergebnis des Kosinusmodells abweicht.

Der Hauptschwierigkeit der Aufgabe liegt darin, den mathematischen Ansatz zu finden, das heißt eine adäquate geometrische Figur (mit dem Erdmittelpunkt, dem Erdradius und dem rechten Winkel) zu erkennen. Das Beschaffen des außermathematischen Wissens über den Erdradius ist für die Schülerinnen und Schüler ebenfalls nicht trivial.

---

[15] Die in diesem Teil verwendeten Zeichnungen wurden mit Hilfe der Software DynaGeo erstellt.

Stoffdidaktische Analyse der Regenwald-Aufgabe

In der Aufgabe wird folgende Situation beschrieben: Eine Brauerei warb mit einer Aktion, die vom 1.5.2002 bis zum 31.7.2002 lief. In diesem Zeitraum versprach die Brauerei, für jeden verkauften Kasten Bier einen Quadratmeter Regenwald nachhaltig zu schützen. Die Schülerinnen und Schüler sollen nun mit Hilfe der zusätzlichen Angaben von ca. 24 000 Quadratkilometern täglicher Abholzung von Regenwald und einem durchschnittlichen Bierkonsum der Deutschen von 130 Litern im Jahr die Wirkung dieser Aktion im Bezug zur Abholzung einschätzen, d. h. beurteilen, ob durch diese Aktion ein nennenswerter Teil der Abholzung verhindert wird.

Mentale Situations-Repräsentation

Nach dem Lesen der Aufgabe soll die gegebene Situation von den Schülerinnen und Schülern

Da täglich ca. 24000 Quadratkilometer Regenwald abgeholzt werden und die Deutschen um Durchschnitt 130 Liter Bier im Jahr trinken, hat sich eine Bierbrauerei die im Folgenden beschriebene Regenwald-Aktion ausgedacht:

Die Regenwald-Aktion läuft vom 01.05. bis 31.07.2002. In diesem Zeitraum wird für jeden verkauften Kasten ein Quadratmeter Regenwald in Dzanga Sangha (Zentralafrikanische Republik) nachhaltig geschützt."

Wie ist die Wirkung dieser Aktion un Bezug auf die Regenwald-Abholzung einzuschätzen? Begründe deine Antwort!

Aufgabe 2: Regenwald

Mentale Situations-Repräsentation

Nach dem Lesen der Aufgabe soll die gegebene Situation von den Schülerinnen und Schülern erfasst sein: Täglich wird Regenwald abgeholzt, und die Aktion der Brauerei verspricht, pro verkauften Kasten Bier ein Stück Regenwald zu retten.

Reales Modell

In dieser Phase wird die beschriebene Situation vereinfacht, die Zusammenhänge werden präzisiert. Er werden relevante Informationen aus der Aufgabenstellung herausgefiltert und gegebenenfalls folgende Annahmen gemacht, wobei die Lernenden zusätzlich außermathematisches Wissen einsetzen beziehungsweise sich Informationen einholen müssen:

- In Deutschland werden pro Jahr pro Person durchschnittlich 130 l Bier getrunken.

- Deutschland hat ca. 80 Millionen Einwohner.

- Ein Kasten Bier (wie auf dem Bild des Aufgabenblatts) fasst 12 Flaschen à 0,5 Liter, also insgesamt 6 Liter. Andere Annahmen über die Flaschengröße und die Anzahl der Flaschen pro Kasten sind hier möglich.

- Die Formulierung „nachhaltig geschützt" muss interpretiert werden. Die Überlegung, dass diese Quadratmeter eigentlich abgeholzt werden sollen, dies aber durch diese Aktion verhindert wird, liegt nahe.

- Es muss festgestellt werden, dass diese Aktion von einer bestimmten Brauerei durchgeführt wird und nicht alles in Deutschland getrunkene Bier von dieser Marke stammt. Einige Schülerinnen und Schüler werden diese Aktion aus der Werbung kennen und wissen, dass sie von der Marke Krombacher veranstaltet wurde. Diese Brauerei ist eine der größten in Deutschland, jedoch gibt es in der Bundesrepublik ein umfangreiches Angebot an unterschiedlichen Biermarken. Der Marktanteil der Brauerei, die diese Aktion durchführt, wird in Deutschland auf 15 % geschätzt.

- Vereinfachend wird die Annahme getroffen, dass nur das in Deutschland verkaufte und von Deutschen getrunkene Bier berücksichtigt wird. Der Zeitraum, in dem die Aktion gelaufen ist, beträgt 92 Tage. Es kann auch mit drei Monaten beziehungsweise einem Vierteljahr gerechnet werden.

Mathematisches Modell

In diesem Teil des Modells muss zunächst die Größe der geschützten Fläche über den Zeitraum von 92 Tagen errechnet werden. Dies kann ganzheitlich, das heißt explizit über eine aufgestellte Formel, oder auch zergliedernd in Teilschritten erfolgen.

Im Folgenden stelle ich die ganzheitliche Lösung vor:

Es sei X die gesuchte Größe an geschützter Regenwald-Fläche in m². Es sei t die Anzahl der Tage, an denen die Aktion durchgeführt wurde und a die Anzahl der Tage im Jahr 2002. Weiter sei K der Bierkonsum pro Jahr pro Person und B die Bevölkerungszahl von 80 Millionen Menschen in Deutschland. Es sei A der Marktanteil der Brauerei, die diese Aktion durchführt, und M die Menge Bier, die ein Kasten fasst. Daraus ergibt sich folgende Gleichung (1):

$$X = \frac{\frac{t}{a} * K * B * A}{M} = \frac{\frac{92}{365} * 130 * 80\,000\,000 * 0{,}15}{6} \approx 65\,534\,246$$

Dem ist die abgeholzte Fläche in den 92 Tagen entgegenzusetzen (F_{ges}), die sich aus dem Produkt des Zeitraums t in Tagen, in dem die Aktion lief, und der abgeholzten Fläche pro Tag $F_{täglich}$ berechnet (Gleichung [2]):

$$F_{ges} = F_{täglich} * t = 24\,000 * 92 = 2\,208\,000$$

Mathematische Resultate

Umgerechnet sind das bei Gleichung (1) ca. 65,5 km² Regenwald, die durch diese Aktion geschützt werden. Im selben Zeitraum kommt es (Gleichung 2) zur Abholzung von ca. 2 210 000 km².

Man sieht sofort, wie verschwindend gering die geschützte Fläche im Vergleich zu der abgeholzten Fläche ist. Dies lässt sich durch das Verhältnis V der nachhaltig geschützten Fläche zur im gleichen Zeitraum abgeholzten Fläche ausdrücken:

$$V \approx 65{,}5{:}2210000 \approx 0{,}00003 \approx 0{,}003\ \%.$$

Reale Ergebnisse

Der Effekt der Aktion ist äußerst gering, diese ist bestenfalls als gelungene PR-Aktion der Brauerei einzuschätzen.

Validieren

Dieses Ergebnis zeigt unmittelbar, dass auch eine andere Einschätzung des Marktanteils der Brauerei keinen wesentlichen Einfluss auf das Ergebnis hat. Eine Überprüfung kann auf mathematischer Ebene erfolgen. Weitere Validierungen sind nur aufgrund von Hintergrundinformationen über die Regenwaldabholzung möglich, die in diesem Fall nicht vorauszusetzen sind, da sie nicht vorher eingeholt worden sind. Die Aufgabe ermöglicht den Lernenden einen schnellen Zugang, auch das benötigte außermathematische Wissen ist nicht zu schwer zu recherchieren. Die Umrechnung von Quadratkilometern in Quadratmeter oder umgekehrt kann gegebenenfalls Probleme bereiten.

Stoffdidaktische Analyse der Strohballen-Aufgabe

Bei dieser Aufgabe liegt das Augenmerk vor allem auf dem Bild selbst. Dieses ist, im Zusammenhang mit dem Text, ausschlaggebend für das Verständnis und das weitere Vorgehen. Genau wie die Leuchtturmaufgabe ist die Strohballenaufgabe als eine Pythagorasaufgabe einzuordnen.

„Ende des Sommers kann man auf den Feldern immer wieder „Berge" aus Strohrollen bewundern. Die Strohrollen auf dem obigen Bild sind so aufgestapelt worden, dass in der untersten Reihe fünf, in der nächsten Reihe vier, dann drei, dann zwei und ganz oben nur noch eine Strohrolle liegen. Versuche so genau wie möglich herauszufinden, wie hoch der gesamte Strohrollen-Berg ist."

Aufgabe 3: Strohballen

Mentale Situations-Repräsentation

Die Lernenden erkennen, dass Strohballen mit nicht bekannter Größe aufgestapelt sind und dazwischen eine Frau sitzt. Im Zusammenhang mit dem Text entwickelt sich die Frage nach der Höhe des Strohballenbergs, wenn unten 5 Strohballen gestapelt sind, dann 4 usw.

Reales Modell

Den Strohballenberg kann man sich als Stapel aus Kreisen denken, die Frau auf dem Bild dient dann zur Abschätzung des Durchmessers eines Strohballen-Kreises.

Mathematisches Modell

Es können unterschiedliche mathematische Modelle gebildet werden, von denen im Folgenden zwei kurz dargestellt werden.

Beim ersten Modell wird der Strohballen als Pyramide unter Anwendung des Satzes des Pythagoras konstruiert. Die Frau wird auf ca. 1,7 m geschätzt, der Durchmesser eines Strohballens auf ca. 1,5 m. Demnach kann die Pythagoras-Gleichung aufgestellt werden:

$x^2 + (2,5d)^2 = (5d)^2$ mit d = 1,5 m (Rollendurchmesser)

Beim zweiten Modell erfolgt zunächst die Abschätzung der Größe der Frau, in dem die Frau quasi mehrfach „aufeinander gestellt" wird.

Das erste Modell verdeutlicht eher einen ganzheitlichen Zugang. Das zweite Modell ist eher zergliedernd ausgerichtet.

Mathematische Resultate

Als Ergebnis von Modell 1 erhält man $x \approx 7$ m (Radien oben und unten). Aus Modell 2 folgt, geht man von ca. 1,70 m als Größe der Frau aus, ist, dass sie ca. 4 mal übereinander „passt".

Reales Ergebnis

Als reales Ergebnis scheint eine Höhe von knapp sieben Metern annehmbar zu sein.

Validieren

Das Ergebnis lässt ggf. noch weitere Modelle mit Resultaten im Bereich von sieben Metern zu und kann zudem von den Schülerinnen und Schülern durch gezieltes Nachschlagen der Größe des Strohballens weiter überprüft werden.

2.2.4   Erhebungsphasen – mit dem Ziel der Vertiefung

In diesem Abschnitt sollen nochmals die beiden Erhebungsphasen verdeutlicht und für die Belange der Untersuchung begründet werden.

Als sogenannte Hauptuntersuchung und somit als Phase 1 lassen sich die in der nachfolgenden Tabelle aufgeführten Aktivitäten bezeichnen. Ohne an dieser Stelle zu viel vorwegzunehmen, sei gesagt, dass die Anzahl der Fälle für die empirischen Rekonstruktionen und die Ergebnisfindung ausreichte. Dennoch habe ich mich auch aufgrund der interessanten generierten Hypothesen entschieden, eine weitere, fallstudienartige Vertiefung mit einem Lehrer und zwei Schülern durchzuführen, um einige Hypothesen noch stärker zu festigen. Diese Vertiefungsuntersuchung fand im Anschluss an erste Datenauswertungen statt, denn erst dann äußerten sich Phänomene, die durch eine weitere empirische Vertiefung bestätigt werden und zur „theoretischen Sättigung" (Strauss & Corbin 1990) beitragen sollten. Zwischen den beiden Phasen lagen etwa 5 Monate.

Die Vertiefungsuntersuchung bei einem Lehrer war so konzipiert, dass ausgewählte Szenen aus den Unterrichtsstunden von mir zusammengeschnitten und dem Lehrer vorgespielt wurden. Die Lehrperson sollte im Sinne des nachträglichen lauten Denkens (NLD) zu ihren Handlungen Stellung nehmen, unterstützt durch ergänzende Fragen von meiner Seite, die jedoch situativ erst aus den Äußerungen der Lehrperson entwickelt wurden. Das Ziel war herauszufinden, inwieweit der Lehrer sein Handeln als bewusst oder unbewusst einstuft und dies auch explizieren kann. Der lange Zeitraum zwischen der Videografie des Unterrichts in der 1. Phase und dem NLD in der 2. Phase liegt sicherlich nicht vollkommen in der Intention der Methodik. Wagner und Weidle (1994) schlagen vor, den Zeitrahmen zwischen Aufzeichnung oder Problembearbeitung und NLD möglichst kurz zu halten. Aufgrund der Videoaufzeichnungen hatte der Lehrer den Unterricht jedoch quasi wieder bildlich vor Augen und konnte sich so trotz des längeren zeitlichen Abstands dazu an Vieles sehr gut erinnern.

Des Weiteren wurden zwei Schüler, die in einer der videografierten Gruppen mitgearbeitet hatten, nochmals untersucht. Die beiden Lernenden präferierten unterschiedliche mathematische Denkstile und sollten als Paar in einer Laborsituation eine Modellierungsaufgabe bearbeiten. Dabei und beim im Anschluss stattfindenden gemeinsamen Interview wurden sie videografiert. Diese Vertiefung verfolgte vor allem zwei Ziele: Zum einen sollte empirisch gezeigt werden, dass sich ein rekonstruiertes Phänomen aus der Hauptuntersuchung bei Individuen mit unterschiedlichen mathematischen Denkstilen wiederholt äußert, und zum anderen, dass sich dieses Phänomen auch in einer Laborsituation mit nur zwei Personen durchsetzt.

Mit dieser Ergänzung durch die zweite Erhebungsphase kann nun die Datenerhebung der Untersuchung folgendermaßen dargestellt werden:

Phase	Erhebungsmethoden	Ziel
1a	Fragebogen	Rekonstruktion mathematischer Denkstile der Lernenden
1b	Videografie Unterricht Audiografie Lehrerinteraktionen	Modellierungsprozesse einer Schülergruppe/eines Individuums Umgang/Handeln der Lehrperson im Plenum
1c	Interviews	Rekonstruktion mathematischer Denkstile der Lehrenden
2a (ca. 5 Monate später)	NLD	Rekonstruktion des bewussten/unbewussten Handelns der Lehrperson; Bestätigung des mathematischen Denkstils
2b	Videografie Prozess (Labor) Interview	Rekonstruiertes Phänomen aus der Hauptuntersuchung soll gefestigt werden und Stabilität auch beim Settingwechsel aufweisen.

2.3 Die „Netz- und Phasenanalyse" – Auswertungsmethoden

Zu den notwendigen Erhebungsmethoden kommen in diesem Unterkapitel die Auswertungsmethoden hinzu.

Die unterschiedlichen Erhebungsmethoden fordern geradezu eine Datentriangulation heraus. Im nachfolgenden Abschnitt wird auf diesen Aspekt näher eingegangen sowie damit zusammenhängend im Abschnitt 2.3.2 das entwickelte Kodierschema vorgestellt und an Beispielen demonstriert, wie die Daten analysiert wurden. Des Weiteren soll ersichtlich werden, wie die beiden Erhebungsphasen miteinander verknüpft wurden.

2.3.1 Datentriangulation

Die Datentriangulation (Denzin 1978) ist eine von vier Formen der Triangulation, die Denzin[16] zunächst als Strategie der Validierung vorgeschlagen hat, sie „kombiniert Daten, die verschiedenen Quellen entstammen und zu verschiedenen Zeitpunkten an unterschiedlichen Orten oder bei verschiedenen Personen erhoben werden" (Denzin 1978, 297).

Der Ansatz jedoch, Triangulation als Strategie der Validierung zu verstehen, führte in verschiedenen Kontexten zur Kritik (siehe Flick 2000, 310). Denzin griff diese Kritik auf und präzisierte das Verständnis von Triangulation mittlerweile als Strategie, um ein tiefergehendes Verständnis des untersuchten Gegenstandes zu erlangen. Flick (2000) nimmt den generellen Wandel dieses Verständnisses von Triangulation auf:

> *„Triangulation wird inzwischen weniger als Strategie der Validierung in der qualitativen Forschung, sondern als Strategie, Erkenntnisse durch die Gewinnung weiterer Erkenntnisse zu begründen und abzusichern, gesehen." (Flick 2000, 311)*

In meiner Untersuchung werden, wie bereits in Unterkapitel 2.2 ausführlich beschrieben, unterschiedliche Erhebungsmethoden verwendet. Die daraus resultierenden verschiedenen Datensätze, die aus diversen Quellen stammen (Fragebogen, Interviews, Feld- und Labordaten, visuelle und verbale Daten) und zu verschiedenen Zeitpunkten sowie bei unterschiedlichen Personen erhoben wurden, müssen für die Hypothesengenerierung in Zusammenhang gebracht werden. Ein praktisches Problem, das sich dabei ergeben kann, ist nach Flick (siehe 2000, 317) unter anderem der Aspekt der Vergleichbarkeit der Samples, an denen die unterschiedlichen Methoden zum Einsatz kommen, was er folgendermaßen ausführt:

> *„Der Einsatz der einzelnen Methoden erfolgt zunächst unabhängig voneinander und produziert einen Satz von Beobachtungsdaten und eine Reihe von Interviews. Die Triangulation bezieht sich dann praktisch auf die Ergebnisse beider Auswertungen und setzt sie in Beziehung." (Flick 2000, 317)*

Die Vernetzung der Methoden im Rahmen meiner Untersuchung wurde in Abschnitt 2.2.2 verdeutlicht. Diese stehen somit nicht unverbunden nebeneinander, sondern sind innerhalb der Chronologie des Einsatzes geplant. Einflüsse der unterschiedlichen Erhebungszeitpunkte, wie es Flick (2000, 317) anmerkt, finden auch in meiner Analyse Berücksichtigung. Im Folgenden soll nur kurz dargestellt werden, wie die Daten in dieser Untersuchung trianguliert wurden, da in Abschnitt 2.3.4 die vernetzenden Analysevorgänge anhand des von mir entwickelten „IGA-Rechtecks" im Detail ausgeführt werden.

---

[16] Denzins Vorschläge (1978) für die methodische Auseinandersetzung mit der Triangulation finden in der qualitativen Forschung auch heute noch breite Aufmerksamkeit.

Im Sinne einer horizontalen Analyse (siehe Busse & Borromeo Ferri 2003a und 2003b) werden die verschiedenen Datenarten parallel bearbeitet. Datenart 2 (Videografie des Unterrichts) ist aufgrund ihres Umfangs und der Bezugnahme der anderen Datenarten darauf[17] als zentral anzusehen. Die mittels der Fragebögen (Datenart 1) rekonstruierten mathematischen Denkstile der Lernenden werden durch die Aussagen der Schülerinnen und Schüler während der Gruppenarbeit und/oder im Plenum zusätzlich validiert. Generell lassen sich im Idealfall beispielsweise Handlungen der Lehrperson während des Unterrichts aus Datenart 2 und Datenart 3 (Audiografie der Lehrerinteraktionen) mit den Reflexionen der Lehrperson, die im Interview (Datenart 4) geäußert werden (zum Beispiel darüber, wie er oder sie Mathematikunterricht strukturiert und Mathematik vermittelt), in Zusammenhang bringen und quasi „abgleichen". Nicht bei allen Interviewpassagen ist diese Anbindung jedoch möglich oder gar eindeutig. Zum einen hängt dies davon ab, in welchem Zusammenhang die Interviewfragen und somit auch die Antworten mit dem unterrichtlichen Handeln verbunden sind. Zum anderen lassen sich Interviewaussagen von allgemeinerer Art, die nicht an ein konkretes Phänomen gebunden sind, kaum zuordnen.

2.3.2   Kodierung als Zusammenhalt von Netz und Phasen

Das Kodieren ist nach Anselm und Strauss (vgl. 1996, 56 f.) ein grundlegendes Verfahren innerhalb der Grounded Theory. Dadurch werden Kategorien entdeckt und benannt. Anselm und Strauss schlagen ein sogenanntes Kodierparadigma vor, damit in den Daten immer wieder nach der *„Relevanz für die Phänomene, auf die durch eine gegebene Kategorie verwiesen wird, kodiert" wird, „und zwar nach den Bedingungen, der Interaktion zwischen den Akteuren, den Strategien und Taktiken, den Konsequenzen"* (Anselm & Strauss 1996, 57). Das bedeutet, dass dieses Kodierparadigma sowohl beim offenen als auch beim axialen und selektiven Kodieren (siehe Unterkapitel 2.1) immer zu berücksichtigen ist.

Dieses Paradigma habe ich auf die Daten meiner Untersuchung übertragen und während des Kodierverfahren die Daten mit der folgenden Perspektive „befragt":

Unter dem Aspekt der „Bedingungen" sollte beim Kodieren immer wieder darauf geachtet werden, wie die Schülergruppe nach ihren mathematischen Denkstilen bzw. bevorzugten Repräsentationen zusammengesetzt ist. Denn daraus ergeben sich unterschiedliche „Interaktionen zwischen den Akteuren". Diese standen ohnehin im Fokus, einerseits hinsichtlich der Betrachtung der Gesamtgruppe und andererseits in Bezug auf die Lehrperson. Diese Interaktionen haben Auswirkungen auf „Strategien und Taktiken". Im Sinne des Modellierens sollten die Daten beispielsweise dahingehend befragt werden, auf welche Weise Variablen generiert und welche Phasen durchlaufen wurden. Daraus ergeben sich „Konsequenzen" für das erfolgreiche Lösen oder das Scheitern an bestimmten Problemen.

---

[17]   Dies gilt vor allem für die zusätzlich audiografierten Lehrerinteraktionen und -interviews.

Diese „Befragung" der Daten mittels des Kodierparadigmas im Sinne der genannten Aspekte wurde stets berücksichtigt und hat insbesondere beim offenen Kodieren dazu beigetragen, die Daten erfolgreich zu analysieren. Im Folgenden wird nun das Kodierschema der Studie dargestellt:

Das Kodierschema der Studie

Vor dem offenen Kodieren wurden zwei verschiedene Kodeebenen bestimmt: Eine dieser Ebenen ist als „strukturell" zu verstehen, insofern die betreffenden Kodes gewissermaßen einen Rahmen aufspannen und so als Basis für weitere Verknüpfungen mit weiteren Kodes dienen. Andere Kodes dagegen werden nach Strauss und Corbin (1996, 43 ff.) als „theoretische Kodes" bezeichnet und sind insofern legitim, als der Forscher durch den Grad der theoretischen Sensibilität die Konstruktion des eigenen Kodierschemas selbst bestimmen kann und darf.

Den Hauptteil der Kodes des Kodierschemas stellen in dieser Studie theoretische Kodes dar. Sie werden im Sinne eines deduktiven Vorgehens auf das Datenmaterial angewendet. Dennoch ergaben sich viele weitere Kodes und Kategorien, die aus den Daten selbst stammten und wieder ein induktives Vorgehen ermöglichten. Wiederholten sich Kodes und bewährten sich diese beim fortlaufenden Kodieren, so wurden sie mit in das Kodierschema aufgenommen.

Als strukturelle Kodes bezeichne ich die Durchkodierung zu:

- Individuen. Das kann ein Lernender der fokussierten Gruppe oder eine Lehrperson sein (Beispiel: Schüler Philipp oder Lehrer Herr A.).

- Gruppen. Die insgesamt neun videografierten Gruppen wurden jeweils kodiert, um Vergleiche herzustellen (Beispiel: Gruppe A10-1L, Gruppe B10-2B etc.).

- *Modellierungsaufgaben.* Jede Aufgabe, egal von welcher Gruppe sie bearbeitet wurde, wurde mit einem Kode versehen (Beispiel: Leuchtturm).

Die verwendeten theoretischen Kodes hängen zum Teil mit den obigen strukturellen Kodes zusammen.

- Der *mathematische Denkstil* bzw. die bevorzugte *Repräsentation* wurde vorher rekonstruiert, so dass jedes Individuum, vor allem die Schülerinnen und Schüler in den Gruppen, ein „Label" bekam. Daher erfolgte im Zusammenhang mit dem Individuum eine Doppelkodierung, zum Beispiel „Sebi-bildlich". Sebi ist gleichzeitig Mitglied in der Gruppe „A10-1L", wobei A für die Schule und Klassenstufe steht und 1L für die Gruppe 1, welche die Leuchtturmaufgabe bearbeitet hat, wie es alle Gruppen in den ersten videografierten Stunden getan haben. Die Doppelkodierung von mathematischem Denkstil („Sebi-bildlich") und der Modellierungsphase („mathematisches Modell"), in der sich der Schüler beim Lösen der Aufgabe befand, wird ebenfalls ersichtlich:

P 4: A10-1L.rtf - 4:41 [S: Ich brauche nämlich den [ze..] (153:153)

Codes: [Mathematisches Modell] [Sebi-bildlich]

S: Ich brauche nämlich den [zeigt auf Marks Zeichnung], dann könnte ich nämlich hundertachtzig minus neunzig minus.

- Die einzelnen *Phasen des Modellierungskreislaufs*, wie etwa mentale Situations-Repräsentation, reales Modell usw., werden als theoretische Kodes bezeichnet. Laut Forschungsfrage sollte deren empirische Unterscheidung erst rekonstruiert werden. Das bedeutete, dass Handlungen, verbale und non-verbale Äußerungen der Lernenden daraufhin analysiert wurden, inwieweit sie die Aufgaben tatsächlich vereinfachen, berechnen, das Ergebnis überprüfen oder einen neuen Durchlauf des Kreislaufes beginnen und warum. Charakteristika, die normativ mit den einzelnen Phasen verbunden sind und sozusagen die Subkodes bilden, mussten in den Daten rekonstruiert und kodiert werden. Insbesondere beim offenen und axialen Kodieren fanden diese Schritte statt, die sich dann beim selektiven Kodieren verdichteten und schließlich zu Bezeichnungen wie mathematisches Modell (siehe Beispiel oben) oder mentale Situations-Repräsentation führten oder zum Teil offen blieben, da keine Zuordnung möglich war. Diese offen gebliebenen Bereiche stellten sich dann zum Teil als neue Phänomene beim mathematischen Modellieren heraus.

- *Einfluss durch Gruppenmitglieder*. Wird das Individuum losgelöst von der Gruppe betrachtet, muss die Restgruppe dennoch als Einflussfaktor berücksichtigt werden. In welchen Bereichen und bei welchen Phasen des Modellierens jedoch dieser Einfluss der Gruppe auf das Individuum überhaupt auftrat, ergab sich schon nach dem Kodierprozess von zwei Gruppen.

Im Folgenden gebe ich dazu ein Kodierungsbeispiel des Schülers Andy wieder. Er befand sich mit seinen Aussagen und Handlungen zunächst im mathematischen Modell und wandte bereits seine innermathematischen Kompetenzen an. Unter dem Einfluss der Gruppe, die sich vorwiegend in der Realität befand und auf Andy einredete, wechselte auch er von der Mathematik ins reale Modell. Damit nahm er wieder Bezug auf die Vereinfachung der realen Situation („zweiundzwanzig Liter Bier in zwei Monaten"), was sein Verständnis weiter bereicherte, und womit er wiederum seine mentale Situations-Repräsentation modifizieren konnte.

P10: C10-2R-.rtf - 10:77 [A.: zweiundzwanzig Liter Bier..] (107:107)

Codes: [Andy – formal] [Einfluss Gruppe-MSR/RM] [RM - Rückinterpretation]

Andy: zweiundzwanzig Liter Bier in zwei Monaten.

Konkret bedeutete das für die Analysen und Kodierungen, dass der verbalisierte Einfluss der Gruppe sowie auch die darauf folgenden Handlungen/Aktionen des Individuums fortwährend mitberücksichtigt wurden. Dadurch fand eine Art „Filterungsprozess" statt, um die Einzelprozesse herauszulösen. Neben der Analyse des gesamten Gruppenverlaufs wurden die Einzelverläufe verglichen sowie „passive" und „aktive" Individuen innerhalb der Gruppe genauer rekonstruiert.

- *Diskussionsthemen der Gruppe.* Rücken die Gruppenprozesse in den Fokus, sind vor allem die diskutierten Themen der Mitglieder beim Lösen der Aufgabe von Bedeutung. Allerdings ist im Vorhinein nicht klar, welche Themen schwerpunktmäßig bedeutsam sein werden, da die Aufgaben eine Vielfalt von Diskussionsthemen bieten, inner- wie außermathematisch.

- *Hilfestellungen der Lehrpersonen* gegenüber Individuen sowie der Gruppe sind, wie generell das Verhalten der Lehrperson beim mathematischen Modellieren im Unterricht, ebenfalls von Bedeutung. Auf der Basis der Interviewanalyse im Zusammenhang mit den Aussagen und Handlungen der Lehrperson während des Unterrichts kristallisierten sich zwei Kodes heraus, mit denen die Daten schließlich fortwährend kodiert wurden: mathematiknah-abstrakt und realitätsnah-assoziativ.[18] Jede Hilfestellung stellt jedoch gleichzeitig auch eine Beeinflussung dar, das heißt, durch die Lehrerintervention können sich Interaktionen und Handlungen beim Modellieren in eine andere Richtung entwickeln. Nicht nur die Gruppe, sondern auch die Lehrperson stellt daher einen Einflussfaktor dar.

Die Kodes bildeten somit ein Gerüst, eine theoretische Brille. Schon beim offenen Kodieren erweiterte sich jedoch das Kodespektrum und wuchs zwischendurch auf insgesamt über hundert Kodes an, wobei einige davon nur einmal auftraten. Das sprach einerseits für ein einzeln aufgetretenes und im Zusammenhang gesehen wichtiges Phänomen, andererseits schienen einige Kodes später nicht brauchbar und hatten kein Gewicht für die nachfolgende Hypothesengenerierung. Die Anzahl der Kodes hing jedoch auch mit deren Vergabe an die Schülerinnen und Schüler zusammen, die in den fokussierten Gruppen arbeiteten. Nach der Hälfte der Datenkodierung etablierte sich das nachstehende Kodierschema, womit dann die restlichen Daten aufgebrochen wurden.

Um eine Übersicht, Vergleichbarkeit und damit Verlinkung von Textstellen der Daten zu erlangen, wurden diese mit der Software ATLAS.ti (Muhr 1996) kodiert. ATLAS.ti basiert auf der Methodologie der Grounded Theory und eignet sich daher besonders für die Analyse und somit auch für die Vernetzung der Daten, resultierend aus unterschiedlichen Erhebungsmethoden. Sämtliche Daten, vom Interview bis zur Audiografie der Interaktionen per Minidisc-Gerät wurden in ATLAS.ti eingelesen. Durch den Kodiervorgang sollte das Netz der unterschiedlichen Datensorten miteinander verlinkt werden, um ein Gesamtbild (etwa der Lehrperson, des Lernenden, der Bearbeitungsweisen von Aufgaben, der Einstellungen zur Mathema-

---

[18] Anmerkungen zu diesen Kodes erfolgen im nächsten Abschnitt im Zusammenhang mit dem entwickelten Merkmalsraum.

tik, der mathematischen Denkstile) sichtbar werden zu lassen. Das Kodierschema, welches sich nach der ersten Erhebungsphase für die Datenanalyse weitgehend etabliert hatte, konnte schließlich in der zweiten Phase wieder auf die neuen Daten angewendet werden. Auf diese Weise verband das Kodierschema sowohl das Netz als auch die Phasen.

Zur Qualitätssicherung wurde auf Methoden des konsensuellen Kodierens zurückgegriffen, das heißt die Kodierung sämtlicher Daten fand in einem kommunikativen Prozess zwischen mir und einer weiteren Person[19] statt. Dieses Verfahren ist äußerst zeitintensiv, vermeidet jedoch weitgehend die vorschnelle Subsumierung des Materials (siehe u. a. Schmidt 1997, 559).

Im Folgenden wird das Kodierschema nochmals überblicksartig dargestellt:

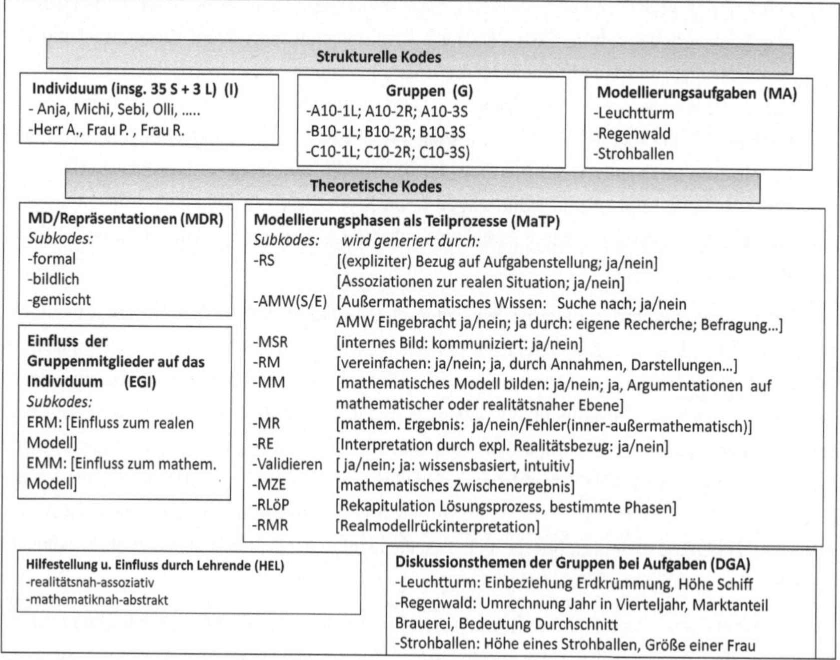

Abbildung 2.2: Überblick Kodierschema

2.3.3 Typenbildung

Bei der vierten Fragestellung dieser Studie geht es konkret um die Rolle der Lehrperson im Unterricht. Zur Klärung der Frage, ob Lehrende Präferenzen für bestimmte Phasen beziehungsweise Schritte beim Modellieren im Unterricht haben und wie gegebenenfalls solche Präferenzen vom mathematischen Denkstil der Lehrerin oder des Lehrers abhängen, wird zu-

---

[19] Ich danke meinem Forschungsstudenten Björn Wissmach.

dem eine Typenbildung angestrebt. Dabei soll es sich um „Typen der Verhaltensweise beim mathematischen Modellieren im Unterricht" handeln. Die Anzahl der untersuchten Lehrpersonen ist zwar niedrig, allerdings finden sich in der Methodik zur Typenbildung (siehe insbesondere Kluge 1999 sowie Kelle & Kluge 1999) keine konkreten Mindestangaben, so dass auch mit der geringen Anzahl der hier vorliegenden Fälle eine Typenbildung möglich erscheint.

In vielen qualitativen Studien steht Typenbildung im Vordergrund, um komplexe Realitäten und Sinnzusammenhänge zu erfassen und diese weitgehend verstehen und erklären zu können (vgl. u. a. Kelle & Kluge 1999). Nach Kluge (1999, 260 ff.) lässt sich der Prozess der Typenbildung in vier Stufen unterteilen:

1   Erarbeitung relevanter Vergleichsdimensionen

2   Gruppierung der Fälle und Analyse empirischer Regelmäßigkeiten

3   Analyse inhaltlicher Sinnzusammenhänge

4   Charakterisierung der gebildeten Typen

Der erste Schritt der Typenbildung besteht darin, jene Merkmale bzw. Vergleichsdimensionen zu identifizieren, die die Grundlage für die spätere Typologie bilden sollen (vgl. auch Kelle & Kluge 1999, 81 f.).

Relevante Vergleichsdimensionen wurden in meiner Untersuchung durch das Kodieren des Datenmaterials entwickelt (Abschnitt 2.3.2). Bezogen auf das Lehrerverhalten sind zwei *Hauptmerkmale* mit den jeweiligen *Dimensionalisierungen* zu unterscheiden:

- Merkmal *Repräsentationen*: formal, bildlich, gemischt

- Merkmal *Hilfestellungen* (Individuum, Gruppe, Plenum): mathematiknah-abstrakt und realitätsnah-assoziativ

Die bevorzugten Repräsentationen der Lehrpersonen kristallisierten sich im Laufe der Datenanalyse verstärkt heraus und wurden daher als ein Hauptmerkmal verwendet, um im Sinne der minimalen und maximalen Kontrastierung (Weber 1922/1985) der Fälle einen Bereich des Merkmalsraums aufzuspannen.

Hilfestellungen der Lehrpersonen, die an das Individuum, die Gruppe oder das Plenum gerichtet sind, stellen das zweite Merkmal dar. Unter der Subkategorie mathematiknah-abstrakt werden – kurz gefasst – Aussagen und Handlungen der Lehrperson summiert, die sich konkret auf das präzise innermathematische Arbeiten beziehen.

Die Subkategorie realitätsnah-assoziativ umfasst Hilfestellungen, die plastischen Vorstellungen und Assoziationen von der Realität im Zusammenhang mit der Mathematik Raum geben. Die mathematische Abstraktion wird dabei weniger betont.

Auf der zweiten Stufe der Typenbildung wurden die Fälle anhand der Dimensionen und ihrer Ausprägungen gruppiert und hinsichtlich empirischer Regelmäßigkeiten untersucht. Um diese Gruppierung jedoch systematisch und nachvollziehbar zu gestalten, sollte nach Kelle & Kluge (1999, 86 f.) das „Konzept des Merkmalsraums" Anwendung finden.

In der Literatur lassen sich unterschiedliche Merkmalsräume für die Typenbildung unterscheiden (sieh u. a. Kluge 1999), auf die hier nicht näher eingegangen werden soll. Pragmatisch kann zwischen sogenannten „künstlichen" und „empirisch generierten" Merkmalsräumen unterschieden werden. Schwieriger, so Kuckartz (1996), ist sowohl hinsichtlich der Entwicklung der Merkmale als auch der Verortung und Beschreibung von Typen die letztgenannte Kategorie.

In dieser Studie wurde ein empirisch generierter Merkmalsraum für die Entwicklung einer Typologie der Verhaltensweisen der Lehrpersonen beim mathematischen Modellieren im Unterricht aufgespannt. Dieser umfasst, wie bereits erwähnt, die beiden Hauptmerkmale Repräsentationen und Hilfestellungen mit ihren jeweiligen Dimensionalisierungen.

		Hilfestellungen: Individuum, Gruppe, Plenum	
		mathematiknah-abstrakt	realitätsnah-assoziativ
Repräsentationen	*formal*		
	bildlich		
	gemischt		

Tabelle 2.1:   Merkmalsraum für Lehrerverhalten beim Modellieren

Im Ergebnisteil der Arbeit, in Unterkapitel 3.6, werden die rekonstruierten Idealtypen (siehe Weber 1922/1985) dargestellt.

2.3.4   Individuum-Aufgabe-Gruppe – das „IGA-Rechteck"

Das Kodierschema und der im vorigen Abschnitt beschriebene Merkmalsraum verdeutlicht erneut, dass die Studie nicht nur auf die Schülerinnen und Schüler als Individuen oder als Gesamtgruppe fokussiert, sondern auch auf die Lehrerinnen und Lehrer, die im Klassengeschehen eine ebenso wichtige Rolle spielen. Die Aufgaben werden als Instrument betrachtet, den Modellierungsunterricht zu gestalten, und sind somit das inhaltliche Bindeglied, über das Lehrende und Lernende eine gemeinsame Diskussionsebene finden.

Das Besondere bestand in der Analyse der Verknüpfung aller Konstituenten: des jeweiligen Individuums Lernender, des Individuums Lehrender, der jeweiligen Gruppe (von Lernenden), der Modellierungsaufgaben sowie der gesamten Klasse während der Plenumsphasen.

Das Kodierschema ermöglichte zunächst diese Verknüpfungen der Datensorten auf unterschiedlichen Ebenen und mit verschiedenen Schwerpunkten. In diesem Zusammenhang kristallisierte sich das von mir so bezeichnete „IGA-Rechteck" heraus, welches die Komponenten

„Individuum-Gruppe-Aufgabe" miteinschließt. Dieses Rechteck konnte am Ende der Datenanalyse erstellt werden und verdeutlicht gleichzeitig den Prozess der Analyse auf einer Makroebene sowie die generierten Zusammenhänge. Somit ist das IGA-Rechteck zwar als Ergebnis der Datenanalyse anzusehen, soll aber bereits an dieser Stelle dargestellt werden, weil es sich nicht nur als methodisches Instrument für weitere Untersuchungen (nicht nur kognitiver Prozesse), sondern auch für die Offenlegung der allgemeinen Beziehungen zwischen unterschiedlichen Komponenten eignen könnte.[20]

In meiner Studie war neben der fokussierten Gruppe das Plenum, die Gesamtklasse sowie die Beobachtung und Analyse des Verhaltens des Lehrers oder der Lehrerin von Bedeutung. Abbildung 2.3 macht die gleichzeitig zentrale Rolle der Lehrperson im Modellierungsunterricht deutlich.

Ansätze, die Einblick in die „Innenwelt des Modellierens" geben, werden insbesondere bei den individuellen Prozessen gesehen.

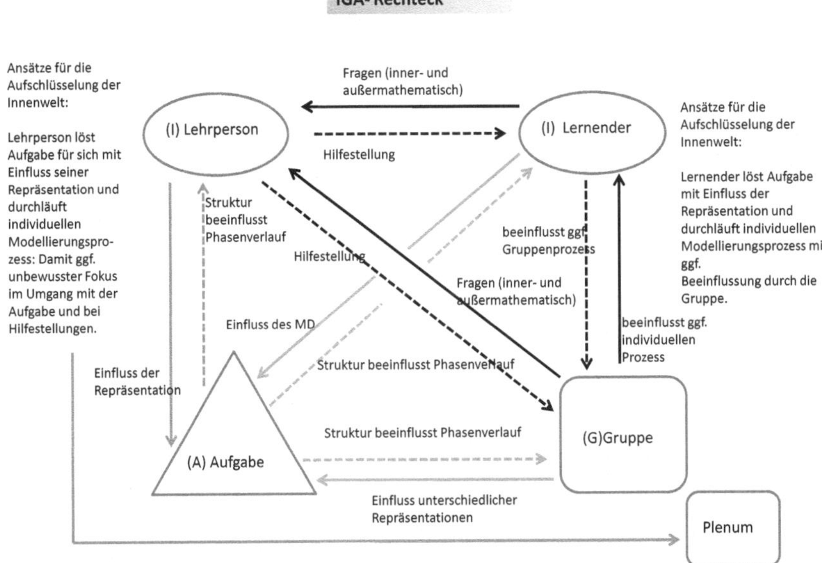

Abbildung 2.3: IGA-Rechteck

Je nach Gruppenzusammensetzung kann es Unterschiede dahingehend geben, ob ein Individuum aktiv eine Verständnisfrage an die Lehrperson stellt oder eher passiv Hilfeleistung erwartet. Oft ergeben sich Fragen durch Gruppendiskussionen, die dann im Kollektiv gestellt

---

[20] Ich verweise auf das in der Mathematikdidaktik gängige „Didaktische Dreieck", welches die Komponenten Inhalte, Schüler, Lehrer beinhaltet.

werden. Die andere Variante besteht in der eigens initiierten Nachfrage der Lehrperson an die Gruppe, ohne dass diese Hilfeleistung gefordert hat.

Im folgenden Beispiel sollen die Zusammenhänge zwischen allen Komponenten verdeutlicht werden. Dazu werden zunächst kurze Beschreibungen der beteiligten Individuen und ihrer Gruppe gegeben.

Lehrperson: Herr P.-formal

Lernender: Michi-formal (beispielhaft ein Individuum einer Gruppe)

Gruppe: A10-1L

Aufgabe: Leuchtturm

Herr P. wurde auf der Basis des Interviews als formaler Denker rekonstruiert (siehe ausführlich Abschnitt 3.6.1). Als Antwort auf die Frage, was für ihn Mathematik bedeute, sagte er: „Mathematik, spielen mit Zahlen, spielen mit Variablen, logisches Denken (3s) und logische Verknüpfungen, ja gut, einen Bezug zur Wirklichkeit gibt es natürlich auch, für mich ist die Mathematik die Sprache der Physik. Seine formalen Präferenzen wurden auch im Unterricht deutlich.

Michi ist ebenfalls ein formaler Denker, was sich nicht nur aus der Rekonstruktion anhand des Fragebogens (siehe Auszug unten), sondern auch aus seinen explizierten rekonstruierten Vorgehens- und Denkweisen beim Aufgabenlösen ergab.

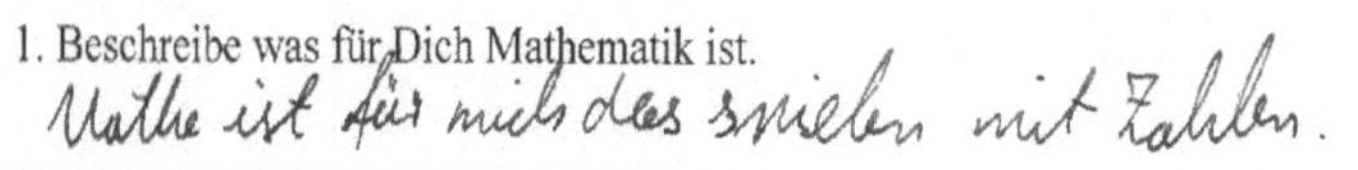

Abbildung 2.4: Auszug aus Fragebogen zum mathematischen Denken (Michi)

Mit Hilfe des IGA-Rechtecks konnten folgende Aspekte rekonstruiert werden:

Herr P., ein formaler Denker, geht als „Lernberater" zu jeder Gruppe und erkundigt sich nach der Ergebnisfindung; dabei gelangt er dann auch zur Gruppe A10-1L, die aus vier bildlichen, einem formalen sowie einem integrierten Denker zusammengesetzt ist. Kein Schüler wird explizit angesprochen, der Lehrer wendet sich allen zu. Michi (M) nennt das Ergebnis der Aufgabe, und bevor Herr P. eine weiterführende Frage stellen kann, insistiert Tobi (T) auf der Frage, welchen Wert die „Rundung" – damit meint er die Erdkrümmung – hat. Dies ist für ihn als Individuum wichtig, da er diesbezüglich nochmals nachfragt. Herr P. geht zunächst nicht darauf ein, sondern stellt vielmehr anhand von Tobis Zeichnung die Frage, wie sich die Ausgangslage verändern würde, wenn ein Matrose auf dem Ausguck und nicht an Deck stünde. (Siehe die zugehörigen Aussagen im Transkript fett markiert.)

P 4: A10-1L.rtf - 4:157 [[Lehrer geht dann rüber zur Gr.] (543:602)

Codes: [Herr P.- Gruppe A10-1L]

[Lehrer geht dann rüber zur Gruppe.]

L: So bei euch, was habt ihr raus über die Zeichnung?

S: Für b haben wir eins Sinus.

L: Also wie viel Kilometer?

M: Zwanzig Kilometer.

L: Zwanzig Kilometer, jetzt kommt die nächste Erweiterung [geht zu T.].

T: Diese Rundung wollen wir wissen.

L: Ja, das kriegst du wohl nicht raus.

T: Doch den Winkel.

L: Das wollen wir doch gar nicht wissen, das können wir gerne überlegen, aber dann mache ich die nächste Frage.

Ihr seht so ein Schiff vom Ausguck [zeigt auf den Leuchtturm].

T: Ja, ein größeres Schiff, ja.

L: Das Schiff hat einen Ausguck, wie verändert sich die ganze Angelegenheit, wenn der Matrose nicht auf Deck steht, sondern auf dem Ausguck und dann guckt?

T: Ja, müssen wir ja wissen, wie hoch das Schiff ist.

L: Der Ausguck ist garantiert nicht höher als dreißig Meter, zwanzig Meter, fünfzehn Meter ist die Entfernung.

Ma: Nicht höher als zwanzig Meter.

L: Probiert das mal aus, einmal für zwanzig Meter, einmal für fünfzehn Meter einmal für zehn Meter, los! Da müsst ihr mal überlegen, ein bisschen mehr überlegen. Okay?

Herr P. strukturiert seinen Arbeitsauftrag sehr stark und fordert die Gruppe geradezu heraus, vergleichende Berechnungen durchzuführen, was seine Präferenz für formales und schrittweises Denken und Vorgehen unterstreicht. Er gibt jedoch weitere Hilfestellungen, indem er Tobi Mut macht, den Bogenwert in diesem Zusammenhang zu berechnen. Tobi erkennt, dass der Matrose den Leuchtturm früher sehen wird. Ein eng geführtes fragend-entwickelndes Gespräch bezieht sich dann auf die Frage von Michi (M), ob die Entfernung zum Leuchtturm mit der Höhe des Ausgucks im Verhältnis steht.

P: Ach so, wir gehen jetzt davon aus, dass er fünfzehn Meter hoch ist.

L: Zwanzig Meter, fünfzehn Meter, zehn Meter.

M: Muss man irgendwie ins Verhältnis setzen.

L: Bist du sicher? Wie würde sich das jetzt verändern? [zeigt auf Skizze von T.].

T: Ja, Gerade würde ich jetzt so schieben, bis zu diesem Punkt, bis wir so da sind.

M: Zwei rechte Winkel.

L: Und was kriegst du dann raus?

P: Ja, diesen hier verschieben.

T: Ja, die geht ja weiter höher.

L: Ja, die geht weiter höher.

M: Das sind fünfzehn Meter.

S: Mark, wir haben hier noch einen weiteren Winkel dran, das ist auch ein rechter Winkel und hier ist auch einer, das sind zwei rechte Winkel.

L: Also los, dann rechnet aus!

Dieses Beispiel soll exemplarisch verdeutlichen, inwieweit sich die Beziehungen zwischen der Lehrperson, dem Schüler bzw. der Gruppe sowie der Aufgabenstellung darstellten und zu dem IGA-Rechteck zusammengefasst wurden. Da es sich hier nur um eine kleine, beispielhafte Szene handelt, konnten nicht alle Bereiche des Rechtecks gefüllt werden, etwa die Plenumsphase.

Übertragen auf das IGA-Rechteck sieht diese Szene folgendermaßen aus:

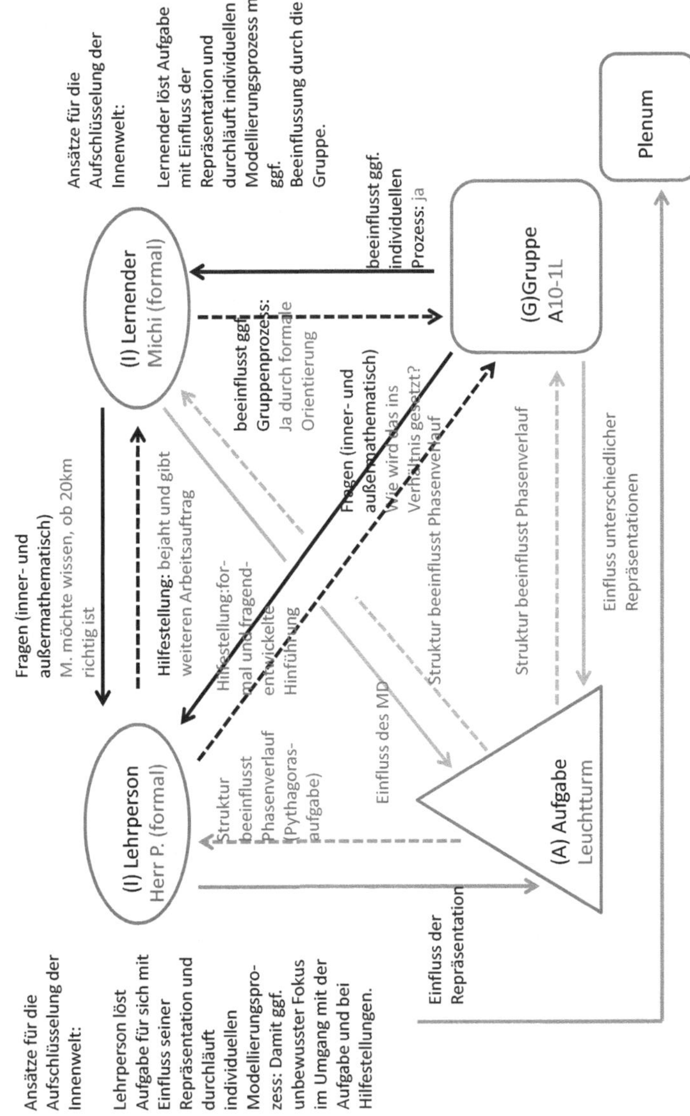

Abbildung 2.5:   IGA-Rechteck mit Beispiel

3 Wege zur Innenwelt des mathematischen Modellierens – Analysen und empirische Rekonstruktionen

> *„For many reasons mathematical modelling offers a viable methodological alternative to direct instruction in the mathematics classroom. From what we know about the human brain and its functioning, it appears that modelling engages human cognition in a process to which it is best suited."* *(Lamon, 1997, 35)*

In diesem Kapitel werden die Ergebnisse einer empirischen Studie dargestellt, die einen ersten Blick in die „Innenwelt" des mathematischen Modellierens ermöglichen. Dazu wird eine Querschnittsanalyse der Ergebnisse im Unterkapitel 3.1 dargestellt; dort werden die zentralen Resultate der Studie überblicksartig und im Zusammenhang festgehalten. Von diesem Unterkapitel ausgehend, können die nachfolgenden Ausführungen eingeordnet werden, wie etwa die rekonstruierten empirischen Unterscheidungen der Modellierungsphasen samt Beschreibungen, die den Inhalt des Unterkapitels 3.2 bilden. Ein zentrales Phänomen und Resultat der Untersuchung – die Modellierungsverläufe von Individuen – wird in Unterkapitel 3.3 ausführlich dargelegt und in zwei Fallbeispielen mit jeweils unterschiedlichen Schwerpunkten verdeutlicht. Die Betrachtung von Gruppen während der Aufgabenbearbeitung sowie die dadurch rekonstruierten Gruppenverläufe werden in Unterkapitel 3.4 beschrieben. Das Phänomen der Minikreisläufe und seiner Entstehungsgründe rückt in Unterkapitel 3.5 in den Vordergrund. Kapitel 3 schließt mit einer Darstellung des Lehrerverhaltens (Unterkapitel 3.6) beim mathematischen Modellieren im Unterricht.

3.1 Querschnittsanalyse

In diesem Unterkapitel erfolgt eine Analyse der Ergebnisse im Querschnitt und es wird ein Überblick über die rekonstruierten Phänomene gegeben, die dann in den nachfolgenden Unterkapiteln eingehend anhand von Fallbeispielen dargestellt werden. Bei allen abgebildeten Tabellen handelt es sich um Quantifizierungen der Ergebnisse der qualitativen Analysen und des kodierenden Vorgehens im Sinne der Grounded Theory. Die Quantifizierungen sollen einen Gesamtüberblick verschaffen, was die qualitativen Einzelergebnisse prinzipiell nicht vermögen.

Hinweise zur Lesbarkeit der Tabellen

In der ersten Tabelle (3.1) sind die 35 Lernenden nach deren mathematischen Denkstilen bzw. präferierten Repräsentationen gruppiert[21] (15 bildlich, 13 formal und 7 gemischt). Die Zahl von 35 analysierten Schülerinnen und Schülern ergab sich, wie bereits in Kapitel 2 beschrieben, aufgrund von deren Zugehörigkeit zu den Gruppen, die videografiert wurden. Da insgesamt neun Gruppen mit je 5 (bzw. einmal 6) Personen spezifisch untersucht wurden, ergäben sich eigentlich 46 Lernende. Allerdings reichte bei einigen Probanden die zu geringe Beteiligung während der Gruppenarbeitsphase nicht aus, um einen individuellen Verlauf zu rekonstruieren. Demnach wurden für die Analysen diejenigen 35 Schülerinnen und Schüler berücksichtigt, deren Aussagen zu einem rekonstruierbaren individuellen Verlauf führten und die somit zu einem querschnittlichen Vergleich herangezogen werden konnten.

Zusätzlich werden in der ersten Tabelle Informationen darüber gegeben, an welcher Aufgabe sie gearbeitet haben, was hinter den Namen eingeklammert steht: (R): Regenwald; (L): Leuchtturm; (S): Strohballen. Der rekonstruierte Modellierungsprozess einer Person ist somit *zeilenweise* zu lesen.

Jede Phase des Modellierens, also *jedes einzelne Kästchen in der Tabelle*, basiert auf Aussagen des Individuums im Modellierungsprozess, die sich *unmittelbar* auf den Lösungsprozess beziehen und entsprechend kodiert wurden. Aussagen, die sich nicht konkret auf den Prozess beziehen, wurden nicht kodiert. Daher spreche ich auch genauer von einem explizierten/verbalisierten Verlauf des jeweiligen Individuums, der verbale Aktivitäten und Handlungen auch im Sinne von Zeichnungen/Skizzen miteinbezieht. Fallen mehrere Aussagen in eine Phase, so ist dies beispielsweise mit **4MM** gekennzeichnet, was bedeutet, dass die Person vier verbale Beiträge geleistet hat, die sich der Phase des mathematischen Modells zuordnen ließen. Somit ist die Häufigkeit der Aussagen für eine Phase gleichzeitig ein grober Indikator für die Dauer, die ein Individuum in einer Phase verbringt, und daher ein für diese Belange gutes *quantitatives Maß der Auswertung*. Ich habe Abstand davon genommen, die tatsächliche Zeit der Individuen zu messen, die sie in einer Phase verbringen. Dies schien auch aufgrund des schwierigen Nachvollziehens in Schweigephasen während des Prozesses mit zu großer Unsicherheit behaftet und war auch technisch bei einer Gruppengröße von fünf Schülerinnen und Schülern kaum zu realisieren.

Aufgrund der Komprimiertheit dieser Darstellung (Zusammenfassung der Aussagen zu mehreren Phasen, etwa „3RM") wird auf den ersten Blick nicht ersichtlich, wie unterschiedlich lang die Phasen der einzelnen Individuen tatsächlich sind. Obwohl sich diese Studie im Sinne von qualitativen Interpretationen auf den Inhalt von Aussagen stützt, konnte im Sinne eines Analyseergebnisses gefolgert werden: Je länger der Prozess, desto höher ist die Beteiligung des Indi-

---

[21]   Die Klassifizierung der Lernenden nach deren Repräsentationen wurde in Kapitel 2 dargelegt.

viduums am Modellierungsgeschehen. Darauf soll aber in einem späteren Teil innerhalb dieses Unterkapitels eingegangen werden.

Analyse auf der Basis der von den Lernenden präferierten Repräsentationen

Zunächst lässt sich anhand der ersten Tabelle (3.1) die *empirische Unterscheidbarkeit* der Phasen erkennen, die bei den Individuen mit zusätzlichen Ausdifferenzierungen rekonstruiert werden konnten. Betrachtet man die Modellierungsprozesse der einzelnen Schülerinnen und Schüler in der Tabelle, so zeigen sich Gemeinsamkeiten und Unterschiede. Demnach sollte nicht mehr global von „Modellierungsprozessen" gesprochen werden, vielmehr bezeichne ich diese Prozesse als so genannte *individuelle Modellierungsverläufe*. Dieser Begriff umfasst weit mehr, denn der Fokus liegt hier ausdrücklich auf dem Individuum und seinem tatsächlichen, nach außen sichtbaren, Modellierungsverlauf, den es in einer bestimmten Phase beginnt und bei dem es verschiedene Phasen mehrfach oder einmalig durchläuft, dabei einzelne Phasen in den Fokus nimmt oder andere auslässt.

Wie diese individuellen Verläufe sich äußern und wie sie sich bei formalen und bildlichen Denkern[22] unterscheiden, wird in den nachfolgenden Unterkapiteln auf qualitativer Ebene anhand von prototypischen Beispielen dargestellt: Dafür wurden der formale Denker Michi und der bildliche Denker Sebi ausgewählt. In einem weiteren Beispiel wird der Einfluss des außermathematischen Wissens beziehungsweise der eigenen persönlichen Erfahrungen eines Individuums auf seinen Modellierungsverlauf dargestellt. Dafür wurden Emil (gemischter Denker) und Daniel (formaler Denker) ausgesucht.

Des Weiteren gilt es vor allem *„den ersten Schritt"* im Modellierungsverlauf, der beim Vergleich von formalen und bildlichen Denkern unterschiedlich ausfällt (siehe in Tabelle 3.1 die zweite Spalte von links), zu betrachten. Die bildlichen Denker bleiben zunächst in der Realität, um die Situation zu visualisieren, die formalen Denker (Ausnahme sind drei Individuen) beginnen in der Regel zunächst in der Mathematik, bevor sie dann zurück in die Realität wechseln. So kann bei den bildlichen Denkern fast ausnahmslos von einem idealtypisch ablaufenden Modellierungsprozess gesprochen werden, bei den formalen ist dieser eher gekennzeichnet durch mehrfache Rücksprünge von der Mathematik in die Realität. Einige formal Denkende (Basti, Cara, Michi) halten sich längere Zeit in der Mathematik auf und versuchen erst im Nachhinein, ein reales Modell zu bilden.

---

[22] Es soll nochmals darauf hingewiesen werden, dass die Lernenden Präferenzen für einen bestimmten mathematischen Denkstil bzw. eine bestimmte Repräsentation haben, die aufgrund von verbalen und non-verbalen Aussagen und Handlungen rekonstruiert wurden.

Bildliche Denker

#	Name												
1	Tobi (L)	RM	MM	4RM	MM	AWS	2RM	3MM	MR	2RM	MM	RM	
2	Adrian(L)	MSR	MM	RM									
3	Fena (R)	RS	RS	AWS	EMM	RM	AWS	2MM	2RM	RMR	RS		
4	Jan (L)	RM	8MM	MR	MM	MR	2RM	RLöP					
5	Julia (S)	MSR	MM	RLöP	AWE								
6	Marei (L)	2RM	MM	EMM	2MM								
7	Mark (L)	RM	2MM	AWE	2RM	AWS	2MM	MR	MSR	MM	MSR	RM	
8	Marlen(R)	2MSR	AWS	MSR	RM	3MM	Vali	2MM	RM	EMM	RM	MSR	MM
9	Michl (S)	MSR	AWS	2RM	RS	3MM	MR	RM					
10	Moni (L)	2RM	MSR										
11	Paddy (R)	RM	MM	AWS	RLöP	RMR	RLöP	MMR	Val	MM	MR		
12	Payam (R)	RM	MM	AWS	EMM								
13	Sebi (L)	MSR	RM	3MM	RM	EMM	RM	MM	MSR	2RM	MM	Val	MM
14	Steffi (R)	MSR	2MM	AWE	RME	3MM	RLöP	Val					
15	Susi (L)	RS	2RM	3MM	RE	MM	MR	MM	Vali	MM			

FormaleDenker

#	Name												
16	Andy (R)	2MM	MSR	AWE	2MM	RMR	MM	RMR	MM	ERM	2MM	Val	RE
17	AnnC (L)	MM	RM	AWS	3MM	RM	AWS	3MM	RM	3MM			
18	Basti (L)	3MM	MR	ValEW	MM	RLöP	MM						
19	Bobby (S)	MM	RM	EMM	MR	RLöP							
20	Carina (R)	5MM	RS	ERM	3MM	AWE	RM	3MM					
21	Dario (S)	MM	RM	MR	MM	RLöP	4RM	3MM	MR				
22	Daniel (S)	MSR	3RM	MM									
23	Eva (S)	MSR	2RM	AWS	MM	RLöP	RM						
24	Guan (L)	MSR	2MM	RM	2MM	2RM	2MM	AWS	2MM	ERM	2MM	RM	MM
25	Michi (L)	4MM	3RM	4MM	MR	2MM							
26	Timo (R)	MM	MSR	MM	RS	3MM	AWS	RM	RMR				
27	Valo (L)	MM	RS	MSR	2MM	MR	Vali	2MM	Val	MM	MR	MM	MR
28	Freddy (S)	MM	2RM	3MM									

Gemischte Denker

#	Name									
29	Anja (S)	2RM	4MM	AWS	RLöP	2RM	MM	MR	2RM	
30	Anna (L)	2MM	3RM	2MM	MSR	2RM				
31	Emil (S)	2MSR	2RM	2RS	RM	2MM	Vali	RLöP	RE	
32	Olli (R)	4MM	Vali	3MM						
33	Phil (L)	3RM	AWS	MSR	RM	MM	RM	MM	RM	MM
34	Sabine (S)	RM	MM	ERM						
35	Marti (R)	RM	RS	5MM	RLöP	Val	MM			

Tabelle 3.1:   Modellierungsverläufe gruppiert nach bildlichen, formalen und integrierten Denkern (Erläuterungen: RS: Reale Situation; MSR: Mentale Situations-Repräsentation; RM: Reales Modell; MM: Mathematisches Modell; MR: Mathematische Resultate; Val: Validieren; RE: Reale Ergebnisse; „AWE": Außermathematisches Wissen eingebracht bzw. „AWS": Suche nach außermathematischem Wissen; „RLöP": Rekapitulation des Lösungsprozesses; „RMR": Realmodellrückinterpretation. „EMR: Einfluss Gruppe auf Reales Modell; „EMM": Einfluss Gruppe auf Mathematisches Modell.)

Ein Vergleich der Anzahl[23] der Aussagen von formalen und bildlichen Denkern lässt die unterschiedliche Gewichtung von Mathematik und Realität erkennen. Formale Denker zeigen mit insgesamt 87 Aussagen auf der Ebene der Mathematik und nur 48 in der Realität deutlich ihre Präferenzen beim Modellieren. Die Spannweite der bildlichen Denker, 73 Aussagen in der Realität zu 65 in der Mathematik, ist nicht so groß, dennoch wird deren stärkerer Fokus auf die Realität klar ersichtlich.

Analyse auf der Ebene der einzelnen Gruppen

In Kapitel 2 wurde bereits ausgeführt, dass die Rekonstruktion individueller Prozesse in der Gruppe methodisch vertretbar ist, dennoch ein Einfluss der Gruppe auf die einzelnen Mitglieder naheliegt. Dieser Aspekt wurde bei den Analysen immer berücksichtigt und in den Tabellen mit „E" vor der jeweiligen Phase gekennzeichnet (z. B. EMM: Einfluss Gruppe auf das mathematische Modell).

Die Analyse der Gruppenprozesse zeigte, dass die Einflussnahme auf eine Person im Zusammenhang mit deren präferierter Repräsentation steht: Bildliche Denker werden im Allgemeinen in Richtung Mathematik und formale Denker in Richtung Realität beeinflusst. Schülerin Marei zum Beispiel, eine bildliche Denkerin (Tabelle 3.2), beginnt ihren Modellierungsprozess idealtypisch mit dem Bilden eines realen Modells, wechselt dann in die Mathematik und wird dann von der Gruppe im Hinblick auf weitere Aussagen in dieser Phase weiter beeinflusst. Guan (Tabelle 3.2), eine formale Denkerin, wird von der Gruppe eher in Richtung der Realität beeinflusst. Dasselbe Phänomen zeigt sich bei Carina und Payam in Tabelle 3.3.

AnnC (f)	MM	RM	AWS	3MM	RM	AWS	3MM	RM	3MM			
Moni (b)	2RM	MSR										
Marei (b)	2RM	MM	**EMM**	2MM								
Guan (f)	MSR	2MM	RM	2MM	2RM	2MM	AWS	2MM	**ERM**	2MM	RM	MM
Anna (g)	2MM	3RM	2MM	MSR	2RM							

Tabelle 3.2:   Gruppe „Buchenfeld 1"; Leuchtturm

---

[23] Das Programm ATLAS.ti ermöglicht eine quantitative Erfassung aller Kodes.

Fena (b)	RS	RS	AWS	MM	RM	AWS	2MM	2RM	RMR	RS		
Marlen (b)	2MSR	AWS	MSR	RM	3MM	Vali	2MM	RM	MM	RM	MSR	MM
Carina (f)	5MM	RS	**ERM**	3MM	AWE	RM	3MM					
Payam (b)	RM	MM	AWS	**EMM**								
Timo (f)	MM	MSR	MM	RS	3MM	AWS	RM	RMR				

Tabelle 3.3:　　Gruppe „Buchenfeld 2"; Regenwald

Zieht man diesen Aspekt im Hinblick auf die Rekonstruktion von Individualverläufen heran, so müsste man von schwankender Konformität sprechen, da der Einfluss der Gruppe auf den Prozess doch stark zu sein scheint. Eine Laboruntersuchung der beiden Schüler Michi und Sebi zeigte jedoch, dass sich deren individuelle Modellierungsverläufe gemäß deren präferierter Repräsentation stabil verhielten, vermutlich, weil sie nur zu zweit arbeiteten und somit die Einflussnahme geringer als in der größeren Gruppe war.

Neben der direkten Einflussnahme, die zwar in Gruppen unterschiedlich ausgeprägt war, spielt natürlich die Aktivität des Einzelnen im Modellierungsprozess eine große Rolle. Die Anzahl der Aussagen jedes Individuums, welche, wie zu Beginn beschrieben, zeilenweise zu entnehmen sind, geben daher Aufschluss über die Beteiligung am Gruppengeschehen.

Insbesondere bei der Analyse des Modellierungsprozesses der gesamten Gruppe, den ich als sogenannten „Gruppenverlauf" bezeichne, sind es die Individualverläufe der besonders aktiven Lernenden, die den gesamten Prozess maßgeblich mitbestimmen und insbesondere für Phasenwechsel verantwortlich sind. Deutlich wird dies in Abschnitt 3.4.2 dieser Arbeit, in dem die beiden individuellen Verläufe der Schüler Adrian und Michi (siehe Tabelle 3.1) mit dem Gruppenverlauf verglichen werden.

Analyse bezüglich der Ebene der Aufgaben

Die folgenden drei Tabellen zeigen die Zuordnung der Lernenden hinsichtlich der Untersuchungsaufgaben Leuchtturm, Regenwald und Strohballen. Im Vergleich trat ausschließlich bei der Regenwaldaufgabe ein Phänomen in den Modellierungsverläufen auf, welches bei den anderen Aufgaben nicht zu rekonstruieren war: die sogenannte RMR: *Realmodellrückinterpretation* (in der Tabelle fett gekennzeichnet). Das Phänomen der Realmodellrückinterpretation wird in einem späteren Unterkapitel (3.5) weiter im Detail ausgeführt. An dieser Stelle sei herausgestellt, dass sich offensichtlich die Struktur der Aufgabe[24] auf die Modellierungsprozesse von Individuen auswirken kann. Die Regenwaldaufgabe als ein eher funktional ausgerichtetes Problem erfordert beim Aufstellen des mathematischen Modells mehrere Zwischenschritte bzw. -ergebnisse. Diese Zwischenergebnisse werden jeweils anhand der Realität überprüft, so dass eine mehrfache Rückkopplung im Prozess stattfindet. Bis auf zwei Probanden haben alle

---

[24]　Siehe dazu die ausführliche stoffdidaktische Analyse in Abschnitt 2.2.3.

Lernenden, die an der Regenwaldaufgabe arbeiteten, eine solche Realmodellrückinterpretation durchgeführt.

Tobi	RM	MM	4RM	MM	AWS	2RM	3MM	MR	2RM	MM	RM	
Adrian	MSR	MM	RM									
Jan	RM	8MM	MR	MM	MR	2RM	RLöP					
Marei	2RM	MM	EMM	2MM								
Mark	RM	2MM	AWE	2RM	AWS	2MM	MR	MSR	MM	MSR	RM	
Moni	2RM	MSR										
Sebi	MSR	RM	3MM	RM	MM	RM	MM	MSR	2RM	MM	Val	MM
Susi	RS	2RM	3MM	RE	MM	MR	MM	Vali	MM			
AnnC	MM	RM	AWS	3MM	RM	AWS	3MM	RM	3MM			
Basti	3MM	MR	ValEW	MM	RLöP	MM						
Guan	MSR	2MM	RM	2MM	2RM	2MM	AWS	2MM	ERM	2MM	RM	MM
Michi	4MM	3RM	4MM	MR	2MM							
Valo	MM	RS	MSR	2MM	MR	Vali	2MM	Val	MM	MR	MM	MR
Phil	3RM	AWS	MSR	RM	MM	RM	MM	RM	MM			
Anna	2MM	3RM	2MM	MSR	2RM							

Tabelle 3.4:   Modellierungsprozesse zur Leuchtturmaufgabe

Fena	RS	RS	AWS	MM	RM	AWS	2MM	2RM	**RMR**	RS		
Marleen	2MSF	AWS	MSR	RM	3MM	Vali	2MM	RM	MM	RM	MSR	MM
Paddy	RM	MM	AWS	RLöP	**RMR**	RLöP	**RMR**	Val	MM	MR		
Payam	RM	MM	AWS	EMM								
Steffi	MSR	2MM	AWE	**RMR**	3MM	RLöP	Val					
Andy	2MM	MSR	AWE	2MM	**RMR**	MM	**RMR**	MM	ERM	2MM	Val	RE
Carina	5MM	RS	ERM	3MM	AWE	RM	3MM					
Timo	MM	MSR	MM	RS	3MM	AWS	RM	**RMR**				
Marti	RM	RS	5MM	RLöP	Val	MM						
Olli	4MM	Vali	3MM									

Tabelle 3.5:   Modellierungsprozesse zur Regenwaldaufgabe

Julia	MSR	MM	RLöP	AWE				
Michl	MSR	AWS	2RM	RS	3MM	MR	RM	
Bobby	MM	RM	EMM	MR	RLöP			
Dario	MM	RM	MR	MM	RLöP	4RM	3MM	MR
Daniel	MSR	3RM	MM					
Eva	MSR	2RM	AWS	MM	RLöP	RM		
Anja	2RM	4MM	AWS	RLöP	2RM	MM	MR	2RM
Emil	2MSR	2RM	2RS	RM	2MM	Vali	RLöP	RE
Sabine	RM	MM	RM					
Freddy	MM	2RM	3MM					

Tabelle 3.6:   Modellierungsprozesse zur Strohballenaufgabe

Durch diese Rückschritte im Modellierungsprozess entstehen von mir so bezeichnete *„Mini-Kreisläufe".* Aus einigen anderen Untersuchungen zum Modellieren sind solche Kreisläufe innerhalb des gesamten Modellierungskreislaufs bekannt, aber nicht explizit so benannt worden (siehe etwa Matos & Carreira 1997). Die Ursache für diese Kreisläufe wurde meist darin gesehen, dass inadäquate Annahmen revidiert werden müssen und daher das reale oder das mathematische Modell, je nachdem welches als unpassend betrachtet wird, modifiziert werden muss. Die Entstehung der Mini-Kreisläufe kann nach meinen Analysen jedoch, wie eben bereits ausgeführt, einen weiteren Grund haben, nämlich die Struktur der Aufgabe selber.

Zusammenfassung

Die Ergebnisse der Querschnittanalyse lassen sich wie folgt zusammenfassen:

1 *Die empirische Unterscheidbarkeit der Phasen*: Mikroanalysen zur Rekonstruktion *individueller Prozesse bzw. Verläufe* bei 35 Lernenden zeigen, dass die empirische Differenzierung der theoretisch unterschiedenen Modellierungsphasen möglich ist.

2 *Bedeutung des ersten Schritts der Modellbildung:* Der erste Modellierungsschritt unterscheidet sich vor allem bei formalen und bildlichen Denkern. Die formal denkenden Lernenden arbeiten zunächst in Richtung des mathematischen Modells, wohingegen die bildlichen Denker eher eine mentale Situations-Repräsentation und realitätsnahe Vorstellungen für das weitere Modellieren zugrunde legen.

3 *Die Gewichtung von Realität und Mathematik:* Die individuelle Präferenz für bestimmte Repräsentationen drückt sich vor allem durch Aussagen zur Realität oder zur Mathematik im Zuge des Modellierens aus. Formale Denker beziehen deutlich mehr Aussagen auf mathematische Aspekte, bildliche Denker hingegen mehr auf die Realität.

4 *Bedeutung der Struktur der Aufgabe:* Manche Aufgaben provozieren aufgrund ihrer inneren Struktur das Phänomen der Realmodellrückinterpretation, was sich in einigen individuellen Verläufen wie auch bei der Betrachtung des Gruppenverlaufs wiederfindet.

5 *Der Einfluss der Gruppe:* Trotz der Möglichkeit der Rekonstruktion von Individualverläufen bildet die Gruppe stets einen potentiellen Einflussfaktor auf die individuellen Prozesse. Explizite Phasen der Beeinflussung Einzelner konnten rekonstruiert werden. Besonders aktive Lernende haben naturgemäß großen Einfluss auf das Modellierungsgeschehen in der Gruppe.

3.2 Zur empirischen Unterscheidung der Phasen beim Modellieren

In diesem Unterkapitel wird auf die im vorangegangenen Kapitel zur Querschnittsanalyse bereits angesprochene empirische Unterscheidbarkeit der Phasen beim Modellieren näher eingegangen. Bereits in Kapitel 1 wurden unterschiedliche Modellierungskreisläufe und Phasenbeschreibungen dargestellt. Allerdings wurden vor allem in der deutschsprachigen Diskussion immer wieder folgende Fragen aufgestellt:

- Wie lässt sich ein reales oder ein mathematisches Modell charakterisieren?

- Wo können die Grenzen zwischen mentaler Repräsentation und realem Modell gezogen werden?

- Was kann kognitiv bei den einzelnen Phasenübergängen passieren?

- Was kann Validieren bedeuten?

Der Beantwortung solcher Fragen, die Bestandteil der Forschungsfragen der Studie sind, werden sich dieser und der darauffolgende Abschnitt eingehend widmen.

Die empirische Unterscheidung von Modellierungsphasen ist durch die eingehende Analyse des Modellierungsprozesses sowohl auf individueller als auch auf Gruppenebene möglich geworden.

Zur Illustration aller Stationen und Phasen sowie deren Übergängen im Sinne des „Modellierungskreislaufs unter kognitionspsychologischen Perspektive" werden im Folgenden Aussagen von Lernenden dargestellt, die vor allem die empirische Unterscheidbarkeit der Phasen beim Modellieren aufzeigen.

Wie einzelne Phasen und deren Übergänge von Schülerinnen und Schülern beim Modellieren konkret aussehen, wird später anhand der Fallbeispiele in Unterkapitel 3.3 verdeutlicht.

Reale Situation

Die reale Situation stellt die in der Aufgabe gegebene Situation, umschrieben durch Text oder Bild bzw. durch beides, dar. (Diese Phase ist als einzige schwierig in einem empirischen Sinne zu beschreiben, da die gegebene Situation im Rahmen einer gestellten Aufgabe quasi festgelegt ist.)

> Aussage einer Schülerin (zur Regenwaldaufgabe), die sich konkret auf die reale Situation bezieht:
>
> „Guck mal, hier steht, pro Kasten wird ein Quadratmeter Regenwald abgeholzt."

Übergang von der realen Situation zur mentalen Situations-Repräsentation

Beim Übergang von realer Situation zu mentaler Situations-Repräsentation vollzieht das Individuum einen Prozess des Verstehens der gegebenen Aufgabe bzw. Situation. Es rekonstruiert mental die gegebene Situation, was jedoch oft auf einer impliziten Ebene geschieht.

Mentale Situations-Repräsentation

Das Individuum entwickelt eine mentale Repräsentation der gegebenen Situation, die beispielsweise aufgrund des mathematischen Denkstils unterschiedlich sein kann: bildlich, formal oder auf persönlichen Erfahrungen basierend. Der Unterschied zur realen Situation besteht demnach aus zwei zentralen Aspekte: a) unbewusste Vereinfachung der Aufgabe durch die präferierte Repräsentation, die unterschwellig beeinflussen könne, und b) individuelle Präferenz, wie mit der Aufgabe im kommenden Prozess umgegangen wird.

> Aussage eines Schülers (zur Strohballenaufgabe). Sein mentales Bild drückt er explizit aus:
> *„Sagt mal, könnt ihr, könnt ihr euch das vorstellen, dass die Frau sich jetzt aufrichtet? Ja?*
> *Wenn die Frau sich jetzt aufrichten würde.... Du musst dir in Gedanken vorstellen, sie würde*
> *sich jetzt aufrichten, das heißt, eigentlich müsste die genauso groß sein wie der Heuballen. "*

> Aussage einer Schülerin (zur Leuchtturmaufgabe), die ersichtlich macht, dass sie bereits eine mentale Situations-Repräsentation gebildet hat und die Situation vereinfacht, ohne dabei zu mathematisieren:
>
> *„Und außerdem, wir wissen ja nicht, warum muss denn der Lichtstrahl von einem Leuchtturm*
> *unbedingt schräg sein, der kann ja auch gerade verlaufen. "*

Übergang von der mentalen Situations-Repräsentation zum realen Modell

Individuen vereinfachen die Aufgabe bereits durch Vorstellungen und Assoziationen beim Bilden der mentalen Situations-Repräsentation. Dabei sind schon Entscheidungen getroffen worden, welche die weitere „Filterung" der Informationen beeinflussen und ersichtlich machen.

Gleichzeitig ergeben sich Anforderungen, wie die Suche oder Fragen nach außermathematischem Wissen, die zur weiteren Aufgabenbearbeitung nötig sind.

Aussagen von Lernenden, die außermathematisches Wissen einfordern und suchen:

> *„Wie groß ist eine Frau?" (zur Strohballenaufgabe)*
>
> *„Weiß jemand, wie viele Quadratkilometer Regenwald es gibt?" (zur Regenwaldaufgabe)*
>
> *„Mal eine andere Frage, wenn ihr mit der Erdkrümmung rechnen wollt, kennt ihr die Erdkrümmung?" (zur Leuchtturmaufgabe)*

Reales Modell

Diese Phase hat einen engen Bezug zur mentalen Situations-Repräsentation, da auch das reale Modell vorwiegend intern gebildet wird. Externe Darstellungen können ebenfalls als ein reales Modell angesehen werden, was jedoch aus den jeweiligen verbalen Äußerungen der Lernenden hervorgehen muss.

Übergang vom realen Modell zum mathematischen Modell

Im Prozess der fortschreitenden Mathematisierung wird, je nach Aufgabe, verstärkt zusätzlich außermathematisches Wissen gefordert und schließlich angewendet, wenn sich das Individuum die Informationen eingeholt hat.

> Aussage eines Schülers (zur Regenwaldaufgabe), der seine Gruppenmitglieder um Informationen bittet:
>
> „Wie viele Einwohner hat Deutschland?"

Mathematisches Modell

Diese Phase ist dadurch gekennzeichnet, dass externe Darstellungen im Sinne von Zeichnungen, Skizzen oder auch Formeln angefertigt werden. In dieser Phase finden verbale Äußerungen (Argumentationen, Diskussionen) bereits auf mathematischer Ebene statt und sind losgelöst von der Realität. Die Übersetzung in die Mathematik wird hier abgeschlossen.

> Aussage einer Schülerin während der Bearbeitung der Leuchtturmaufgabe:
>
> „Das ist aber kein Sinus, weil das ist die Ankathete und das ist die Hypotenuse und Ankathete durch Hypotenuse ist ja Kosinus, also müssen wir das mit Kosinus machen und dann kriegen wir diesen Winkel raus und wenn wir diesen Winkel haben und den Radius haben, dann können wir auch den Kreisbogen diese Länge da ausrechnen. Das wäre dann der Abstand zwischen dem Schiff und dem Leuchtturm."

Übergang vom mathematischen Modell zu mathematischen Resultaten

Je nach individuellem Vorwissen werden innermathematische Kompetenzen genutzt.

Mathematische Resultate

Individuen schreiben ihre Ergebnisse in den meisten Fällen auf bzw. begleiten diesen Vorgang verbal.

> Aussage eines Schülers bei der Bearbeitung der Strohballenaufgabe:
>
> „Also ich habe da so ungefähr sechs Meter neunzig."

Übergang von mathematischen Resultaten zu realen Ergebnissen

Resultate werden von den Individuen interpretiert.

Reale Ergebnisse

Mathematische Ergebnisse sollten in dieser Phase zu realen Ergebnissen gereift sein, die zum Problem der gegebenen Aufgabe passen.

> Aussage eines Schülers zum realen Ergebnis der Regenwaldaufgabe:
>
> *„Und das sind dann vierhundertsechsundvierzig Quadratkilometer, die gerettet werden."*

Validieren der Ergebnisse

Individuen überlegen, ob das reale Ergebnis mit der von ihnen entwickelten mentalen Repräsentation und dem realem Modell im Einklang steht.

> Aussage einer Schülerin (zur Regenwaldaufgabe):
>
> *„Das ganze wäre rund ein Zehntel der täglichen Abholzung. Somit bringt es nichts, oder?"*

Zwei Ausprägungen des Validierens können unterschieden werden: a) *intuitives Validieren* (eher unbewusst) und b) *wissensbasiertes Validieren* (eher bewusst).

Beim *intuitiven Validieren* äußert das Individuum das Gefühl, dass das Ergebnis stimmt bzw. nicht stimmt, ohne es jedoch rational erklären zu können. Wenn das Individuum der Meinung ist, ein falsches Ergebnis zu haben, so passt dieses auf intuitiver Ebene nicht in seinen „Assoziations- und Erfahrungsrahmen".

Das *wissensbasierte Validieren* ist auf einer bewussten Ebene angesiedelt. Es bedeutet, dass die Individuen anhand ihres außermathematischen Wissens die reale Plausibilität des Resultats abschätzen und darin das Ergebnis der Aufgabe entweder bestätigt sehen oder nicht. Sowohl intuitives als auch wissensbasiertes Validieren steht in Zusammenhang mit vorausgegangenen Reflexionen des Individuums. Die Analyseergebnisse zeigen, dass nur 10 von 35 Schülerinnen und Schülern erkennbar validierten. Vorwiegend fanden sogenannte *„innerma-*

thematische Validierungen" statt, was sich durch wiederholte Berechnungen im mathematischen Modell, ohne expliziten Realitätsbezug äußerte.

> Aussagen von Lernenden, die das Ergebnis der Leuchtturmaufgabe auf intuitiver Ebene validieren:
>
> „Ja, das geht nicht! Das ist falsch! Neunzig Meter ist ja unlogisch."
>
> „Äh, das ist aber falsch! Weil das ist viel zu wenig! Weil das ist ein dreißig Meter hohes Ding, das ist doch weit sichtbar."
>
> Aussage eines Lernenden, der das Ergebnis der Strohballenaufgabe wissensbasiert validiert:
>
> „Ich bin auf einem Bauernhof groß geworden, also sag mir mal nichts!"

Die *erste Hypothese* dieser Arbeit lautet folglich auf Basis der empirischen Analysen:

1   Die Phasen (mit jeweiligen Übergängen) der realen Situation, der mentalen Situations-Repräsentation, des realen Modells, des mathematischen Modells, der mathematischen Resultate und der realen Ergebnisse lassen sich bei den individuellen Prozessen empirisch rekonstruieren, unterscheiden und beschreiben sowie zum Teil noch weiter ausdifferenzieren, als es bisherige normative Beschreibungen leisten konnten.

3.3 Individuelle Modellierungsverläufe („modelling routes")

Das Phänomen und die Begrifflichkeit des (individuellen) Modellierungsverlaufs ergaben sich erst aus der Datenanalyse im Hinblick auf die Fragestellungen der Studie, ob sich zum einen die Phasen beim Modellieren empirisch unterscheiden lassen und ob zum anderen mathematische Denkstile einen Einfluss auf Modellierungsprozesse haben.

Die Rekonstruktion der tatsächlichen Modellierungsprozesse verdeutlicht auf empirischer Ebene zunächst die theoretisch formulierte Annahme, dass der Prozess des Modellierens nicht so idealtypisch verläuft, wie in den Modellierungskreisläufen dargestellt.

Die Analysen auf der Mikroebene offenbaren darüber hinaus, wie unterschiedlich die 35 Individuen den Modellierungsprozess durchlaufen. Dabei ähneln sich einige Prozesse der Lernenden und andere weichen stark voneinander ab. Für deren empirische Beschreibung scheint daher der allgemein gefasste Begriff des Modellierungsprozesses nicht mehr angemessen, da es gerade die individuellen Prozesse sind, welche die unterschiedlichen Phasen und deren Abgrenzung innerhalb der Modellierung erst erkennbar werden lassen. Aus diesem Grund sei der Begriff des so genannten *„individuellen Modellierungsverlaufs"* verwendet, den ich wie folgt fasse (vgl. Borromeo Ferri 2007):

> Als **individueller Modellierungsverlauf** wird der Modellierungsprozess des Individuums auf interner und externer Ebene bezeichnet. Das Individuum beginnt den Verlauf in einer bestimmten Phase und durchläuft verschiedene Phasen mehrfach oder einmalig, dabei manche Phasen intensiver und andere auslassend.

Für die Rekonstruktion dieser Verläufe bin ich als Forschende auf verbale Äußerungen sowie externe Darstellungen der Lernenden angewiesen, da der Blick in deren Gedankenwelt anders nicht möglich ist. Somit kann auch besser von *„sichtbaren Modellierungsverläufen"* gesprochen werden.

Die rekonstruierten individuellen Modellierungsverläufe stellen, wie bereits erwähnt, eine Basis zur Herausarbeitung von Charakteristika der einzelnen Modellierungsphasen dar, um geeignete Beschreibungen hierfür zu finden.

Im Folgenden stellen zwei Fallbeispiele individuelle Modellierungsverläufe von vier Schülern dar. Jeweils zwei arbeiteten zusammen in einer Gruppe. Die beiden Lernenden einer Gruppe präferieren gegenüber den beiden Lernenden der anderen Gruppe eine je unterschiedliche Repräsentation. Insbesondere das erste Beispiel wird nachfolgend ausführlicher wiedergegeben, da beide Schüler dieser Gruppe an der zweiten Erhebungsphase, welche ebenfalls in die Darstellung eingeht, teilgenommen haben. Im zweiten Fallbeispiel wird neben dem Aspekt der unterschiedlichen Repräsentation zusätzlich der Einfluss des individuellen Erfahrungshintergrunds (im Sinne außermathematischen Wissens) der Jugendlichen einbezogen.

Zuvor soll jedoch die in dieser Studie verwendete Art der visuellen Darstellung individueller Modellierungsverläufe beschrieben werden. Die tabellarische Form stellt hierbei sicher eine der Möglichkeiten dar, insbesondere, um eine Gesamtübersicht aller 35 Fälle zu geben. Möchte man jedoch einzelne Verläufe visuell darstellen bzw. einander gegenüberstellen, um etwa deren Unterschiedlichkeit hervorzuheben, so bildet die Verwendung von nummerierten Pfeilen innerhalb des Modellierungskreislaufs eine geeignete Variante. Zum ersten Mal ist diese Darstellung in Borromeo Ferri (2007) verwendet.

Das unten stehende Beispiel zeigt exemplarisch den individuellen Modellierungsverlauf der Schülerin Ann-Catrin, wie ich ihn rekonstruiert habe. Mit Hilfe der nummerierten Pfeile ist erkennbar, welchen Weg ihre Modellierungsaktivitäten nehmen: Sie startet in der realen Situation und wechselt als formale Denkerin sofort in die Mathematik (1). Dort kommt sie zunächst nicht weiter bzw. kann noch kein mathematisches Modell aufstellen und geht wieder zurück in die Realität (2), sucht außermathematisches Wissen (3) zum Lösen der Aufgabe und wechselt schließlich wieder in die Mathematik (4). Ihre Erkenntnisse scheinen sie dort wieder nicht weiterzubringen, so dass sie erneut zum realen Modell wechselt (5) und sich abermals, jedoch erfolglos, am mathematischen Modell versucht (6).

Diese Art der Darstellung verdeutlicht die Individualität des Modellierungsprozesses und hebt insbesondere dessen „Nicht-Linearität" hervor. Gleichzeitig können Verläufe etwa zweier Lernender, die unterschiedliche oder gleiche Repräsentationen bevorzugen, einander vergleichend gegenübergestellt werden. In dem Kreislaufschema finden in übersichtlicher Form die Verläufe von maximal drei Lernenden Platz.

Es sei angemerkt, dass es sich bei dieser Darstellung um eine Rekonstruktionen handelt, die bereits eine Vereinfachung beinhaltet.

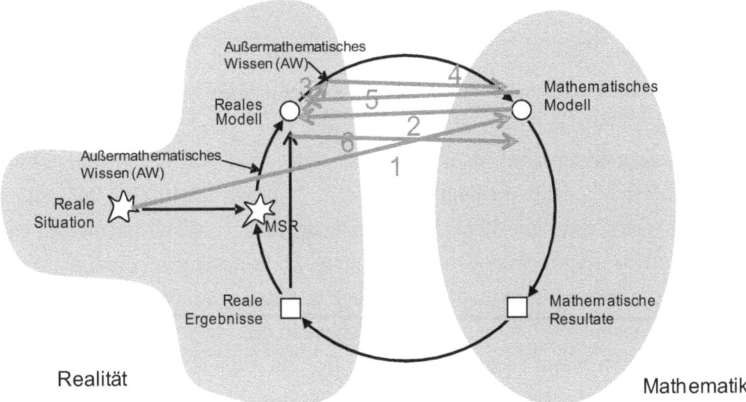

Abbildung 3.1:   Darstellung eines Modellierungsverlaufs - Beispiel

3.3.1   Fallbeispiel 1: Sebi und Michi – „Mal sehen, wer von uns beiden besser durchkommt!"

Sebi und Michi sind beide Schüler der Schule Alsterweg[25] und arbeiteten an der Leuchtturmaufgabe in einer Gruppe zusammen. Sebi wurde aufgrund der Analyse des Fragebogens als bildlicher und Michi als formaler Denker klassifiziert.

Sebis Antwort auf die Frage, was er unter Mathematik verstehe, lässt zunächst noch nicht auf einen visuellen Denkstil schließen. Für ihn ist Mathematik ein Gedankenkonstrukt, mit dem man Probleme anhand immer gleichbleibender Regeln lösen kann. Doch schon die zweiten Antwort macht seine Präferenz für das Visuelle deutlich, indem er sich für die Geometrie als favorisiertes Themengebiet ausspricht, da sich ihm darin mathematische Zusammenhänge leichter erschließen.

---

[25] Namen der Lernenden und der Schule sind in allen Fällen geändert.

6. Versuche genau darüber nachzudenken, wie du mathematische Sachverhalte verstehst. Die nachfolgenden Fragen geben dir Hilfestellung.

- Musst du dir immer direkt etwas Aufschreiben/Aufmalen, um es vor dir zu haben?
- Benötigst du weniger Darstellungen jeglicher Art, sondern verarbeitest Sachverhalte lieber im Kopf?
- Würdest du sagen, dass beim Lösen von Aufgaben bildliche Vorstellungen benötigst?

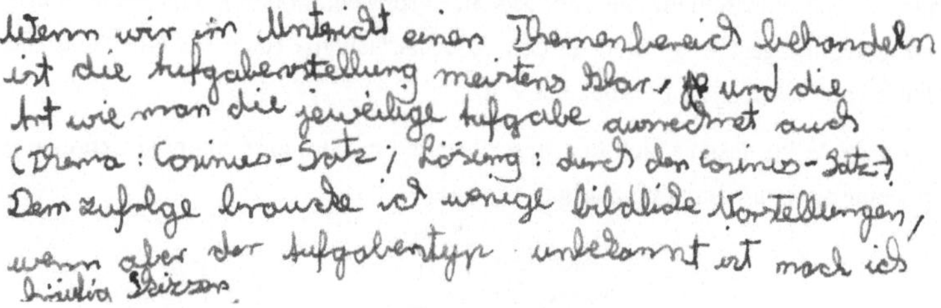

Seine Antwort auf die Frage, durch welche Handlungen er mathematische Sachverhalte besser verstehe, etwa durch Zeichnungen oder Formeln, verdeutlicht vermutlich den Einfluss des von ihm erfahrenen abstrakt-formalen Mathematikunterrichts. An dieser Stelle sei erwähnt, dass sein Fachlehrer Herr P. (siehe Abschnitt 3.6.1) ist, bei dem ein analytischer Denkstil rekonstruiert werden konnte. Sebis Ausführungen heben demgegenüber jedoch hervor, dass visuelle Darstellungen wie Skizzen für ihn beim Verstehen von Mathematik eine wichtige Rolle spielen. Auf seinem Fragebogen finden sich zwei weitere interessante Anmerkungen bezüglich der für ihn nötigen Einbettung realitätsbezogener Aufgaben in den Mathematikunterricht: Erstens wünscht er sich einen realitätsnahen Unterricht, der ihm Grundkenntnisse vermittelt, und zweitens steht für ihn außer Frage, dass es zwischen Mathematik und Realität eine Beziehung geben sollte.

4. Wenn im Mathematikunterricht neue Themen behandelt werden, wie würdest du dir die Vermittlung durch den Lehrer/die Lehrerin am liebsten wünschen?

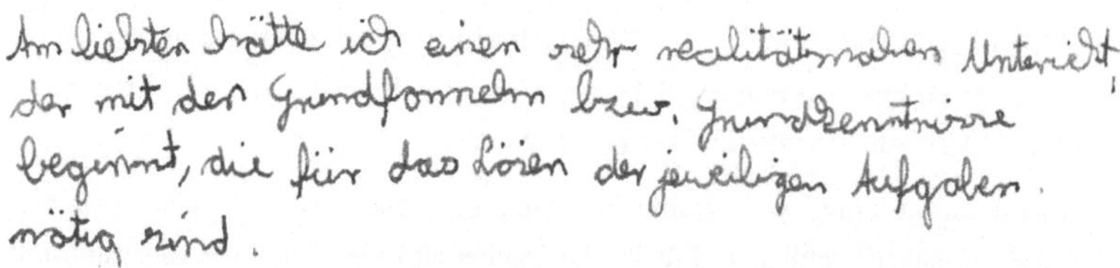

Sebis Präferenz des bildlichen Denkens äußerte sich auch bei der Aufgabenbearbeitung, was später zu zeigen sein wird.

7. Siehst du Verbindungen zwischen Mathematik und Realität? Begründe warum oder warum nicht!

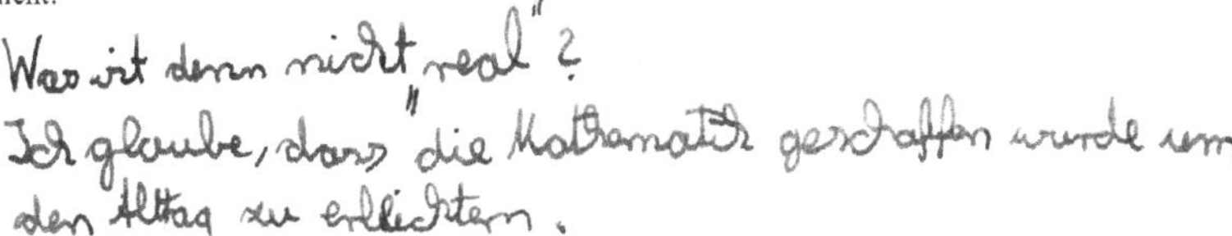

Michis im Fragebogen erfasste Aussagen bekunden eine Präferenz für formales Denken. Zahlen, Fakten und Formeln sind dabei geläufige und wiederholt genannte Begriffe. Mathematik stellt für ihn ein Spiel mit Zahlen dar. Daher löst er auch gerne Knobelaufgaben auf bevorzugten Themengebieten. Gleichzeitig sind es die Algorithmen, die er gerne durchführt. Am deutlichsten zeigt sich seine Präferenz für den eher formalen Denkstil bei der Reflexion seines Zugangs zu mathematischen Aufgaben. Zudem ist er ein intern orientierter Typ, der Sachverhalte vorwiegend im Kopf verarbeitet und weniger das Bedürfnis hat, diese zu externalisieren.

6. Versuche genau darüber nachzudenken, wie du mathematische Sachverhalte verstehst. Die nachfolgenden Fragen geben dir Hilfestellung.
- Musst du dir immer direkt etwas Aufschreiben/Aufmalen, um es vor dir zu haben?
- Benötigst du weniger Darstellungen jeglicher Art, sondern verarbeitest Sachverhalte lieber im Kopf?
- Würdest du sagen, dass beim Lösen von Aufgaben bildliche Vorstellungen benötigst?

Michi sieht im Gegensatz zu Sebi nur eine eher schwache Beziehung zwischen Mathematik und Realität. Auch während der späteren Aufgabenbearbeitung setzte sich sein formaler mathematischer Denkstil durch.

7. Siehst du Verbindungen zwischen Mathematik und Realität? Begründe warum oder warum nicht!

Inwieweit sich der Einfluss des Denkstils tatsächlich auf die Modellierungsprozesse auswirkt und ob sich die Modellierungsprozesse beider Schüler unterscheiden, soll nun anhand der Leuchtturmaufgabe (siehe Abschnitt 2.2.2) dargestellt werden.

Zur besseren Übersicht werden die Modellierungsverläufe der Lernenden nacheinander beschrieben und danach vergleichend zusammengefasst.

Michis Modellierungsverlauf beim Bearbeiten der Leuchtturmaufgabe
Michi liest sich zunächst die Aufgabe durch und äußert dann sehr schnell:

> „Okay, was sollen wir machen? Ich würde sagen wir machen Pythagoras!" (A10-1L, Z. 22)

Sein erster Modellierungsschritt setzt also sofort am mathematischen Modell an. Michi erkennt auf den ersten Blick, dass der Satz des Pythagoras angewendet werden kann und demonstriert damit gleichzeitig seine innermathematische Kompetenz. Er überspringt somit die mentale Situations-Repräsentation und das reale Modell. Die Gruppe reagiert auf diese Aussage kaum. Als er anschließend jedoch mit seinem Ansatz nicht weiterkommt, versucht er verstärkt, eine mentale Situations-Repräsentation aufzubauen, was seine folgende Aussage bestätigt, während er eine Skizze anfertigt:

> „Eine saubere Skizze. Okay, hier ist der Leuchtturm und hier das Schiff." (A10-1L, Z. 59-60)

Die Skizze zeichnet er jedoch nicht aus eigenem Antrieb. Die gesamte Klasse wurde vom Lehrer aufgefordert, wenn nötig, eine Skizze anzufertigen. Anschließend wechselt er sofort wieder in das mathematische Modell:

> „Und jetzt bauen wir hier einen Pythagoras rein! [...] oder Sinussatz oder so." (A10-1L Z. 65)

Hier versucht Michi wieder, unmittelbar innermathematische Kompetenzen anzuwenden, ohne zuvor Vorstellungen in der realen Situation zu entwickeln. In dieser Phase ist er aktiv und macht in einem kurzen Zeitraum vier Bemerkungen hinsichtlich möglicher Modelle. Danach folgt wieder ein kurzer Schritt der Gruppe zurück in das reale Modell, indem eine Diskussion über die äußere Form der Erde stattfindet. Michi ist jedoch kein Initiator dieser Diskussion, sondern reagiert nur auf Aussagen anderer Gruppenmitglieder. Dennoch kann Michi mit seinen Anmerkungen den Verlauf der Diskussion aktiv mitgestalten. Anschließend arbeitet er im mathematischen Modell weiter und untersucht die geometrische Figur in seiner Skizze.

Der Rest der Gruppe ist weiterhin der Meinung, dass die Erdkrümmung vernachlässigbar ist und somit eine weitere Vereinfachung des realen Modells erfolgen soll. Michi beginnt eine Diskussion über die Relevanz der Erdkrümmung für die Aufgabenstellung. Dafür geht Michi wieder in das reale Modell zurück und verlässt die mathematische Ebene für kurze Zeit:

„Eigentlich ist es ja die Erdkrümmung, die diesen Leuchtturm verschwinden lässt, n
(A10-1L, Z. 108-109)

Als dieser Punkt des realen Modells für ihn geklärt ist, wechselt er sofort wieder in das mathematische Modell:

„Wir müssen das hier an dieser Kathete hier spiegeln, nämlich ihr seht die Länge, also man sieht das ja hier oben, also stellen wir uns mal vor, das hier ist die Krümmung der Erde." (A10-1L, Z. 125-126)

Michi nimmt zunächst eine sehr formale Beschreibung vor und benutzt die Wörter „spiegeln" und „Kathete". Ausgehend von Michis Auffassung, dass das Ergebnis ohne Einbezug der Erdkrümmung unendlich wäre, entfachen einige Gruppenmitglieder nun mehrfach wieder die Diskussion um die Erdkrümmung. Michi bezieht dazu jedes Mal eine klare Position.

Anschließend untersucht Michi die mathematische Figur weiter und versucht, sich diese auf anschauliche Weise zu erklären. Er befindet sich somit im mathematischen Modell:

„Und jetzt bauen wir hier [zeigt auf seine Zeichnung] einen Pythagoras rein."

„Oder Sinussatz oder so?" (A10-1L, Z. 65 und 71)

Als die Gruppendiskussion um den möglichen mathematischen Ansatz ins Stocken gerät, versucht Michi, Informationen von der Nachbargruppe zu beziehen, und hört mit. Mit den erhaltenen Informationen regt er sofort eine kurze Diskussion der Gruppe über die Höhe des Schiffes und deren Relevanz für die Aufgabenstellung an. Während sich die Gruppe neuen mathematischen Ansätzen anhand einer Skizze von Tobi zuwendet, erinnert Michi kurz vor der Pause an eine Aufgabe, die er im Mathebuch gelöst hatte und die Ähnlichkeiten mit der „Leuchtturmaufgabe" aufwies. Er versucht, die Aufgabe im Buch zu finden, und strebt dabei eine Analogiebildung an. Die Gruppe reagiert positiv auf Michis Idee und unterstützt ihn.

In einer weiteren Diskussion um mathematische Ansätze beteiligt sich Michi ebenfalls und gibt der Gruppe neue Impulse. Dabei wendet er weitere innermathematische Kompetenzen an und schlägt beispielsweise vor, Winkelfunktionen zu benutzen.

Die Gruppe scheint an diesem Punkt nicht weiterzukommen. In einer Auseinandersetzung mit einem anderen Gruppenmitglied schlägt Michi diesem vor, das Ergebnis zu schätzen.

Die Gruppe untersucht schließlich eine Skizze, wie sie im Abschnitt 2.2.3 unter „einmalige Anwendung des Satzes des Pythagoras" zu finden ist. Während die Gruppe gemeinsam die Zeichnung mathematisch analysiert, erkennt Michi sofort einen mathematischen Ansatz zur Lösung des Problems:

„Ja, jetzt haben wir die Hypotenuse, ja, jetzt machen wir Pythagoras!" (A10-1L, Z. 334)

Er arbeitet im mathematischen Modell weiter und bleibt hier für längere Zeit. Er untersucht die neu gefundene Pythagorasfigur weiter und kommt nach kurzer Pause, in der er mit dem Taschenrechner rechnet, zu einem mathematischen Resultat:

„Das sind zwanzig Kilometer!" (A10-1L, Z. 440)

Zu diesem Ergebnis gelangt er über die Lösung, die in der stoffdidaktischen Analyse als einmalige Anwendung des Satzes des Pythagoras beschrieben wurde. Ein anderes Gruppenmitglied, Tobi, kommt zum selben Zeitpunkt auf ein unrealistisches Ergebnis von 365 000 Kilometer. Anschließend erklärt Michi den übrigen Gruppenmitgliedern ausführlich sein mathematisches Modell, um herauszufinden, wie es zu den verschiedenen mathematischen Ergebnissen kommen konnte. Damit initiiert er eine Diskussion der Gruppe um das Zustandekommen der unterschiedlichen mathematischen Resultate.

„Ich habe den Radius plus den Leuchtturm hoch zwei minus den Radius, und ihr?" (A10-1L, Z. 443)

Auf weitere Nachfragen antwortet er auf formaler Ebene, indem er die Strecken abstrakt bezeichnet:

„Das sind, nennen wir mal c und das a." (A10-1L, Z. 450)

und:

„Ja, ist ja auch die Hypotenuse, ja c hoch zwei minus a hoch zwei." (A10-1L, Z. 452)

Michi versucht schließlich mit Erfolg, einen Fehler in der Mathematisierung von Tobi zu finden. Auch hierbei hält er sich ausschließlich im mathematischen Modell auf und ist sehr aktiv.

Als der Lehrer (Herr P.) zwecks Ergebnisnachfrage an den Tisch der Gruppe kommt, antwortet Michi sofort, dass das Ergebnis zwanzig Kilometer sei. Der Lehrer erweitert die Aufgabe, indem er fragt, was passieren würde, wenn man davon ausgeht, dass das Schiff einen Ausguck hat.

In der Diskussion um diese Veränderung hält sich Michi zurück. Doch als der Lehrer fragt, was passieren würde, wenn der Ausguck genauso hoch wäre wie der Leuchtturm, weiß Michi sofort das mathematische Ergebnis und antwortet vorschnell, dass es das Doppelte von zwanzig Kilometer wäre. Zunächst ist Michi der Ansicht, dass man bei anderen Ausguckhöhen über ein Verhältnis der Höhen von Leuchtturm und Ausguck zum Ergebnis gelangen könne, bemerkt dann aber schnell die beiden rechten Winkel in der mathematischen Figur (siehe Abschnitt 2.2.3). Somit bleibt er wieder im mathematischen Modell und kommt mittels Pythagoras schnell zu einem mathematischen Ergebnis:

> „Da kommen, da kommen, wenn der Ausguck zwanzig Meter hoch ist, dann kommen
> noch mal genau sechzehn Kilometer dazu." (A10-1L, Z. 614-615)

Der Rest der Gruppe scheint den Ansatz von Michi noch nicht nachvollzogen zu haben und
muss sich nun seinen mathematischen Weg zu dem Ergebnis erklären lassen, was längere Zeit
beansprucht, wie diese Aussage erkennen lässt:

> „Ja, man rechnet noch einen zweiten Pythagoras und diesmal nimmt man statt die Höhe
> des Leuchtturms die Höhe von dem Mast und das rechnet man dann zu dieser Strecke."
> (A10-1L, Z. 618)

Michi errechnet schnell das mathematische Ergebnis von 36 km für einen 20 m hohen Ausguck. Die Gruppenarbeitsphase wird nun vom Lehrer unterbrochen und es beginnt die Plenumsphase. Michi präsentiert das Ergebnis an der Tafel und hält sich dabei nur kurz mit der Beschreibung seiner Skizze, die er an die Tafel gezeichnet hat, auf. Dann beschreibt er ausführlich und auf formal-mathematischer Ebene sein mathematisches Modell, das in der stoffdidaktischen Analyse der Lösung „doppelte Anwendung des Satzes des Pythagoras" (siehe Abschnitt 2.2.2) entspricht.

Sebis Modellierungsverlauf beim Bearbeiten der Leuchtturmaufgabe
Sebi liest sich die Aufgabe durch und versucht dann anhand einer Skizze die Situation visuell
nachzuvollziehen. Er bildet eine mentale Situations-Repräsentation, was folgende Aussage
verdeutlicht:

> „Hier ist das Schiff irgendwie so und da ist hier die Erdkrümmung." (A10-1L, Z. 24 f.)

Sebi benutzt hierbei das Wort „Erdkrümmung", was seine anschaulichen Gedanken und internen Bilder unterstreicht. Im Gegensatz zu Michi ist für ihn die Erdkrümmung in erster Linie
ein reales Phänomen und noch kein Berechnungsfaktor. Danach untersucht er erstmals die
geometrische Figur (Dreieck) in seiner Skizze genauer und wechselt somit ins mathematische
Modell. Als er nicht weiterkommt, wechselt er in seine mentale Situations-Repräsentation,
was die zweite Aussage verdeutlicht, die nicht in der Sprache der realen Phänomene erfolgt:

> „Und dann haben wir ein Dreieck. […]
>
> Was haben wir? Die Entfernung?" (A10-1L, Z. 31-32)

Nach diesem Rückgriff arbeitet Sebi im mathematischen Modell weiter und versucht, sich mathematische Begriffe in der Realität zu veranschaulichen, beispielsweise die Erdkrümmung:

> „Auch wenn das nur minimal ist, aber ein paar Millimeter ist es ja immer." (A10-1L, Z.
> 50 f.)

Sebi bleibt weiter im mathematischen Modell, reagiert hier allerdings nur auf eine Aussage
von Michi. Sebi greift jedoch aus dem mathematischen Modell immer wieder auf das Realmodell zurück, wie auch die folgende Aussage belegt:

> „Quatsch, wir wollen die Hypotenuse, wir wollen wissen, wann das Schiff zum ersten Mal den Leuchtturm sieht." (A10, Z. 118-119)

Nach dieser Phase, in der er sich mit kurzen Rückgriffen im mathematischen Modell befand, wechselt er zurück in das Realmodell:

> *„Das einzige, was uns daran hindert, sind meistens doch unsere Auge, sonst, wenn die Fläche gerade wäre und wahrscheinlich Partikel in der Luft."* (A10, Z. 136-137)

Die Gruppe diskutiert im realen Modell darüber, ob die Vereinfachung so weit möglich ist, dass man die Erdkrümmung vernachlässigen kann. Sebi nimmt auf eine Aussage von Michi Bezug und wechselt ins mathematische Modell:

> „Dann hast du aber kein Dreieck mehr!" (A10-1L, Z. 326)

Nach einer längeren Phase der Inaktivität, in der größtenteils über das Einbeziehen der Erdkrümmung in das Realmodell diskutiert wurde, versucht Sebi, sich die Situation wieder stärker auf mathematischer Ebene zu verdeutlichen, und greift ins mathematische Modell zurück:

> „Haben wir jetzt eigentlich irgendwelche Winkel?" (A10-1L, Z. 172)

Tobi merkt an, dass sie zwei Seiten des Dreiecks haben, bei dem die eine der Erdradius und die andere der Erdradius plus der Leuchtturmhöhe ist. Sebi springt wieder ins Realmodell zurück und erklärt, dass Erdradius oder Erdradius plus Leuchtturmhöhe ja kein Unterschied und dies eventuell zu vernachlässigen sei. Anschließend berichtigt Sebi den Fehler eines anderen Gruppenmitglieds, das vergessen hat, Meter in Kilometer umzurechnen. Nun befindet sich Sebi wieder – wie auch der Rest der Gruppe – im mathematischen Modell, was folgende Aussage belegt:

> „Und wenn wir jetzt noch einen Winkel wissen würden, dann könnten, könnten wir Sinus benutzen." (A10-1L, Z. 328-329)

Nachdem er im mathematischen Modell ins Stocken gerät, fertigt er eine neue Zeichnung an:

Danach kommt die Gruppe auf den mathematischen Ansatz „einfacher Pythagoras" (siehe 2.2.3). Dementsprechend befindet sich Sebi eine Zeit lang im mathematischen Modell, wobei er einen Rechenfehler bei Tobi findet. Sebi entwickelt als einziger in dieser Gruppe einen Versuch der Rückinterpretation. Er sagt, als Michi das mathematische Ergebnis von zwanzig Kilometern errechnet hat:

„Wenn du in Köln auf dem Tower bist." (A10-1L, Z. 500)

Michi fällt ihm bei diesem Versuch, einen Vergleich mit einer realen Situation aus seiner Lebenswelt zu ziehen, ins Wort und unterbricht ihn. Sebi wechselt danach zurück ins mathematische Modell und bricht dann ab, da der Lehrer an den Tisch kommt. Der Lehrer stellt nun, nachdem Michael ihm sein Ergebnis genannt hat, eine Zusatzaufgabe. Er fragt, was sich verändert, wenn das Schiff einen Ausguck hat. Sebi beginnt nun direkt im mathematischen Modell, da sich die reale Situation kaum geändert hat. Folgende Äußerung bestätigt dies:

„Marc, wir haben hier noch einen weiteren Winkel dran, das ist auch ein rechter Winkel und hier ist auch einer, das sind also zwei rechte Winkel." (A10-1L, Z. 603-604)

Sebi bleibt in dieser Phase, bis der Lehrer die Gruppenphase beendet und die Besprechung der Ergebnisse einberuft.

Vergleich der beiden individuellen Modellierungsverläufe
Vergleicht man die beiden Modellierungsverläufe, so sind Gemeinsamkeiten, aber auch deutliche Unterschiede festzustellen.

Michi beginnt seine Modellierung nicht nur im mathematischen Modell, sondern wechselt auch sehr schnell, ohne dass andere Personen ihn dabei beeinflussen, in die Mathematik. Michi, das wird ersichtlich, fühlt sich als formaler Denker im mathematischen Modell wohl, da er in dieser Phase auch meist sehr aktiv ist und sich in ihr länger aufhält. Insgesamt wechselt Michi nicht so häufig die Phasen wie Sebi.

Sebi beginnt seine Modellierung bei der mentalen Situations-Repräsentation, die er für sein Weiterkommen bei der Aufgabenlösung benötigt. Viele Wechsel in das mathematische Modell sind durch andere Gruppenmitglieder verursacht. Auffällig ist, dass Sebi, wenn er im mathematischen Modell ins Stocken gerät oder unsicher ist, auf das Realmodell oder eine Erklärung der mathematische Zusammenhänge auf bildlicher Ebene zurückgreift. Diese Rücksprünge sind in seinem Modellierungsverlauf häufiger zu rekonstruieren als bei Michi. Sie deuten an, dass sich Sebi als bildlicher Denker in der realen Welt sicherer fühlt und daher gerne unter Bezug auf reale Phänomene argumentiert.

Die Modellierungsverläufe lassen sich gut in der bereits beschriebenen Grafik veranschaulichen. Diese verdeutlicht gleichzeitig die Nicht-Linearität solcher Modellierungsprozesse. Michis Verlauf ist mit geraden, Sebis mit gestrichelten Linien dargestellt:

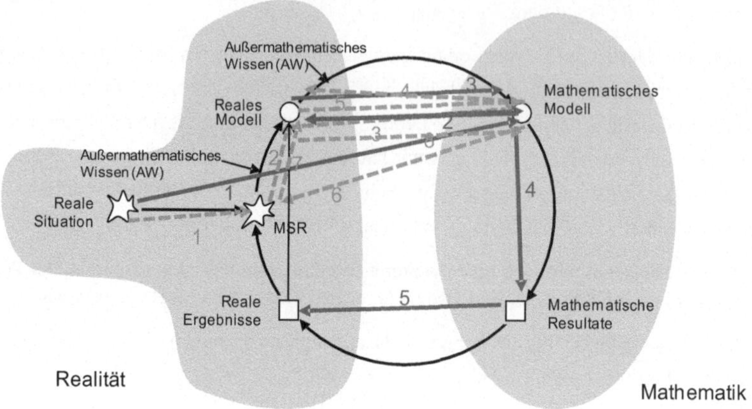

Abbildung 3.2:   Michis (gerade Linie) und Sebis (gestrichelte Linie) Modellierungsverläufe

Michi und Sebi nahmen an der Vertiefungsuntersuchung teil, da im Labor nochmals bestätigt werden sollte, ob sich die Modellierungsverläufe aufgrund verschiedener mathematischer Denkstile unterscheiden.

Sie erhielten eine Modellierungsaufgabe, die sie noch nicht kannten, die ich hier jedoch ohne Analyse darstelle (siehe dazu Anhang):

„Tanken" (aus DISUM; siehe Blum & Leiß 2005 sowie Leiß 2007)

Herr Stein wohnt in Trier 20 km von der Grenze zu Luxemburg entfernt. Er fährt mit seinem VW Golf zum Tanken nach Luxemburg, wo sich direkt hinter der Grenze eine Tankstelle befindet. Dort kostet der Liter Benzin nur 0,85 Euro, im Gegensatz zu 1,10 Euro in Trier.

Lohnt sich die Fahrt für Herrn Stein?

Noch deutlicher als im Gruppen- und Klassenkontext kristallisieren sich bei Michi und Sebi hier die Präferenzen für unterschiedliche mathematische Denkstile und somit auch für deren individuelles Modellieren heraus. Um nur ein kurzes Beispiel zu geben, sagt Sebi, nachdem er die Aufgabe gelesen hat:

> „Ich muss mir erstmal 'ne Zeichnung machen erstmal, ich würd mir doch erst 'ne Skizze machen [Redet beim Schreiben]. Erstmal gegeben ist…" (Labor, Z. 33-36)

Sebi schrieb sich auf, was in der Aufgabe gegeben war und fertigte schließlich eine Skizze an, was sein ganzheitliches Vorgehen unterstreicht:

Für Michi hingegen stehen eher die Zahlenwerte als eine visuelle Vorstellung der Situation im Vordergrund. Sein zergliederndes Vorgehen wird anhand seiner Berechnungen ersichtlich:

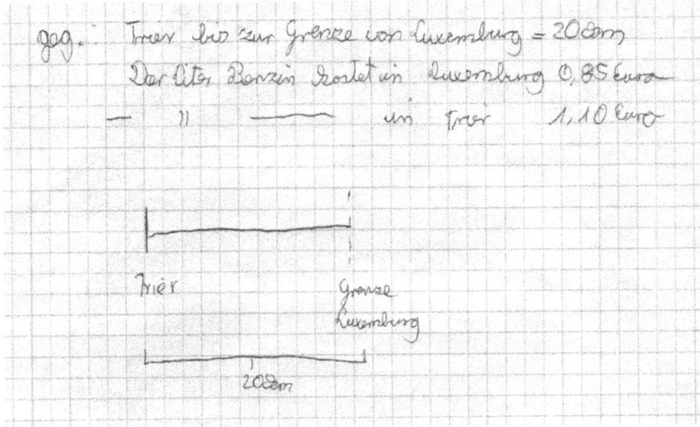

Abbildung 3.3:   Sebis Lösung zut Tanken-Aufgabe

Beide Schüler suchten nach außermathematischem Wissen hinsichtlich der Volumina von Tankfüllungen oder diskutierten die immense Anzahl von Variablen, etwa ob es sich um eine gerade Strecke von Trier nach Luxemburg handele und ob die Abnutzung des Autos miteinzuberechnen sei. Diese Variablen bereiteten ihnen bei der Aufgabenbearbeitung beträchtliche Schwierigkeiten. Michi war der Erste, der eine Gleichung aufstellte und damit weiterrechnete. Nachdem er sein mathematisches Modell samt Annahme selbstkritisch reflektiert und außerdem noch validiert hatte, gelangte er zu der Lösung, dass es sich für Herrn Stein lohne, in Luxemburg zu tanken.

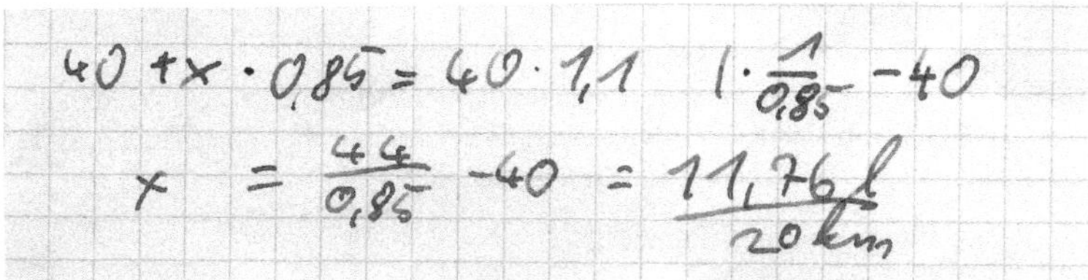

Abbildung 3.4: Michis Lösung zur Tanken-Aufgabe

„Ich habe, ich wollte ja rausfinden, ich wollte ja rausfinden was, ab wie viel es sich für ihn nicht mehr lohnt! Und ich glaube nicht, dass es einen Wagen gibt, der fünfundfünfzig Liter auf hundert Kilometern verbraucht. [...] Wäre nicht sehr authentisch! Also ich würde sagen, es lohnt sich für ihn und damit haben wir es gelöst." (Labor, Z. 214-223)

Sebi wollte sich nicht zu einer Ergebnisaussage entschließen, da ihn die vielen Variablen störten und er die Aufgabe eher als Ratespiel betrachtete.

„Also irgendwie stört mich an dieser Aufgabe, dass es zu viele Variablen gibt irgendwie." (Labor, Z. 226-227)

Im Folgenden sind beide Verläufe nochmals grafisch dargestellt, und auch hier wird ersichtlich, dass Sebi im Vergleich zu Michi häufigere Wechsel vom realen ins mathematische Modell und umgekehrt vornimmt:

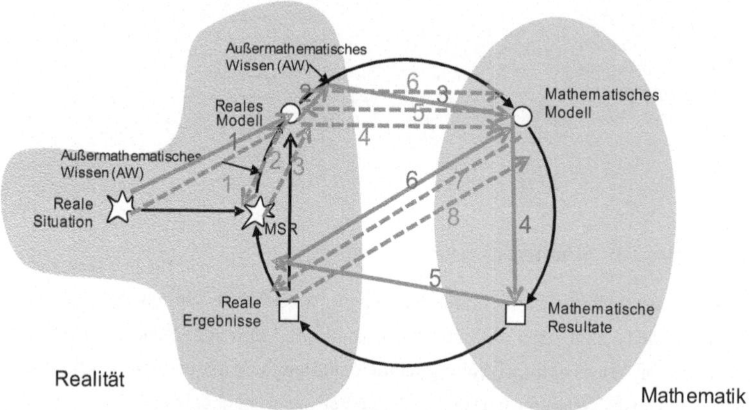

Abbildung 3.5:   Michi (gerade Linie) und Sebi (gestrichelte Linie) im Labor

Am Ende des Bearbeitungsprozesses fand ein abschließendes Interview mit beiden Schülern statt. Den Lernenden wurde dabei auch die Frage gestellt, ob sie sich bezüglich der Einordnungen als bildlicher (visueller) Denker (Sebi) und als formaler (analytischer) Denker (Michi) angemessen beurteilt fühlen und ob dieses ihren Präferenzen auch nach ihrer eigenen Auffassung entspricht.

I: „Wir haben mal versucht, eure mathematischen Denkstile zu analysieren. Kann es sein, dass Du, Sebi, eher ein visueller Denker bist und viel Anschauung und Bilder benötigst und Du, Michi, eher Formeln favorisierst?"

M: „Ja, das stimmt, bei mir zumindest!"

S: „Bei mir auch." (Labor, Z. 456-462)

Ergänzend zur Interviewerin, die sagte, dass beide unterschiedlich an Mathematik herangehen, fügte Michi folgenden Satz an:

„Mal sehen [grinst], wer von uns beiden besser durchkommt." (Labor, Z. 467-468)

3.3.2 Fallbeispiel 2: Daniel und Emil – „Ich bin auf dem Bauernhof groß geworden, also sag mir mal nichts!"

Dieses Beispiel anhand der Strohballenaufgabe wird weniger ausführlich und dabei mit einer anderen Schwerpunktsetzung als das vorhergehende behandelt. Daniel konnte als formaler und Emil als gemischter Denker rekonstruiert werden und beide greifen bei der Aufgabenbearbeitung auf unterschiedliche persönliche Erfahrungen bzw. Hintergründe zurück . Anhand der folgenden Darstellung soll gezeigt werden, dass neben der Ebene der verschiedenen Denkstile auch andere Faktoren – wie persönliche Erfahrungen – Einfluss auf individuelle Modellierungsverläufe nehmen können. Emils Erfahrungshintergrund bezüglich der Strohballenaufgabe ist auf einem deutlich höheren emotionalen Level als bei Daniel angesiedelt, da die gegebene Situation einen Teil seiner Biografie widerspiegelt.

Daniel und Emil arbeiten in der Gruppe sehr aktiv und weisen eine hohe Redebeteiligung auf, obwohl sie bislang kaum mit Modellierungsaufgaben umzugehen hatten. Daniel spricht in der Gruppe als Erster und verdeutlicht zugleich sein Denken auf mathematischer Ebene:

> „Ist doch gar nicht möglich, wenn man gar keine, wenn man gar keine Zahlen hat!"
> (C10-3St, Z. 24)

Kurz darauf äußert Daniel eine entscheidende Idee für einen Ansatz.

> „Du musst dir überlegen, wie groß ist die Frau ungefähr." (C10-3St, Z. 26)

Diese Aussage stellt eine mentale Situations-Repräsentation dar, da Daniel ein Bild der Frau vor Augen hat. Bisher hat er die Aufgabe noch nicht vereinfacht, was aber im nächsten Handlungsschritt geschieht:

> „Die Frau ist vielleicht so groß wie du?" (C10-3St, Z. 28)

Hier hat bereits der Übergang zum realen Modell stattgefunden. Daniel führt zur Vereinfachung eine Analogiebildung vor, indem er die geschätzte Größe der Frau mit der seiner Mitschülerin vergleicht. Dennoch wiederholt er seine Bedenken, die er bereits zu Beginn des Bearbeitungsprozesses geäußert hat: „Ja, aber wir haben keine einzige Zahl!" (C10-3St, Z. 32). Als analytischer Denker fehlen ihm die Zahlen, mit denen er rechnen kann.

Für Emil, den integrierten Denker, scheinen die fehlenden Zahlenwerte weniger eine Rolle zu spielen. Kurz nach Daniels wiederholter Aussage bemerkte Emil:

„Sagt mal, könnt ihr, könnt ihr euch das vorstellen, dass die Frau sich jetzt aufrichtet? Ja? Wenn die Frau sich jetzt aufrichten würde…. Du musst dir in Gedanken vorstellen, sie würde sich jetzt aufrichten, das heißt, eigentlich müsste die genauso groß sein wie der Heuballen." (C10-3St, Z. 34-38)

Diese Aussage bekundet, noch stärker als bei Daniel, eine mentale Situations-Repräsentation, die auch für die restlichen Gruppenmitglieder plastisch wird.

Daniel, der Emils Bemerkung durchaus aufgenommen hat, sich jedoch gedanklich mit einer weiteren Berechnung bzw. Schätzung auseinandergesetzt hat, gelangt bereits zu einem mathematischen Resultat:

„Ich würde mal abschätzen, das ist zehn Meter hoch insgesamt. Ich würd sagen, so ein Strohding ist zwei Meter. Durchmesser!" (C10-3St, Z. 40-41)

Daniel bildet ein mathematisches Modell auf einer eher impliziten Ebene und kommt durch Addition zum Ergebnis. Viele der Gruppenmitglieder sind der Meinung, dass der Durchmesser des Strohballens weniger als zwei Meter betragen müsse. Auf diese Weise validiert die Gruppe das Ergebnis. Daraufhin versucht Daniel wieder, einen Vergleich der Größe der Frau mit seiner Mitschülerin herzustellen, und fragt Julia, wie groß sie sei. Sie antwortet etwa 1,65 m, wonach Daniel folgert, dass die Frau auf dem Bild noch zehn Zentimeter größer sein müsse und ein Strohballen nochmal höher als die Frau sei. Emil kommentiert diese Überlegungen entschieden mit „Nein!". Dieses „Nein" ist der Beginn von Emils Wissensausführungen zu Strohballen, die er im bisherigen Bearbeitungsprozess nicht ausgedrückt hat. Er beginnt schließlich, den Strohballen auf dem Bild mit einem Lineal auszumessen. Obwohl Emil sich noch in der Phase des mathematischen Modells aufhält, bemerkt er auf einer sehr visuellen Ebene:

„Wenn man sich das vorstellt, das sind zehn Zentimeter, zehn Zentimeter, wenn man sich das vorstellt, dann haben wir einsfünfzig." (C10-3St, Z. 61-62)

Auch Daniel antwortet mit einer guten Idee und wechselt somit gleichzeitig wieder in die gegebene reale Situation:

„Guck mal, die liegen ja nicht genau übereinander, sondern die liegen ja so ein bisschen versetzt, damit die in die Lücken reinrutschen." (C10-3St, Z. 65-66)

Daniels Aussage gibt wieder Emil einen guten Impuls, sein durch persönliche Erfahrung gewonnenes außermathematisches Wissen einzubringen:

„Da muss ja Luft durchkommen! Außerdem musst du auch noch bedenken, dass, äh, dass diese Heuballen nicht starr und fest sind, sondern auch noch locker. Da beginnt er, guck mal, wenn du das dann mal abschneidest, das ist ungefähr ein Viertel des Heuballens." (C10-3St, Z. 67 ff.)

Vor dem Hintergrund dieser Bemerkung diskutieren Emil, Daniel und die anderen Gruppenmitglieder nun über die Rundung der Ergebnisse. Daraufhin wählen sie das Modell des Schätzens über die Größe der Frau und nicht über den Satz des Pythagoras. Dennoch will Emil die Höhe des Strohballenbergs exakter bestimmen als nur durch reines Schätzen, was durch seine persönlichen Erfahrungen beeinflusst ist. Die restlichen Gruppenmitglieder, voran Daniel, gehen von einer Höhe von etwa 6 m aus und betrachten das Einsacken als nur einen minimalen Einflussfaktor, was die folgende Konversation verdeutlicht:

> Julia: „Und das mit dem Einsinken, da bin ich mir auch nicht so sicher. Welche Auswirkung das jetzt hat oder nicht.

> Daniel: „Warst du schon mal auf so einem Ding? Das ist ganz schön hart, das ist gepresst."

> Julia: „In der fünften Klasse haben wir mal 'ne Klassenreise gemacht, wo wir auf diesen Dingern waren." (C10-3St, Z. 180 f.)

Julia will mit ihrer Aussage eigene Erfahrungen unterstreichen, doch Emil reicht das nicht aus:

> „Ich bin auf einem Bauernhof groß geworden, also sag mir mal nichts!" (C10-3St, Z. 195)

Anschließend kommt Daniel wieder zu einem Ergebnis von 6 m, was für Emil jedoch nicht von Interesse ist. Er will darüber diskutieren, was passiert, wenn die Strohballen nass werden, und erklärt der restlichen Gruppe schließlich den Unterschied zwischen Stroh und Heu. Somit geht er jetzt ganz auf in seinen Erfahrungen und seinem Wissen. Für ihn hat das Ergebnis einen weitaus höheren Stellenwert als für die anderen, da er es auch im Sinne des erfahrungsbasierten Validierens betrachten kann.

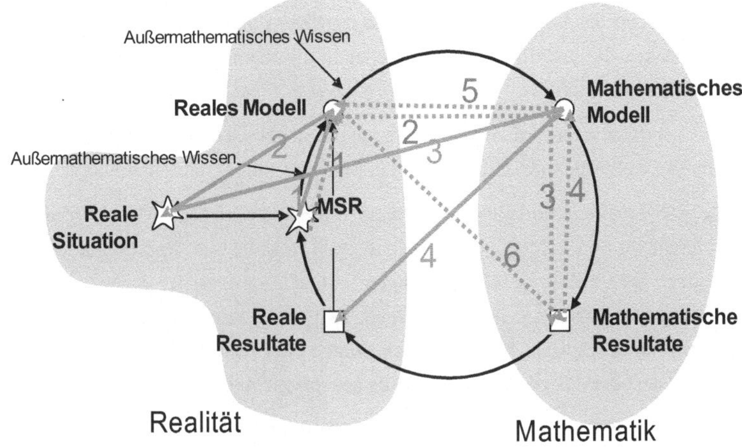

Abbildung 3.6:   Modellierungsverlauf Daniel (gerade Linie) und Emil (gestrichelte Linie)

Die eben beschriebenen und in Abb. 3.6 dargestellten Modellierungsverläufe machen folgende Unterschiede ersichtlich:

Emil bleibt zu Beginn der Bearbeitung lange in der Realität und wechselt dann von der mentalen Situations-Repräsentation in das reale Modell und wieder in die reale Situation, bevor er in die Mathematik übergeht. Daniel hingegen wechselt nach nicht langer Zeit vom realen Modell ins mathematische Modell. Er benötigt dann wieder eine kurze Zeit in der Realität, um sein reales Modell zu modifizieren und schließlich ein neues mathematisches Modell aufstellen zu können.

Zusammenfassung

Wie bereits das erste Fallbeispiel verdeutlichte, können mathematische Denkstile Einfluss darauf haben, wie individuell modelliert wird, so dass sich die Modellierungsverläufe entsprechend unterscheiden. Auf den Modellierungsverlauf selbst können weitere Aspekte einwirken, wie etwa die persönliche Erfahrung oder außermathematisches Wissen. Bei Emil hatte dieses Wissen und damit zusammenhängend sein klares Bild von der Realität Einfluss auf die Bestimmung des Ergebnisses und die besondere Validierung von Zwischenergebnissen der Gruppe. Daniel wollte als analytischer Denker das Ergebnis schätzen, und da er nicht über Emils direkte Erfahrung mit dem Gegenstand der Aufgabe verfügte, waren für ihn minimale Abweichungen von der Realität nicht von Bedeutung.

Sicherlich gibt es auch andere Aspekte, die den Modellierungsprozess beeinflussen. Doch die Datenanalyse zeigt sehr deutlich, wie sehr das außermathematische Wissen und persönliche Erfahrungen sich auf die Modellierungsprozesse auswirken und zwar so weit, dass sich selbst analytische Denker, die im Allgemeinen schneller in die Mathematik wechseln, an Erfahrungen der Realität orientieren.

Die *zweite Hypothese* dieser Arbeit formuliere ich auf der Basis der dargestellten Fallbeispiele und der Analyse von insgesamt 35 individuellen Modellierungsverläufen wie folgt:

> 2   Die individuellen Modellierungsverläufe lassen verschiedene Muster erkennen: Die Präferenz für unterschiedliche mathematische Denkstile bzw. Repräsentationen von Individuen hat Einfluss auf den jeweiligen Verlauf. Der normativ dargestellte Modellierungskreislauf wird von Individuen nicht in dieser idealtypischen Weise durchlaufen, sondern ist durch viele Vor- und Rücksprünge oder mehrmaliges Durchlaufen einzelner Phasen oder des gesamten Kreislaufs gekennzeichnet.

Konkret stellen sich die unterschiedlichen Muster wie folgt dar:

- Individuen mit einer Präferenz für formales Denken wechseln von der realen Situation rasch in die Mathematik und fokussieren diese Phase verstärkt. Sie gehen zwar wieder in die Realität zurück, doch oft nur, um sich die Situation erneut zu vergegenwärtigen, was sie aufgrund des raschen Wechselns zu Beginn eher nicht getan hatten.

- Individuen mit einer Präferenz für bildliches Denken hingegen zeigen zu Beginn einen fast idealtypischen Verlauf, indem sie ihre mentale Situations-Repräsentation auch verbal ausdrücken und ein reales Modell bilden. Dazu nutzen sie verstärkt ihre bildlichen Vorstellungen, bevor sie mathematisieren und mathematisch arbeiten.

- Individuen mit einer Präferenz für bildliches und formales Denken zeigen, wie vermutet und auch rekonstruiert wurde, in der Regel keine Ausprägung bezüglich bestimmter Verlaufsrichtungen.

3.4 Von individuellen Verläufen zu Gruppenverläufen

Neben der Betrachtung des Individuums und dessen Modellierungsverlauf soll nun auch die Gesamtgruppe analysiert werden. Somit kann nicht mehr von individuellen Verläufen gesprochen werden, sondern von den von mir so bezeichneten „Gruppenverläufen", die ich folgendermaßen charakterisiere:

> Ein „Gruppenverlauf" ist der Modellierungsverlauf einer Gruppe, die eine Modellierungsaufgabe gemeinsam bearbeitet. Der Gruppenverlauf beschreibt den Modellierungsverlauf aller Gruppenmitglieder als eine Einheit.

> Der Gruppenverlauf kann, sollte sich die Gruppe während des Prozesses zeitweilig in weitere Untergruppen teilen, auch über den Verlauf der Untergruppen beschrieben werden. Der Gruppenverlauf umfasst auch den Prozess von Individuen, falls diese losgelöst von der Gruppe arbeiten.

> Grundlage der Beschreibung des Gruppenverlaufes bilden die verschiedenen im Verlauf der Modellierung diskutierten Themen und die Aktivitäten der Gruppenmitglieder innerhalb dieser Diskussion sowie die Phasen des Modellierungskreislaufs.

Der Begriff des Gruppenverlaufs bildet die Grundlage für die nachfolgenden Beschreibungen der Bearbeitungsprozesse durch Schülergruppen. Im Abschnitt 3.4.1 werden exemplarisch zwei Bearbeitungsprozesse von Schülergruppen, die an derselben Aufgabe gearbeitet haben, vergleichend dargestellt.

Anschließend sollen dann in Abschnitt 3.4.2 in einem weiteren Vergleich individuelle (sichtbare) Modellierungsverläufe von Lernenden dem Verlauf der Gesamtgruppe, in der sie mitgearbeitet haben, gegenübergestellt werden. Dafür sollen ein besonders aktiver Schüler und ein eher passiver Schüler ausgewählt werden.

3.4.1   Gruppenverläufe – Gemeinsamkeiten und Unterschiede

Darstellung des Gruppenverlaufs der Gruppe „Schule Alsterweg" bei der Bearbeitung der Leuchtturmaufgabe

Die Gruppe „Alsterweg" besteht aus sechs Mitgliedern: Sebi (bildlicher Denker), Tobi (bildlicher Denker), Adrian (bildlicher Denker), Phil (integrierter Denker), Michi (formaler Denker) und Mark (bildlicher Denker).

Nachdem die Aufgabenstellung von einem Schüler vorgelesen wurde und der Lehrer (Herr P.) zusätzlich den Hinweis „schön Skizzen machen" gegeben hat, beginnt die Gruppe zu diskutieren, wer die Skizze anfertigen soll. Michi beendet diese Diskussion und lenkt das Thema auf die gegebene Aufgabe und auch sofort in das mathematische Modell:

> „Danke! Okay, was sollen wir machen? Ich würd' sagen, wir machen Pythagoras."
> (A10-1L, Z. 22)

Sebi nimmt diesen Vorschlag auf und zeichnet eine Skizze unter Berücksichtigung der Erdkrümmung. Adrian äußert, die Erdkrümmung nicht einbeziehen zu wollen, woraufhin Tobi eine neue Zeichnung anfertigt, die die Erdkrümmung nicht berücksichtigt:

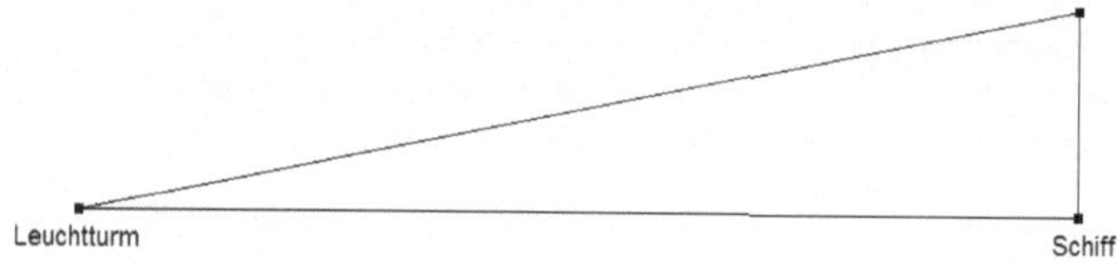

Abbildung 3.7:   Zeichnung von Tobi bei der „Leuchtturmaufgabe"

Es schließt sich eine kurze Diskussion über diesen Ansatz an, die größtenteils im mathematischen Modell geführt wird. Phillip unterbricht die Gruppe und merkt an, dass die Erdkrümmung von Bedeutung und somit einzubeziehen sei, woraufhin die Gruppe dann im realen Modell über den Einfluss der Erdkrümmung auf die in der Aufgabenstellung gegebene Situation diskutiert. Sebi macht in dieser Phase den Vorschlag, eine bereits bekannte Aufgabe, in der verschiedene Größen unseres Planeten gegeben waren, mit einzubeziehen.

Nachdem die Diskussion ins Stocken gerät, zeichnet Michi auf Vorschlag von Adrian eine neue Skizze:

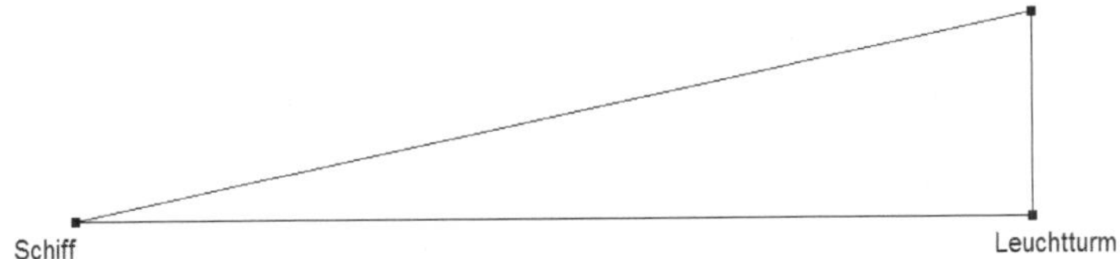

Abbildung 3.8:   Zeichnung von Michi bei der „Leuchtturmaufgabe"

Die Gruppe untersucht gemeinsam die Zeichnung von Michi im mathematischen Modell. Die Schüler suchen mathematische Ansätze beziehungsweise gegebene und berechenbare Größen in der Zeichnung. In der Diskussion um diesen Ansatz wechselt die Gruppe ins reale Modell und spricht über die Form der Erde. In dieser Phase hält sich Phillip sehr zurück und Adrian arbeitet losgelöst von der Gruppe an einer eigenen Skizze. Die Gruppe findet jedoch in der Zeichnung von Michi keinen mathematischen Ansatz. Adrian schlägt deshalb vor, das Ergebnis einfach zu schätzen, was die Gruppe jedoch nicht als geeignete Alternative ansieht. Michi führt die Gruppe zurück zu der Diskussion um die Erdkrümmung:

> „Eigentlich ist es ja die Erdkrümmung, die diesen Leuchtturm verschwinden lässt, nämlich, wäre das nur eine total glatte Ebene, könnte man den immer sehen." (A10-1L, Z. 108-109)

Die Gruppe spricht nun wieder intensiv über die Erdkrümmung, zunächst ausführlicher auf der Ebene des realen Modells, dann auf der Ebene des mathematischen Modells. Michi erklärt, warum die Erdkrümmung mit einbezogen werden muss, während sich Adrian kaum an der Diskussion beteiligt. Die Gruppe versucht schließlich, einen mathematischen Ansatz unter Einbezug der Erdkrümmung zu finden, was ihr nicht gelingt, so dass Tobias die Frage aufwirft, ob die Gruppenmitglieder überhaupt die Erdkrümmung kennen würden. Mark schlägt wiederum vor, die Erdkrümmung nicht einzubeziehen, da sie diese nicht kennen würden. Michi bemerkt, dass dann das Ergebnis unendlich wäre, und vertritt weiterhin den Standpunkt, dass die Erdkrümmung in die Überlegungen mit einbezogen werden müsse. Tobias fertigt eine neue Skizze an und sagt:

> „Da haben wir jetzt den Radius plus Leuchtturm, haben wir diese Strecke." (A10-1L, Z. 325 f.)

Während die Gruppe sich darüber auseinandersetzt, wie viele Skizzen mittlerweile schon angefertigt wurden, sie damit aber nicht weiter vorangekommen sind, hört Michi ein Gespräch am Nachbartisch ab, in dem der Lehrer den Schülerinnen und Schülern etwas über die Höhe des Schiffes erklärt. Michi nimmt das Thema des Gesprächs auf und leitet es an die Gruppe weiter. Die Gruppe diskutiert kurz über ihre mentalen Situations-Repräsentationen und ihr reales Modell. Tobias fertigt zeitgleich eine neue Skizze mit dem Zirkel an:

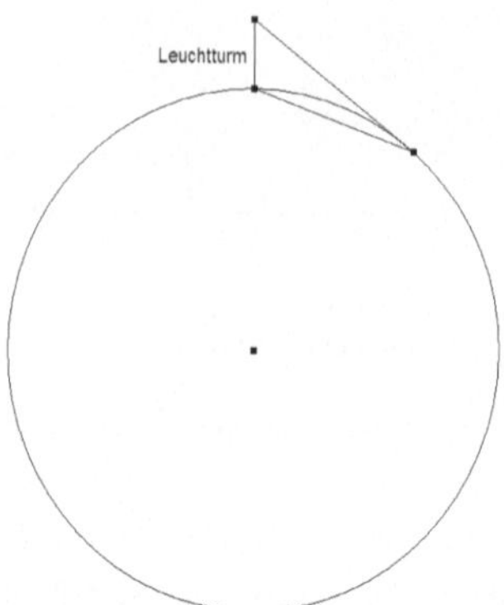

Abbildung 3.9:   Zeichnung von Tobi bei der „Leuchtturmaufgabe"

Tobi analysiert mit der Gruppe die Zeichnung erst auf realer Ebene und wechselt dann in der weiteren Analyse in das mathematische Modell. Michi meint, eine ähnliche Skizze schon einmal im Buch gesehen zu haben, und fängt an, die entsprechende Aufgabe in seinen Unterlagen zu suchen. Die restlichen Gruppenmitglieder sind auch der Ansicht, eine ähnliche Aufgabe bereits gelöst zu haben, und unterstützen Michis Idee. Adrian zweifelt weiterhin an der geäußerten Notwendigkeit, die Erdkrümmung mit in die Berechnung zu integrieren:

> „Ich hab' die Erdkrümmung noch nicht berechnet." (Transkript A10-1L, Z. 261)

Adrian erfragt, wie die Gruppe die Erdkrümmung berechnen wolle. Michi erklärt, dass er die Erdkrümmung nicht direkt berechnen, sondern nur in die Berechnung miteinbeziehen wolle. Die Gruppe untersucht Tobias' Zeichnung weiter, kommt jedoch wieder zu keinem Ansatz und wirkt ratlos. Michi schlägt vor, das Ergebnis einfach zu schätzen.

Die Gruppe scheint in der Pause weitergearbeitet oder einen Tipp von einer anderen Gruppe erhalten zu haben. Das Aufgabenblatt einer bereits bearbeiteten Aufgabe mit Angaben zur Erde – unter anderem sind dort Umfang und Durchmesser gegeben – ist offenbar benutzt worden. Die Gruppe steigt nach der Pause sofort mit Überlegungen im mathematischen Modell ein. Der Ansatz beinhaltet die Krümmung der Erde, was die folgende Aussage von Sebi im realen Modell verdeutlicht:

> „Mm [verneint], Radius müssen wir jetzt noch plus den Leuchtturm, dann haben wir gleich da." (A10-1L, Z. 302-303)

Die Gruppe arbeitet mit einer Skizze, wie sie bei der stoffdidaktischen Analyse unter „einmalige Anwendung des Satzes des Pythagoras" zu finden ist (siehe Abschnitt 2.2.3). Die richtige Umrechnung von Metern in Kilometer wird geklärt und Tobi bringt die Gruppe kurzzeitig auf die Idee, dass man die Höhe des Leuchtturmes vernachlässigen könne, da diese im Vergleich zum Erdradius, der nun bekannt ist, sehr gering sei. Dies wird allerdings im weiteren Verlauf nicht in Betracht gezogen. Schnell analysiert die Gruppe die gegebenen Größen in der Skizze, befindet sich also im mathematischen Modell. Sebi kommt auf die Idee, die Definition des Sinus zu verwenden, was jedoch von der Gruppe nicht wahrgenommen wird. Michi sieht den Satz des Pythagoras als möglichen mathematischen Ansatz zur Lösung:

> „Ja, jetzt haben wir die Hypotenuse, ja, jetzt machen wir Pythagoras." (A10-1L, Z. 334)

Die Gruppe versucht nun, weitere Angaben der Aufgabe in der Skizze zu entdecken und diskutiert weiterhin im mathematischen Modell über einen möglichen rechten Winkel in der Skizze. Initiator dieser Diskussion ist Tobi. Alle Gruppenmitglieder außer Mark und Adrian sind an der Diskussion aktiv beteiligt. Die Diskussion um den rechten Winkel führt zu keinem Ergebnis – die Gruppe stockt abermals in ihrem Vorgehen. Sebi zeichnet erneut eine Skizze. Die Gruppe analysiert die Zeichnung im mathematischen Modell.

Die Gruppe kommt langsam voran und will nun ein Ergebnis berechnen. Als der Lehrer an den Tisch kommt, hat die Gruppe das erste, fehlerhafte mathematische Ergebnis von 365 000 km errechnet, das Tobi mit Hilfe des Taschenrechners erhalten hat:

> „Dann hätten wir für b raus dreihundertfünfundsechzigtausend, stimmt nicht." (A10-1L, Z. 408)

Der Gruppe ist schnell klar, dass dieses Ergebnis nicht stimmen kann, da es unrealistisch ist. Hier findet ein erfahrungsbasiertes, intuitives Validieren statt. Die Gruppe prüft das mathematische Modell, indem neue Berechnungen durchgeführt werden. Tobias kommt zu einem neuen, falschen mathematischen Ergebnis von 620 km. Die Gruppe ist sich jedoch darüber einig, dass dies das korrekte Ergebnis sei. Allein Sebi ist nicht restlos überzeugt. Er ist der Meinung, dass die Gruppe mit dem Pythagoras nicht die gesuchte Größe errechnet habe, da der Abstand ja auf dem Kreisbogen gemessen werden müsse. Diese Idee führt zu dem etwas exakteren Modell „einmalige Anwendung der Definition des Kosinus" (siehe Abschnitt 2.2.3). Die Gruppe diskutiert weiter, ob die Berechnung des Lichtstrahls über den Satz des Pythagoras ausreicht oder ob eine genauere Berechnung des Abstands des Schiffs vom Leuchtturm auf dem Kreisbogen angestellt werden soll. Zwei verschiedene Modelle werden demnach miteinander verglichen. Adrian ist in dieser Phase sehr zurückhaltend, Michi koppelt sich von der Gruppe ab und führt eine eigene Berechnung durch. Er unterbricht die Gruppe in ihrer Diskussion und nennt ein neues, richtiges mathematisches Ergebnis:

> „Das sind zwanzig Kilometer." (A10-1L, Z. 440)

Er erläutert seine Rechnung, die über den Satz des Pythagoras erfolgte. Die Gruppe setzt sich mit den verschiedenen Ergebnissen, die sie erhalten hat, auseinander und sucht einheitliche Bezeichnungen für die Strecken und Punkte in der Zeichnung, um die unterschiedlichen Rechenwege, die zu den verschiedenen Ergebnissen geführt haben, vergleichen zu können. Adrian arbeitet in dieser Phase nicht mit, während Tobi, Michi und Sebi aktiver sind.

Das mathematische Ergebnis wird dann von Patrik in ein reales Ergebnis übersetzt:

> „Wenn man zwanzig Kilometer weit weg ist, sieht man dann den Leuchtturm." (A10-1L, Z. 497)

Anschließend erfolgt eine kurze, erfahrungsbasierte Validierung des Ergebnisses.

Sebi regt weiter an, dass man versuchen solle, die „Rundung", die direkte Entfernung des Leuchtturms vom Schiff, gemessen an der Erdoberfläche, zu berechnen, um ein genaueres Ergebnis zu erhalten. Innerhalb dieser Diskussion findet Sebi im mathematischen Modell einen groben mathematischen Ansatz zur Lösung des Problems, den er, durch andere Aussagen unterbrochen, zu erklären versucht:

> „Dann müssen wir den Winkel"... „das Verhältnis"... „wie dieser Umfang zu dem gesamten Umfang." (A10-1L, Z. 531, 533, 535)

Der Lehrer kommt an den Tisch, unterbricht das Gespräch und erfragt den Stand des Bearbeitungsprozesses. Sebi erklärt, dass er die „Rundung" ausrechnen wolle, was vom Lehrer zunächst abgeblockt wird. Der Lehrer erweitert nun die Aufgabenstellung und regt an, dass die Schüler sich vorstellen sollen, das Schiff hätte einen Ausguck, von dem aus der Leuchtturm gesichtet werden soll. Er sagt, dass sie auch die Höhe des Ausgucks variieren und die unterschiedlichen Ergebnisse festhalten sollen. Wenn sie diese Aufgabe gelöst hätten, dann könnten sie „die Länge des Bogens ausrechnen".

Im Folgenden beschäftigt sich die Gruppe mit der Erweiterung der Aufgabenstellung, während der Lehrer am Tisch bleibt und die Schüler unterstützt. Nach der Überlegung, dieselbe Skizze wie vorher zu verwenden und zu der Seite des Dreiecks, die die Länge des Erdradius hat, die Höhe des Ausgucks zu addieren, kommt die Gruppe mit Hilfe des Lehrers auf die Idee, dass sich die Entfernung, aus der das Schiff den Leuchtturm sehen kann, verlängern muss. Danach diskutiert die Gruppe über die Figur, wie sie in Abschnitt 2.2.3 unter der Lösung „doppelte Anwendung des Satzes des Pythagoras" zu finden ist. Hauptsächlicher Inhalt ist die Suche nach rechten Winkeln in der Figur. Schnell gibt der Lehrer einen weiteren Hinweis, und die Gruppe bemerkt sofort, dass der Turm vom Ausguck aus der doppelten Entfernung, also 40 km, gesehen werden kann. Michi hat als erster den Gedanken, dass man die Entfernung in Abhängigkeit von der Höhe des Ausgucks mit Hilfe einer Funktion beschreiben könne. Schnell bemerken Michi und Sebi die zwei rechten Winkel in der Figur und die Möglichkeit, zweimal den Satz des Pythagoras anzuwenden:

„Ja, man rechnet noch einen zweiten Pythagoras und diesmal nimmt man statt die Höhe des Leuchtturms die Höhe von dem Mast und das rechnet man dann zu dieser Strecke." (A10-1L, Z. 624-625)

Michi liefert ein richtiges mathematisches Resultat für einen 20 m hohen Ausguck:

„sechsunddreißig Kilometer"   (A10-1L, Z. 640)

Tobi versucht, das mathematische Modell nochmals zu vereinfachen, indem er die Höhe des Ausgucks von der Höhe des Leuchtturms subtrahiert und mit dem Ansatz „einmaliges Anwenden des Satzes des Pythagoras" rechnet. Die fehlerhafte Idee wird von den anderen Gruppenmitgliedern sofort abgewiesen. In dieser Phase, die sich erst kurz im realen Modell und dann lange im mathematischen Modell abspielt, sind Michi, Tobi und Sebi besonders aktiv. Mark und Adrian halten sich weitgehend zurück.

Es folgt die tabellarische Darstellung des Gruppenverlaufes, welche den gesamten Prozess nochmals übersichtlich verdeutlicht. Angegeben sind dabei in der linken Spalte die rekonstruierten Themengebiete, worüber die Lernenden diskutierten, sowie Handlungen einzelner Gruppenmitglieder (etwa Zeichnungen). Die Phasen des Modellierungsprozesses sind in der rechten Spalte dargestellt. Phasenwechsel haben dann stattgefunden, wenn eine neue Phase in der nächsten Zeile bei einem Themengebiet gekennzeichnet ist, wie beispielsweise in den ersten beiden Zeilen. Wird in einer Zeile folgende Darstellungen verwendet: RM => MM, so bedeutet dies, dass sich während des diskutierten Themengebiets ein Wechsel in eine andere Phase vollzieht.

Thema	Phase
Vorlesen der Aufgabestellung	MSR
Ansatz über den Satz des Pythagoras von Michi	MM
Skizze Tobi	RM => MM
Diskussion um die Einbeziehung der Erdkrümmung	RM
Skizze Michi	MM
Diskussion um die Einbeziehung der Erdkrümmung	RM => (MM)
Skizze Michi	MM
Diskussion um die Einbeziehung der Erdkrümmung	(RM) => MM
Ansatz unter Einbezug der Erdkrümmung	MM
Lösungsidee Adrian: Schätzen	
Diskussion um die Einbeziehung der Erdkrümmung	RM => (MM)
Diskussion um die Einbeziehung der Höhe des Schiffs	MSR => RM
Zeichnung von Tobias unter Einbezug der Erdkrümmung, Diskussion um rechten Winkel	MM
Suche in den Unterlagen nach ähnlichen, gelösten Aufgaben	
Diskussion, wie die Erdkrümmung mit einbezogen werden soll	MM
Lösungsidee Michi: Schätzen	
PAUSE	
Untersuchung der Pythagorasfigur	MM
Intervention durch den Lehrer	
Untersuchung der Pythagorasfigur, Suche nach rechtem Winkel	MM
Zeichnung Sebi	
Falsches mathematisches Ergebnis über den Satz des Pythagoras	ME
Intuitives, erfahrungsbasiertes Validieren, Diskussion um Ansatz über die Definition des Kosinus oder den Satz des Pythagoras	Val Vergleich der Modelle
Mathematisches Ergebnis Michael: 20 km	ME
Diskussion um die Richtigkeit der verschiedenen mathematischen Ergebnisse	MM
Sehr kurzes erfahrungsbasiertes Validieren	Int Val
Diskussion um Ansatz über die Definition des Kosinus oder den Satz des Pythagoras	RM
Intervention des Lehrers	
Ergänzung der Aufgabenstellung durch den Lehrer	
Betrachtung der Figur „doppelte Anwendung des Satzes des Pythagoras"	MM
Mathematische Ergebnis Michi: 36 km	ME
Idee der Vereinfachung des Modells durch Tobias	MM

Tabelle 3.7:   Tabellarische Darstellung des Gruppenverlaufs der Gruppe „Schule Alsterweg" bei der „Leuchtturmaufgabe"

Darstellung des Gruppenverlaufs der Gruppe „Schule Buchenfeld" bei der Bearbeitung der Leuchtturmaufgabe

Die Gruppe besteht aus folgenden fünf Mitgliedern: Anna (gemischte Denkerin), Monika (bildliche Denkerin), Ann-Cathrin (formale Denkerin), Mareike (bildliche Denkerin) und Guan (formale Denkerin).

Nach einer kurzen Einleitung durch die Lehrerin beginnt die Gruppe mit der Bearbeitung der Aufgabe. Die Schülerinnen lesen sich zunächst das Aufgabenblatt durch und beginnen mit der Aufgabenbearbeitung. In dieser Phase findet wahrscheinlich eine mentale Situations-Repräsentation statt, die jedoch nicht verbalisiert wird.

Die Schülerinnen kommen langsam ins Gespräch. Anna initiiert eine Diskussion um den Strahlensatz als mathematischen Ansatz zur Lösung des gegebenen Problems, an der sich alle bis auf Monika beteiligen, und zieht auf diese Weise die Gruppenmitglieder in die Mathematik, hin zu einem möglichen mathematischen Modell.

Guan beendet die Diskussion mit der Aussage:

> „Das ist Strahlensatz, nein, ich wollte sagen, wir können auch versuchen herauszufinden, welche Wölbung die Erde hat." (B10-1L, Z. 34-35)

Die Gruppe ist der Meinung, dass dieser Ansatz nicht umsetzbar sei, beschäftigt sich aber dennoch mit Guans realitätsnahen Gedanken. Anna beendet die Überlegungen im realen Modell und involviert die Gruppe durch einen Verweis auf ihre Zeichnung wieder in eine Diskussion im mathematischen Modell, teilweise mit Rückgriffen auf Erläuterungen und Interpretationen der mathematischen Ansätze im realen Modell. Die Zeichnung von Anna wird gemeinsam begutachtet und kommentiert. Guan bemerkt dennoch, dass die Erdkrümmung bei der Berechnung eine Rolle spielen könnte:

> „Da fehlt einfach eine Angabe, ich versteh das nicht. Wir müssen uns einfach denken, dass das nicht so glatt ist, wie wir uns das vorstellen. Es muss gewölbt sein, weil die Erde ja." (B10-1L, Z. 64-66)

Ann-Cathrin merkt in dieser erneuten Diskussion über die Einbeziehung der Erdkrümmung, die diesmal auch stärker auf mathematischer Ebene geführt wird, an, dass man das Meer oder die Erde nicht berechnen kann, und unterbreitet einen weiteren Vorschlag für einen mathematischen Ansatz:

> „Hat das nicht vielleicht mit Sinus und Kosinus zu tun?" (B10-1L, Z. 70)

Die Diskussion der Gruppe im mathematischen Modell wird durch die Lehrerin (Frau R.), die an den Tisch kommt, unterbrochen. Als die Lehrerin sich einer anderen Gruppe zuwendet, beschließt Guan, die Aufgabe mit Hilfe der Erdkrümmung zu lösen. Die Gruppe geht darauf ein. Sie diskutieren den Verlauf des Lichtstrahls im realen Modell, bis Guan bemerkt:

„Ja, wenn diese Ebene, Horizont immer gerade wäre, dann kann das Schiff, auch wenn es ganz weit da hinten ist, immer den Leuchtturm sehen [...]." (B10-1L, Z. 105-107)

Die Gruppe tauscht sich über einen Ansatz unter Einbezug der Erdkrümmung aus, während Ann-Cathrin eigenständig in ihren Unterlagen nach einer ähnlichen Aufgabe sucht, in der die Krümmung der Erde ein entscheidender Faktor gewesen war und die sie bereits gelöst hat. Später reagieren die Gruppenteilnehmer auf Ann-Cathrins Suche im Mathematikbuch, und Guan fühlt sich durch eingeholte Informationen von der Nachbargruppe hinsichtlich der Berücksichtigung der Erdkrümmung bestätigt. Anna betrachtet in dieser Phase weiter die Zeichnung und ist der Ansicht, dass das Schiff wohl von einem anderen Kontinent aus den Leuchtturm sehen kann. Guan korrigiert sie mit dem Hinweis, dass die Zeichnung nicht maßstabsgetreu sei. Diese Diskussion findet vorrangig im realen Modell statt.

Guan unterbricht die Gruppe beim Durchsuchen ihrer Aufzeichnungen nach bereits gelösten Aufgaben, um eine mögliche Lösung darzustellen:

„Oh, ich hab es raus! Nein, warte! Doch, ich hab es raus! Also erst mal wissen wir, dass dieser Leuchtturm auf der Erdoberfläche steht. Das heißt, wenn man sozusagen die Linie so verlängert, dann führt das genau durch den Mittelpunkt." (B10-1L, Z. 156-159)

Im weiteren Verlauf erklärt sie ihr mathematisches Modell. Sie spricht auf einer formal-mathematischen Ebene und erkennt das rechtwinklige Dreieck. Der Gruppe mangelt es weiterhin an außermathematischem Wissen, da sie den Radius der Erde nicht kennt und auch nicht bei der Lehrerin nachfragt. Im weiteren Verlauf beschreibt Guan die Lösung mit Hilfe eines mathematischen Modells im Sinne der „einmaligen Anwendung des Kosinus" in der stoffdidaktischen Analyse (Abschnitt 2.2.3), jedoch ohne den Erdradius einzusetzen. Die anderen Gruppenmitglieder unterbrechen sie dabei nur durch bestätigende Ausrufe oder Nachfragen.

Nachdem alle Gruppenmitglieder Guans mathematisches Modell nachvollzogen haben, wirft Ann-Cathrin wieder die Frage nach dem Erdradius auf. Guan erwidert hierauf, dass sie den Erdradius einfach nachschlagen sollten. In einer anschließenden Phase lässt sich Mareike, die bisher recht passiv war, von Guan noch einmal den Lösungsprozess erklären. Ann-Cathrin stellt ebenfalls weitere Verständnisfragen an Guan.

Die Lehrerin kommt wieder an den Gruppentisch und erkundigt sich nach dem derzeitigen Stand der Bearbeitung. Guan und Anna beschreiben das Vorgehen. Ann-Cathrin zweifelt jedoch an der Existenz des rechten Winkels im Dreieck. Die Lehrerin nimmt dieses Problem auf und spiegelt es an die Gruppe zurück. In einem eng geführten Dialog erklärt die Lehrerin den Schülerinnen zur Erinnerung, was eine Tangente ist, und regt die Lernenden mit einer Frage an, weiterzuarbeiten und über den Radius zu einem konkreten Ergebnis zu gelangen. Die Gruppe versucht anschließend, Möglichkeiten zu finden, um die Länge des Radius der Erde zu erhalten. Guan versucht nebenbei eigenständig, eine „Endformel" zu erstellen. Sie verwendet hierbei die Formel zur Berechnung des Umfangs eines Kreisausschnitts. Die erfolglose Suche nach dem Radius der Erde wird durch eine Ansage der Lehrerin unterbrochen.

Nach der Pause trägt Ann-Cathrin vor. In ihrem Vortrag nennt sie einen Erdradius von 6 300 km und kommt zu dem Ergebnis, dass das Schiff 19,7 km entfernt den Leuchtturm zum ersten Mal sehen kann. Diese Information muss die Gruppe während der Plenumsphase recherchiert oder in der Pause erhalten haben.

Es folgt die tabellarische Darstellung des Gruppenverlaufs:

Thema	Phase
Selbstständiges Lesen der Aufgabenstellung	MSR
Lösungsansatz: Strahlensatz	MM
Diskussion um Ansatzmöglichkeiten und Erdkrümmung	RM
Zeichnung Anna	MM
Diskussion um die Einbeziehung der Erdkrümmung	(RM) => MM
Lösungsidee von Ann-Cathrin mit Sinus und Kosinus	MM
Intervention der Lehrerin	Nicht zum Thema
Diskussion um die Einbeziehung der Erdkrümmung	RM => (MM)
Suche nach außermathematischem Wissen im Buch	
Zeichnung Anna	RM
Guan erklärt ihren Lösungsansatz, es fehlt jedoch noch außermathematisches Wissen (Erdradius)	MM
Suche nach außermathematischen Wissen (Erdradius)	Suche AMW
Rekapitulation des Lösungsprozesses	MM
Intervention Lehrerin: Klärung des rechten Winkels	MM
Guan berechnet eigenständig formal das Ergebnis, ohne den Erdradius einzusetzen	MM
Die Gruppe sucht weiter nach dem außermathematischen Wissen (Erdradius)	Suche AMW
Vortrag im Plenum, Gruppe arbeitet weiter	
Pause	
Vortrag im Plenum, Gruppe arbeitet weiter	
Vortrag durch Ann-Cathrin, Lösung unter Einbezug von außermathematischen Wissen (Erdradius)	

Tabelle 3.8:   Tabellarische Darstellung des Gruppenverlaufs der Gruppe „Schule Buchenfeld" bei der „Leuchtturmaufgabe"

Vergleich der beiden Gruppen

Der Gruppenverlauf der Gruppe „Schule Buchenfeld" wurde stark durch Guans und zum Teil auch Ann-Cathrins Ideen beeinflusst. Marei hält sich lange Zeit stark zurück und Anna bringt phasenweise ihre Ideen ein. Die Gruppe befindet sich erst im mathematischen Modell und wechselt dann in das reale Modell. Anschließend arbeitet die Gruppe im mathematischen Modell weiter, wobei einige erklärende Rückgriffe auf das Realmodell vorgenommen werden. Die Gruppenarbeitsphase führt zu einem ausgereiften mathematischem Modell, das Guan alleine entwickelte. Dieser Gruppe fehlte bis zum Ende das außermathematische Wissen über die Länge des Erdradius. Aus diesem Grund kommt es nicht zu einem mathematischen Ergebnis und auch zu keinem realen Ergebnis, das interpretiert und validiert werden könnte.

Der Gruppenverlauf der Gruppe „Schule Alsterweg" wird stark durch die Ideen von Michi, Sebi, Phillip und Tobi geprägt. Mark und Adrian halten sich in allen Phasen stark zurück. Die Gruppe ist sehr aktiv und springt zu Bearbeitungsbeginn sofort in das mathematische Modell. Anschließend wechselt sie zurück in die mentale Situations-Repräsentation und das reale Modell. Im weiteren Verlauf arbeitet die Gruppe interessiert im mathematischen Modell und nur selten werden Rückgriffe ins reale Modell oder auf die mentale Situations-Repräsentation vorgenommen. Gegen Ende der Bearbeitung finden sich, bevor der Lehrer die Aufgabenstellung erweitert, Ansätze eines Validierens. Die Gruppe hält sich häufig und lange im mathematischen Modell auf. Die Schüler führen eine lange, in Etappen unterteilte Diskussion über die Krümmung der Erde und deren Relevanz für die Aufgabenstellung. Die Gruppe entwickelt erst nach der Schulpause das Modell, das auf dem Satz des Pythagoras basiert. Einige Gruppenmitglieder errechnen mehrere mathematische Resultate und versuchen gegen Stundenende zu klären, welches Ergebnis richtig ist, indem die verschiedenen mathematischen Modelle überprüft und verglichen werden. Nachdem der Lehrer die Aufgabenstellung erweitert hat, entwickelt die Gruppe mit Hilfe des Lehrers das auf der zweimaligen Anwendung des Satzes des Pythagoras basierte Modell, das auch von Michi in der Plenumsphase fehlerfrei an der Tafel vorgestellt wird.

Der Vergleich der Verläufe macht ersichtlich, dass die Gruppe „Schule Alsterweg" aktiver war. Der Gruppenverlauf ist jedoch nicht so kontinuierlich und weist häufige Themenwechsel auf, wobei es immer wieder zu Rücksprüngen und Neuansätzen kommt. Insgesamt sind die beiden Verläufe von den Phasenwechseln her ziemlich ähnlich. Beide Gruppen arbeiten ausführlich im mathematischen Modell. Die Gruppe „Schule Buchenfeld" bezieht sich ein wenig häufiger auf das Realmodell, validiert ihr Ergebnis allerdings nicht, was die Gruppe „Schule Alsterweg", wenn auch nur in Ansätzen, tut. In der Gruppe „Schule Buchenfeld" kommt es durch Nachfragen einer Schülerin zu einer Rekapitulation des Lösungsprozesses, was in der Gruppe „Schule Alsterweg" nicht auftritt. Beide Gruppen versuchen die Strategie anzuwenden, Informationen aus bereits gelösten Aufgaben einzubringen oder Informationen vom Nachbartisch aufzugreifen. Trotzdem gelingt es der Gruppe „Schule Alsterweg" schneller, das notwendige außermathematische Wissen zu beschaffen, was der Gruppe „Schule Buchenfeld" bis zur Beendigung der Gruppenphase durch die Lehrerin nicht gelungen ist. Allerdings erkannte die Gruppe „Schule Alsterweg" wiederum wesentlich langsamer, dass die Erdkrümmung eine entscheidende Einflussgröße für diese Aufgabe darstellt und dass die Aufgabe mit dem Satz des Pythagoras oder dem Kosinus gelöst werden kann, obwohl das außermathematische Wissen über den Erdradius bereits vorhanden war. Die Gruppe „Schule Alsterweg" kommt zu einer Lösung des Problems, scheint jedoch einen Tipp für den Lösungsprozess bekommen zu haben. Die Gruppe „Schule Buchenfeld" hat hingegen ein richtiges mathematisches Modell aufgestellt, kommt aber im Laufe der Gruppenarbeitsphase nicht zu einem mathematischen Ergebnis, da das außermathematische Wissen fehlt. Während andere bereits im Plenum vortragen, scheint die Gruppe „Schule Buchenfeld" noch weiterzuarbeiten und erlangt so das notwendige außermathematische Wissen.

In beiden Gruppen, das ist auffällig, werden häufig gute Ideen und vielversprechende Ansätze von anderen Schülerinnen und Schülern der Gruppe ignoriert oder sogar abgelehnt und somit auch nicht weiterverfolgt. Es scheint, als sei die Diskussion in der Gruppe „Schule Alsterweg" lebendiger und die Themen seien vielfältiger, da alle in der Gruppe klare Ideen äußern, welche Angaben für die Lösung der Aufgabe wichtig seien und wie die Lösung im Groben auszusehen habe. In der Gruppe „Schule Buchenfeld" wird Guan, die die Aufgabe fast eigenständig löst, weniger Paroli geboten. Ihre Ansätze werden weniger hinterfragt, was ihre Dominanz erhöht.

In beiden Gruppen gibt es Personen, die den Gruppenverlauf stark beeinflussen, und andere, die kaum am Gruppenprozess beteiligt sind und keine Impulse setzen, sondern sich eher von den anderen Gruppenmitgliedern leiten lassen. Guan in der Gruppe „Schule Buchenfeld" nimmt dabei eine noch dominantere Rolle als Michi in der Gruppe „Schule Alsterweg" ein, da hier auch Sebi, Phillip und Tobias teilweise Akzente setzen können. Die Analysen zeigen auch, bei der gestellten Aufgabe in allen Gruppen der Untersuchung eine große Hürde darin besteht, die zugrunde liegenden mathematischen Modelle zu erkennen und das außermathematische Wissen zu erlangen, das für die Lösung nötig ist. Zudem scheint der Begriff der Erdkrümmung kaum mit der Form der Erde, die näherungsweise als Kugel beschrieben werden kann, verbunden zu werden.

Ein weiteres Phänomen, das auch bei den anderen Gruppen deutlich wird, ist das Verhalten der Lernenden, wenn die Lehrperson an den Tisch kommt. Die Diskussion und der Redefluss zum Thema stoppen und danach findet die Gruppe meist erst nach Anlaufschwierigkeiten zurück zum Thema.

3.4.2   Vergleich von Individuen und Gruppen

In diesem Abschnitt sollen die individuellen Modellierungsverläufe eines „aktiven" und eines „passiven" Schülers im Bearbeitungsprozess mit dem Gruppenverlauf der Gruppe, in der beide mitgearbeitet haben, verglichen werden.

Dieser Vergleich soll zeigen, dass Gruppenverläufe durch individuelle Modellierungsverläufe von Gruppenmitgliedern mitbestimmt werden können und dass Gruppenverläufe und individuelle Modellierungsverläufe auch voneinander abweichen können, auch wenn das Individuum selbst Teil der Gruppe ist. Des Weiteren sollen die große Bandbreite der Aktivitäten von Lernenden beim Modellieren und die damit verbundene Einflussnahme auf den Gruppenverlauf verdeutlicht werden.

Nachdem der individuelle Modellierungsverlauf des gewählten „aktiven" Schüler Michi in Abschnitt 3.3.1 bereits ausführlich beschrieben wurde, sei nachfolgend zunächst der individuelle Modellierungsverlauf des eher „passiven" Schülers Adrian wiedergegeben, der mit Michi in derselben Gruppe der Schule „Alsterweg" zusammenarbeitete. Der entsprechende Gruppenverlauf wurde im vorangegangenen Unterabschnitt eingehend erläutert.

Modellierungsverlauf des Schülers Adrian bei der Bearbeitung der Leuchtturmaufgabe
Adrian äußert sich innerhalb des Gruppenarbeitsprozesses relativ selten, womit sich sein Verlauf schon aufgrund der Häufigkeit der Aussagen von demjenigen Michis unterscheidet.

Mit seiner ersten Äußerung geht Adrian auf Sebis Idee ein, die Erdkrümmung mit einzubeziehen:

> „Nix da mit Erdkrümmung!" (A10-1L, Z. 25)

Kurz darauf beginnt Adrian jedoch, mit einem Zirkel eine Zeichnung anzufertigen, welche die Kugelform der Erde darstellt, was allerdings von niemandem aus der Gruppe bemerkt wird. Als die Gruppe schließlich stockt und es nicht gelingt, ein adäquates mathematisches Modell aufzustellen, schlägt Adrian vor:

> „Dann schätzen wir das einfach." (A10-1L, Z. 104)

Dieser Vorschlag findet bei den übrigen Gruppenmitgliedern keine Zustimmung. Als die Gruppe später die Skizze von Tobias begutachtet, zeichnet Adrian einen rechten Winkel in die Zeichnung ein, woraufhin Michi sofort protestiert, da dies kein rechter Winkel sei. Adrian reagiert darauf wie folgt:

> „Soll aber einer sein! Das geht so nicht." (A10-1L, Z. 233)

In dieser Phase beteiligt sich Adrian an der Aufstellung eines mathematischen Modells.

Während die Gruppe ein bereits im Unterricht bearbeitetes analoges Problem sucht, was zur Lösung beitragen könnte, meldet sich Adrian zu Wort:

> „Ich hab die Erdkrümmung noch nicht berechnet." (A10-1L, Z. 261)

Adrian greift wieder die Diskussion um den Einbezug der Erdkrümmung als relevante Variable auf und argumentiert auf der Ebene des mathematischen Modells. Dadurch initiiert er an dieser Stelle eine erneute Diskussion um die Erdkrümmung. Er arbeitet nach der Pause mit, als die Gruppe überlegt, ob der 30,7 m hohe Leuchtturm überhaupt berücksichtigt werden muss, da der Erdradius im Verhältnis wesentlich größer ist:

„Aber wir kürzen auf diese Rundung." (A10-1L, Z. 425)

Außer ein paar zustimmenden Äußerungen und Ausdrücken von Verständnislosigkeit trägt Adrian nichts weiter zum Prozess der Gruppenarbeit bei.

Im Folgenden wird zunächst Michis und danach Adrians individueller Modellierungsverlauf dem Gruppenverlauf der Schule „Alsterweg" (siehe vorherigen Unterabschnitt) gegenübergestellt:

Michis Modellierungsverlauf im Vergleich mit dem Gruppenverlauf Schule „Alsterweg"
Michi ist in fast allen Phasen der Diskussion in der Gruppe sehr aktiv, so dass sein Modellierungsverlauf auch stark den Gruppenverlauf mitbestimmt und teilweise mit diesem übereinstimmt. Er zieht sich zwar teilweise zurück und arbeitet eigenständig weiter, doch meist in der gleichen Phase des Modellierungskreislaufs wie der Rest der Gruppe. Er initiiert einige Diskussionen, indem er eigene Ideen einbringt. Oft sind diese Ideen in der Phase des mathematischen Modells angesiedelt. Michi scheint in einigen Phasen nur auf die anderen Schüler zu reagieren. Dies bedeutet jedoch nicht, dass er keine Impulse für den Verlauf der Gruppenarbeit setzt. Vielmehr scheinen die Aspekte, die andere Gruppenmitglieder beispielsweise mit starkem Fokus auf der Realität diskutieren wollen, für ihn nicht relevant im Hinblick auf die Aufgabenstellung oder sind für ihn bereits geklärt. Michi reagiert dann auf die anderen Teilnehmer und erklärt ihnen den Sachverhalt, lenkt also die Diskussion, ohne diese zu initiieren.

Michi ist ein sehr aktiver Schüler. Sein individueller (sichtbarer) Modellierungsverlauf weist Ähnlichkeiten mit dem Gruppenverlauf der Gruppe „Schule Alsterweg" auf. Sein Verhalten hat großen Einfluss auf den Gruppenverlauf; dieser wird durch Michis Aussagen und Handlungen mitbestimmt, was ihm jedoch nicht unbedingt bewusst ist.

Adrians Modellierungsverlauf im Vergleich mit dem Gruppenverlauf Schule „Alsterweg"
Adrian ist in fast allen Phasen sehr zurückhaltend und gibt der Gruppe nur wenige Impulse. Somit kann er den Verlauf der Diskussion kaum mitbestimmen, denn dafür äußert er sich in keiner Phase ausführlich genug. Sein (sichtbarer) individueller Modellierungsverlauf stimmt mit den Phasen des Gruppenverlaufs, sofern er sich äußert, überein. Da er sich sehr selten beteiligt, stellt sich die Frage, ob er überhaupt alle Phasen der Gruppendiskussion mitverfolgt hat. Nur einmal gibt Adrian der Gruppe einen Impuls, allerdings durch eine Äußerung, die aufgrund einer Missinterpretation entsteht, und zwar dass die Erdkrümmung vernachlässigt werden könne. Die anderen Gruppenmitglieder reagieren darauf, indem sie Adrian den Sachverhalt erklären. Adrian äußert sich zweimal in der Diskussion um die Einbeziehung der Erdkrümmung und arbeitet einmal in der Phase des mathematischen Modells mit.

Adrian ist ein passiver Schüler und kann den Verlauf der Diskussion kaum durch inhaltlich relevante Beiträge mitbestimmen. Viele seiner Äußerungen sind als Reaktionen auf Aussagen anderer zu verstehen, so dass Adrians individueller (sichtbarer) Modellierungsverlauf stark von dem Gruppenverlauf der Gruppe „Schule Alsterweg" geprägt wird.

Zusammenfassung

Der Vergleich von Michis individuellem Modellierungsverlauf mit dem Gruppenverlauf der „Schule Alsterweg" sowie Analyseergebnisse anderer Studien über die Modellierungsverläufe von Individuen und Gruppen verdeutlichen einerseits, dass Gruppenverläufe durch individuelle Modellierungsverläufe von aktiven Gruppenmitgliedern mitbestimmt werden können. Der Vergleich von Adrians individuellem Modellierungsverlauf mit dem Gruppenverlauf „Schule Alsterweg" zeigt andererseits, dass Gruppenverläufe und individuelle Modellierungsverläufe auch voneinander abweichen können, obwohl das Individuum natürlich Teil der Gruppe ist. Das bestätigen auch die Analyseergebnisse dieser Untersuchung von weiteren eher passiven Lernenden innerhalb einer Gruppe.

Insgesamt soll durch die beiden Vergleiche exemplarisch die große Bandbreite der Aktivität von Lernenden beim Modellieren und der damit verbundenen Einflussnahme auf den Gruppenverlauf ersichtlich werden.

Vor dem Hintergrund der in Abschnitt 3.4.1 und 3.4.2 dargestellten Analyseergebnisse formuliere ich die *dritte Hypothese* dieser Arbeit wie folgt:

> 3 Gruppenverläufe beim mathematischen Modellieren sind empirisch rekonstruierbar. Verschiedene Gruppenverläufe können auch gemeinsame Charakteristika aufweisen. Einzelverläufe hängen zum Teil eng mit Gruppenverläufen zusammen, denn besonders „aktive" Lernende können den Gruppenverlauf in großen Teilen mitbestimmen und sind wesentlich verantwortlich für stattfindende Phasenwechsel.

3.5 „Minikreisläufe" und Typen von Aufgabenstrukturen

Die Analyse und Rekonstruktion von individuellen Modellierungsverläufen sowie Gruppenverläufen hat ein weiteres Phänomen sichtbar gemacht. Beim Vergleich von Gruppen (und deren Verläufen), die an verschiedenen Aufgaben arbeiteten, zeigte sich eine besondere Art von „Minikreisläufen" innerhalb des Modellierungsprozesses. Solche Minikreisläufe sind in der Modellierungsdiskussion nichts Ungewöhnliches (siehe u. a. Matos & Carreira 1997), doch stellt sich die Frage, warum diese bei bestimmten Aufgaben stärker auftraten als bei anderen.

Um dieses Phänomen zu verdeutlichen und obige Frage zu beantworten, werden im Folgenden die Verläufe zweier Gruppen zu verschiedenen Aufgaben dargestellt und verglichen. Dabei handelt es sich um zwei Gruppen derselben Klasse der Schule „Buchenfeld“, wobei die eine Gruppe die „Leuchtturmaufgabe“ (siehe dazu den bereits dargestellten Gruppenverlauf in Abschnitt 3.4.1) und die andere die „Regenwaldaufgabe“ bearbeitete, was nachfolgend dargestellt wird.

Gruppenverlauf „Schule Buchenfeld“ bei der Bearbeitung der Regenwaldaufgabe
Diese Gruppe umfasst fünf Mitglieder: Fenna (bildliche Denkerin), Marleen (bildliche Denkerin), Carina (formale Denkerin), Timo (gemischter Denker) und Payam (bildlicher Denker).

Nach der Verteilung der Aufgabenblätter durch die Lehrerin lesen alle Gruppenmitglieder die Aufgabenstellung durch. Nach kurzer Lesephase unterhalten sich die Schülerinnen und Schüler über die gegebene reale Situation und stellen fest, dass die Aktion vor einiger Zeit stattgefunden hat und von einer bekannten Brauerei durchgeführt wurde. Anschließend vermutet Fenna, dass aufgrund vermehrten Bierkonsums durch diese Werbung wieder mehr Bäume abgeholzt werden, da das Holz für die Bierfässer gebraucht wird.

Die Gruppe beginnt die Bearbeitung der Aufgabestellung. Marleen fragt sofort nach dem nötigen außermathematischen Wissen und startet eine Diskussion um die Literzahl, die ein Kasten fasst:

> „Ja, aber, äh. Jeden verkauften Kasten? Wie viel Liter sind das?“ (B10-2B, Z. 47)

Die Gruppe diskutiert einige Zeit im realen Modell über den Inhalt einer Bierflasche. Payam stellt in der Zwischenzeit durch einen Blick zur Abbildung auf dem Arbeitsblatt fest, dass zwölf Flaschen in einen Kasten passen:

> „Das sind auf jeden Fall zwölf!“ (B10-2B, Z. 69)

Die Diskussion um die Flaschengröße wird durch die Lehrerin abgebrochen. Sie gibt den Tipp, dass von 0,5 l Bier pro Flasche auszugehen sei. Marleen gibt daraufhin schnell ein mathematisches Zwischenergebnis für die Menge Bier an, die ein Kasten fasst:

> „Also sechs Liter!“ (B10-2B, Z. 83)

Marleen arbeitet weiter im mathematischen Modell und möchte ermitteln, wie viele Kästen pro Person im Jahr getrunken werden:

> „Okay, jetzt rechnen wir mal sechs durch hundertdreißig. Nee hundertdreißig durch sechs rechnen wir mal.“ (B10-2B, Z. 88-89)

Payam kommt mit Hilfe dieses Ansatzes zu einem weiteren mathematischen Zwischenergebnis:

„Einundzwanzigkommasechs sechs sechs sechs sechs Periode sechs." (B10-2B, Z. 91)

Die Teilnehmer der Gruppe versuchen, das Ergebnis zu runden. Anschließend interpretiert Marleen das mathematische Zwischenergebnis und verwandelt es zu einem „realen" Zwischenergebnis.

„Ja, das heißt aber, ein Mensch trinkt im Jahr einundzwanzigkommasechs Liter äh, Kästen." (B10-2B, Z. 92-93)

Die Gruppe rechnet im weiteren Verlauf mit dem falsch gerundeten Wert von 21,6 Kästen pro Jahr und Person weiter. Carina überprüft kurz die korrekte Umsetzung in die Mathematik und die Gruppe diskutiert anschließend im realen Modell, ob sich die Angabe von 130 l Bier pro Jahr auf Verbraucher oder Deutsche bezieht. In dieser Diskussion sind alle Teilnehmerinnen und Teilnehmer aktiv, auch Timo, der sich bisher zurückgehalten hat. Schnell liefert Carina nach Abschluss der Diskussion das nächste mathematische Zwischenergebnis, indem sie den Zusammenhang zwischen getrunkenem Bier und nachhaltig geschütztem Regenwald erkennt:

„Ja. Also hat er im Jahr einundzwanzigkommasechs Quadratmeter gerettet." (B10-2B, Z. 127-128)

In einer eher unstrukturierten Phase der Gruppenarbeit bemerkt Timo den begrenzten Zeitraum der Aktion. Marleen validiert daraufhin auf intuitiver Ebene und bemerkt, dass sich die Aktion lohnt, und liefert – unterbrochen durch andere Wortmeldungen – einen weiteren mathematischen Ansatz, der zu einem neuen mathematischen Zwischenergebnis führt:

„Wenn der jetzt vierundzwanzigtausend Quadratmeter hat, dann müsste, dann müsste... vierundzwanzigtausend geteilt durch einundzwanzigkommasechs...und dann wissen wir, wie viele Leute...Nein, totaler Quatsch. Wenn eintausendeinhundertundelf Menschen im Jahr das trinken würden, dann würden die vierundzwanzigtausend Quadratkilometer gerettet werden. Aber das Problem war, die retten das pro Tag, was, wenn man hier guckt, werden täglich vierundzwanzigtausend Quadratkilometer abgeholzt." (B10-2B, Z. 140 f.).

Marleen berechnet schließlich, wie viele Leute ein Jahr lang Bier trinken müssten, um die abgeholzte Fläche eines Tages nachhaltig zu schützen. Die Angabe der täglichen Abholzung in Quadratkilometern sowie die begrenzte Dauer der Aktion übersieht sie dabei. Der Rest der Gruppe diskutiert zwischenzeitlich im realen Modell die Bedeutung der Aussage, dass durchschnittlich 130 l pro Person getrunken werden.

Timo betont nochmals die begrenzte Zeitdauer der Aktion und formuliert ein neues mathematisches Zwischenergebnis:

„'N viertel Jahr, da. 'N Deutscher verbraucht in einem viertel Jahr fünfkommavier Kästen." (B10-2B, Z. 130-131)

Dieses Zwischenergebnis soll die durchschnittliche Anzahl konsumierter Bierkästen pro Person innerhalb der Laufzeit der Aktion darstellen. Die Gruppe diskutiert weiter im mathematischen Modell, ob der Wert für ein Vierteljahr beziehungsweise für drei Monate, wenn man ihn aus dem Wert eines Jahres berechnen will, mittels Division durch drei oder durch vier zu erhalten ist. Marleen bezieht sich auf das Zwischenergebnis von Timo, interpretiert es allerdings falsch, indem sie sagt, dass pro Person monatlich 5,4 Kästen Bier getrunken werden. Timos Wert bezog sich jedoch auf ein Vierteljahr. Sie rechnet weiter, wird aber von Timo korrigiert.

Marleen und Fenna entwickeln nun einen neuen mathematischen Ansatz für ein weiteres mathematisches Zwischenergebnis und wollen errechnen, wie viel Regenwald in dem Zeitraum von drei Monaten abgeholzt wird. Sie berechnen die abgeholzte Fläche in 90 Tagen:

> „Das heißt, insgesamt werden ein, zweimillionenhundertsechzigtausend abgeholzt."
> (B10-2B, Z. 235-236)

Mit Hilfe dieses mathematischen Zwischenergebnisses versucht Carina zu berechnen, wie viele Leute in dem Vierteljahr Bier trinken müssten, um die gesamte abgeholzte Fläche zu schützen:

> „Das heißt, wir müssen jetzt zweimillionen durch fünfkommavier teilen, dann wissen
> wir, wie viele Menschen saufen müssen, um den Regenwald zu retten." (B10-2B, Z.
> 248-249)

Die Gruppe bemerkt immer noch nicht, dass die abgeholzte Fläche in Quadratkilometern angegeben ist, und kommt auf das mathematische Zwischenergebnis von 4444 Personen. Dieses Zwischenergebnis wird von den Schülerinnen und Schülern validiert. Schließlich fällt der Gruppe auf, dass Hamburg mehr Einwohner hat. Daraufhin erfragt die Gruppe das fehlende außermathematische Wissen der Bevölkerungszahl von Deutschland bei der Lehrerin.

Einzelne Schritte des Lösungsprozesses werden von der Gruppe nachvollzogen und das mathematische Modell wird überprüft. Dennoch entstehen einige Missinterpretationen von Zwischenergebnissen. Diese Phase dauert länger an und wird nur durch eine kurze Diskussion im realen Modell darüber unterbrochen, ob der durchschnittliche Bierkonsum pro Person realistisch sei. Ersichtlich haben einige Gruppenmitglieder durch die vielen Teilschritte den Überblick über das mathematische Modell verloren. Bei der Überprüfung kommt es immer wieder zu Rückgriffen auf das reale Modell, um die mathematischen Zwischenergebnisse einordnen zu können und die Übersicht zu bewahren. Timo, der besonders in den Phasen des realen Modells aktiv ist, weist auf den noch zu berücksichtigenden Marktanteil der Brauerei hin, was jedoch erst spät von den anderen bemerkt wird. Die Gruppe hält ihr Ergebnis weiter für unrealistisch und beginnt, im realen Modell über den Marktanteil der ihnen bekannten Brauerei zu diskutieren, auch Erinnerungen an die Aktion in der Werbung werden bei den Schülerinnen und Schülern wach. Diese Diskussion führt kurz vom Thema weg und die Gruppe beginnt ein weiteres Mal, den Lösungsprozess zu rekapitulieren. Vor Beginn der Plenumsphase erklärt die Gruppe noch, dass ihr die Bearbeitung der Aufgabe viel Spaß gemacht hat.

Thema	Phase
Durchlesen des Arbeitsblattes	
Diskussion um die gegebene Situation	MSR => RM
Suche nach außermathematischem Wissen (Kastengröße)	Suche AMW
Diskussion um die Kastengröße	RM
Intervention Lehrerin (gibt Kastengröße vor)	
Mathematische Zwischenergebnis: Kästen pro Person und Jahr	MZE
Interpretation des Zwischenergebnisses	Int MZE
Diskussion um die Bedeutung des Durchschnitts	RM
Mathematische Zwischenergebnis: gerettete Quadratmeter Regenwald pro Person und Jahr	MZE
Mathematische Zwischenergebnis: benötigte Personen, die ein Jahr trinken müssen, um einen Tag Abholzung auszugleichen (Umrechnung km² in m² nicht berücksichtigt)	MZE
Diskussion um die Bedeutung des Durchschnitts	RM
Zeitraum, in dem die Aktion läuft, bemerkt	RM
Mathematisches Zwischenergebnis: Kästen pro Person im gegebenen Zeitraum	MZE
Diskussion um die Umrechnung von einem Jahr in ein Vierteljahr	MM
Mathematisches Zwischenergebnis: abgeholzte Fläche im gegebenen Zeitraum	MZE
Mathematisches Zwischenergebnis: benötigte Personen, die im gegebenen Zeitraum Bier trinken müssen, um die Abholzung im gegebenen Zeitraum auszugleichen (Umrechnung km² in m² nicht berücksichtigt)	MZE
Validierung des mathematischen Zwischenergebnisses	Val
Suche nach außermathematischem Wissen (Bevölkerungszahl Deutschland)	Suche AMW
Rekapitulation des Lösungsprozesses	MM, RM-Rückinterpretationen
Diskussion um Marktanteil der Brauerei	RM
Rekapitulation des Lösungsprozesses	MM, RM-Rückinterpretationen
Plenumsdiskussion	

Tabelle 3.9: Tabellarische Darstellung des Gruppenverlaufs der Gruppe „Schule Buchenfeld" bei der „Regenwaldaufgabe"

Vergleich zweier Gruppenverläufe bei verschiedenen Aufgaben
Der Gruppenverlauf der Gruppe „Schule Buchenfeld" bei der Leuchtturmaufgabe findet sich im Abschnitt 3.3.1.

Insgesamt wird der Gruppenverlauf bei der Leuchtturmaufgabe in der Gruppe „Schule Buchenfeld" in großem Maße durch Guans und zum Teil auch Ann-Cathrins Ideen beeinflusst. Mareike hält sich lange Zeit zurück und Anna bringt phasenweise Ideen ein. Die Gruppe befindet sich zuerst im mathematischen Modell, um dann in das reale Modell zurückzuwechseln. Anschließend arbeitet die Gruppe im mathematischen Modell weiter, wobei einige erklärende Rückgriffe auf das Realmodell durchgeführt werden. Die Gruppenarbeitsphase führt zu einem ausgereiften mathematischen Modell, das von Guan alleine entwickelt wurde. Bis zum Ende der Gruppenarbeitsphase fehlt das außermathematische Wissen über die Länge des Erdradius. So kommt es nicht zu einem mathematischen Ergebnis und auch zu keinem realen Ergebnis, das interpretiert und validiert werden könnte. Bei der Bearbeitung der Leuchtturmaufgabe diskutiert die Gruppe sehr lange, bis ein mathematisches Modell aufgestellt ist. Dann aber und sobald das außermathematische Wissen vorliegt, wird die Aufgabe sehr schnell nebenbei gelöst. Dasselbe Phänomen lässt sich bei der Gruppe „Schule Alsterweg" sowie bei den anderen Gruppen beobachten, die die Leuchtturmaufgabe gelöst haben.

Der Gruppenverlauf bei der Regelwaldaufgabe wird nicht so stark durch eine einzelne Person geprägt. Marleen ist zwar sehr aktiv, kann den Verlauf der Gruppe aber nicht so deutlich beeinflussen wie Guan in ihrer Gruppe. Die anderen Gruppenmitglieder sind ebenfalls beteiligt, nur Payams Beiträge bringen die Gruppe meist nicht zu neuen Erkenntnissen, da er häufig nachfragt und Rekapitulationsprozesse veranlasst. Bei der Bearbeitung der „Regenwaldaufgabe" zögert die Gruppe nicht lange, ein mathematisches Modell und erste mathematische Zwischenresultate zu erstellen. Es dauert dann jedoch relativ lange, bis die Schülerinnen und Schüler zu einem Endergebnis gelangen. Die Suche nach außermathematischem Wissen ist auch bei dieser Aufgabe von Bedeutung, jedoch wird dieses Wissen wesentlich zügiger erlangt. Betrachtet man die von der Gruppe durchlaufenen Phasen, so wird deutlich, dass die Gruppe häufiger im realen Modell argumentiert beziehungsweise zu zahlreichen „Realmodellrückinterpretationen" ihrer mathematischen Zwischenergebnisse neigt.

Die zergliedernde Vorgehensweise, in der Schritt für Schritt von einem mathematischen Zwischenergebnis zum nächsten weitergerechnet wird, schlägt sich auch im Verlauf nieder. Die Zwischenergebnisse müssen immer wieder ins reale Modell rückinterpretiert werden, um die Übersicht über das zu behalten, was gerade berechnet wurde. Auf diese Weise entstehen stets neue *Minikreisläufe*, die folgendermaßen charakterisiert werden können:

Die Bildung des mathematischen Modells führt zu einem mathematischen Zwischenergebnis (MZE [1]). Dieses wird zunächst wieder in das reale Modell zurück-interpretiert (RM-Rückinterpretation [1]), um eine Abgleichung mit der Realität herzustellen. Mit Hilfe des neuen mathematischen Zwischenergebnisses wird um das mathematische Modell weiter zu komplettieren. Dies führt zu einem neuen mathematischen Zwischenergebnis (MZE [2]), welches dann wiederum ins reale Modell rückinterpretiert (RM-Rückinterpretation [2]) wird, um die Bedeutung des Ergebnisses nachvollziehen zu können und die Übersicht zu wahren.

Solche Minikreisläufe finden sich insbesondere im Rekapitulationsprozess gegen Ende der Aufgabenbearbeitung. Hierbei wird der Bearbeitungsprozess nachvollzogen und werden ins-

besondere die Zwischenergebnisse, die zum Aufstellen des mathematischen Modells benötigt wurden, in das reale Modell rückinterpretiert.

Das Phänomen der Minikreisläufe kann graphisch folgendermaßen dargestellt werden:

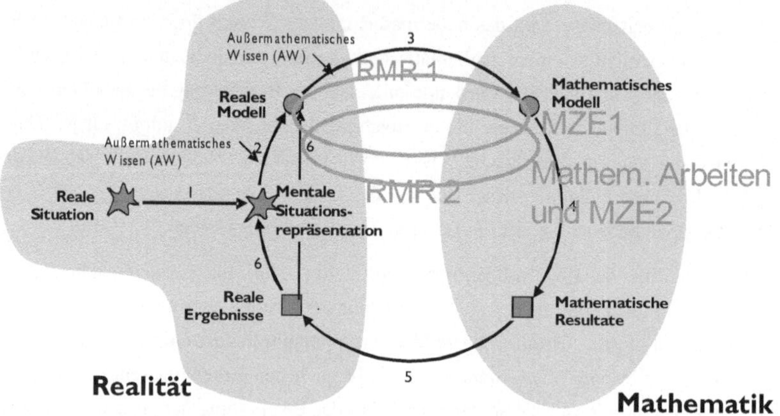

Abbildung 3.10: Minikreisläufe. Erläuterung (MZE= Mathematisches Zwischenergebnis, RMR= Realmodellrückinterpretation)

Zusammenfassung

Vergleicht man die beiden Gruppenverläufe, so sind diese offenbar sehr unterschiedlich. Während in der Leuchtturmaufgabe lange Zeit über die zentralen Aspekte wie Skizzen und Erdkrümmung diskutiert wird, wechseln die Lernenden bei der Lösung der Regenwaldaufgabe schnell ins mathematische Modell und erarbeiten über Zwischenergebnisse und Minikreisläufe mathematische Resultate. Bei der Regenwaldaufgabe" ist im Groben sofort klar, wie das Modell aufgebaut werden soll, während die Schülerinnen und Schüler bei der Leuchtturmaufgabe sehr lange Zeit brauchten, um überhaupt einen möglichen Ansatz zu finden. Der Prozess bei der Regenwaldaufgabe zieht sich bis zum mathematischen Ergebnis in die Länge, während bei der Leuchtturmaufgabe, nachdem der Ansatz gefunden und das außermathematische Wissen erlangt ist, die größte Hürde überwunden und das weitere Vorgehen bis zum mathematischen Endergebnis klar ist.

Beim Quervergleich der Analyse der Bearbeitungsprozesse beider Aufgaben über die Gruppen hinweg zeigt sich dasselbe Phänomen. Bei „Pythagorasaufgaben" wie „Leuchtturm" oder „Strohballen" konnten viel weniger Minikreisläufe rekonstruiert werden als bei funktional ausgerichteten Aufgaben wie „Regenwald". Die stoffdidaktische Analyse verdeutlichte bereits, wie viele Annahmen beim „Regenwald" zu leisten sind. Auf der Basis der Analysen wird ersichtlich, dass beim Bilden eines mathematischen Modells, das auf noch zu komplettierenden Zwischenergebnissen beruht, in natürlicher Weise mehrere Minikreisläufe entstehen, indem Realmodellrückinterpretationen durchgeführt werden.

Das bedeutet, dass die Struktur einer Aufgabe einen enormen Einfluss auf den Modellierungsprozess und den Gruppenverlauf selbst hat. Gleichzeitig heißt das auch, dass nicht nur das Individuum mit all seinen Vorkenntnissen und Präferenzen die normativ vorhandene Linearität des Modellierungsprozesses durchbricht, sondern dass auch die Art der Aufgabe dies verstärkt fördert.

3.6 Lehrpersonen im Umgang mit Modellierungsaufgaben im Unterricht

Einen Blick in die Innenwelt des Modellierens, vor allem aus der Perspektive der Schülerinnen und Schüler, haben die vorangegangenen Ausführungen bereits gewährt. In diesem Unterkapitel stehen die Lehrpersonen und ihr Umgang mit Modellierungsaufgaben sowie ihr Verhalten im realitätsbezogenen Unterricht im Vordergrund.

Zunächst werden die „Typen der Verhaltensweise beim mathematischen Modellieren im Unterricht" innerhalb des Merkmalsraums (siehe auch Kapitel 2, Abschnitt 2.3.3) dargestellt. Obwohl das Sample nur drei Lehrende umfasste, können dennoch drei unterschiedliche Typen rekonstruiert werden:

Typ I „Nachträgliche Formalisierer", Typ II „Realitätsnahe Validierer" und Typ III „Formal-Reale".

		Hilfestellungen: Individuum, Gruppe, Plenum	
		mathematiknah-abstrakt	realitätsnah-assoziativ
Repräsen-tationen	*formal*	Typ I **„Nachträgliche For-malisierer"**	
	bildlich		Typ II **„Realitätsnahe Validierer"**
	gemischt	Typ III **„Formal-Reale"**	

Tabelle 3.10: Drei Typen der Verhaltensweise von Lehrenden beim mathematischen Modellieren im Unterricht

Für die offen gebliebenen Felder innerhalb des Merkmalsraums kann vor allem die geringe Fallzahl eine Begründung sein. Die Rekonstruktion eines Typs, der beispielsweise eine Präferenz für bildliches Denken hat und mathematiknah-abstrakte Hilfestellungen geben kann, müsste nicht ausgeschlossen sein. Die Begründung, dass Typ III die eben genannte Kombination mit einschließt, wäre meines Erachtens zu weit gegriffen. Bei Typ III, das wird später im Detail ersichtlich, besteht die Präferenz für eine Ausgewogenheit der Repräsentationen.

Somit gehe ich von weiteren Verhaltenstypen aus, die sich vermutlich in nachfolgenden Untersuchungen mit Lehrerinnen und Lehrern rekonstruieren lassen.

Charakterisierung der ermittelten Typen
Die Charakterisierung der Typen geht einher mit der Formulierung der *vierten Hypothese* dieser Arbeit:

4   Bei den Lehrenden gibt es Präferenzen für bestimmte Phasen/Schritte während des Modellierens. Unterschiedliche mathematische Denkstile bzw. bevorzugte Repräsentationen von Lehrpersonen führen zu verschiedenen Schwerpunktsetzungen bei der Behandlung von Modellierungsaufgaben im Mathematikunterricht.

Typ I: „Nachträgliche Formalisierer"
Den Schwerpunkt bilden die Formalisierung von Ergebnissen sowie die Forcierung mathematischer Aspekte in Bezug auf den Abstraktionsgrad und die formale Korrektheit der Lösungen, wobei das Validieren und der Abgleich mit realen Sachverhalten in den Hintergrund rückt.

Typ II: „Realitätsnahe Validierer"
Starke Bezüge zu realitätsnahen Gegebenheiten werden mit plastischen Bildern und Beispielen verbaler und zeichnerischer Natur angereichert. Formalisierungen haben hierbei einen geringeren Stellenwert.

Typ III: „Formal-Reale"
Eine Balance zwischen formal-mathematischen und realitätsbezogenen Aspekten zeichnet diesen Typus aus. Phänomene der außermathematischen Welt werden stets in Verbindung mit der mathematischen Welt betrachtet.

Im Folgenden wird jeder Typ anhand eines Falles dargestellt, wobei aufgrund der Komplexität über die Unterrichtsstunden hinweg nur ausgewählte Aspekte in den Vordergrund rücken, die einen Gesamteindruck der Lehrperson vermitteln und einen Vergleich der drei Personen ermöglichen.

Jeder Beschreibung eines Fallbeispiels liegt folgende Darstellungsstruktur zu Grunde:

1 Auszüge aus dem Interview

2 Hilfestellung während des Modellierens in den Gruppen

3 Verhalten in der Plenumsphase

3.6.1   Der „nachträgliche Formalisierer"

Herr P. ist ein Lehrer mit langjähriger Schulerfahrung. Anwendungsaufgaben im Mathematikunterricht verbindet er vor allem mit seinem Zweitfach Physik.

Auszüge aus dem Interview
Auf die Frage, was für ihn Mathematik sei, antwortet er:

> ..Spielen mit Zahlen, Spielen mit Variablen, logisches Denken und logische Verknüpfungen, ja gut einen Bezug zur Wirklichkeit gibt es natürlich auch, für mich ist die Mathematik die Sprache der Physik. (Int. Z. 6-10)

Physik als sein Zweitfach, wie eben bereits angemerkt, hat Einfluss auf seine Art der Vermittlung von Mathematik. Dieser starke Bezug zeigt sich nicht nur in seiner folgenden Aussage im Hinblick darauf, was für ihn „guter Mathematikunterricht" bedeutet, sondern spiegelte sich auch im Unterrichtsgeschehen selbst wider.

> I: Was assoziieren Sie […] mit Mathematikunterricht?

> Herr P.: Einmal den Schülern natürlich […] Möglichkeiten an die Hand zu geben, aber auch Denkprozesse bei den Schülern in Gang zu setzen. Das kann einmal sehr abstrakt sein, einmal, aber es kann auch recht praktische Anwendungen haben, wie zum Beispiel, ja die formelmäßige Beschreibung eines physikalischen Experiments immer wieder neu, aber trotzdem auch das abstrakte Arbeiten mit Strukturen. (Int. Z. 12-23)

Vor allem Strukturen und Formalia spielen für Herrn P. eine große Rolle bei der Vermittlung von Mathematik:

> I: Welches Bild von Mathematik wollen Sie Ihren Schülern vermitteln?

> Herr P.: […] hauptsächlich Strukturen erkennen, aber auch ja, Bezug zur Wirklichkeit geht bei mir immer über die Physik logischerweise, weil ich eben auch Physiklehrer bin. Aber in Mathematik denke ich eher Strukturen erkennen und Strukturen äh in Strukturen sich bewegen können. Also algebraische Strukturen oder geometrische Strukturen und dann sich darin argumentativ wiederfinden und das kann sein bis zur reinen Mathematik, meinetwegen ich hab mein Axiomssystem und bau dadrauf logisch auf und krieg dann einen formelmäßigen Zusammenhang oder Ähnliches raus. Also was weiß ich, Geometrie, ein Punkt eine Gerade ist definiert durch zwei Punkte und eben das Axiomatische eben auch. (Int. Z. 39-56)

Die Interviewaussagen festigten auch die aus der Unterrichtsbeobachtung abgeleitete Annahme, dass Herr P. den Typus eines formalen Denkers vertritt. Sowohl seine Hilfestellungen während der Aufgabenbearbeitung als auch sein Vorgehen in der Plenumsphase gaben seine Präferenz für einen abstrakt-formalen Zugang zu erkennen.

Hilfestellung während des Modellierens in den Gruppen

Herr P. geht während des Modellierungsprozesses in regelmäßigen Abständen zu den Gruppen und fragt nach dem Stand der Aufgabenlösung. Für Fragen und Anregungen ist er stets präsent.

Bei der Leuchtturmaufgabe wird Herr P. von Gruppen oder einzelnen Personen um Hilfe gebeten. Die folgende Konversation zwischen Herr P. und einem Schüler (S3) geht von der Zusatzfragestellung aus, welchen Einfluss es auf die Sichtweite hat, wenn ein Matrose an Deck steht:

> Herr P.: Interessanterweise ist immer noch, dass du das nicht ausnutzt, dass dies 'ne Tangente ist, das ist das, was interessiert. Warum nutzt du nicht aus, dass das 'ne Tangente ist?
>
> S3: Dann hätten wir hier 'nen rechten Winkel.
>
> Herr P.: Jo, wenn du einen rechten Winkel zeichnest, dann zeichne auch richtig einen rechten Winkel, so. Was weißt du jetzt? Guck dir das mal genau an.
>
> S3: Ich kenn den [zeigt auf Winkel].
>
> Herr P.: Den rechten Winkel, den kennst du, okay.
>
> S3: Die Strecke kenne ich.
>
> Herr P.: Die Strecke kennst du.
>
> S3: Die Strecke kenn ich.
>
> Herr P.: Okay, dann nimmst du mal eine für zwanzig Meter, fünfzehn Meter und fünf Meter, okay, die verschiedenen Masthöhen.
>
> S3: Ja.
>
> L: Und was kennst du noch?
>
> S3: Dies.
>
> L: Die Strecke, ja. (A10-1L, Z. 651-668)

In seiner gezielten Weise, den Erkenntnisprozess des Schülers zu befördern, trägt der Dialog im letzten Teil sokratische Züge. Deutlich wird dabei wiederum das Bestehen auf formaler Korrektheit, was sich in diesem Fall auf das richtige Einzeichnen des rechten Winkels bezieht. Auch bei einer weiteren Schülerin fokussiert Herr P. auf die Mathematik, ohne auf realitätsnahe Überlegungen zu rekurrieren:

> Herr P.: Tangente und was ist das Entscheidende für die Tangente und Radius beim Kreis, nur beim Kreis? (A10-1L, Z. 295-296)

Verhalten in der Plenumsphase

Die Hilfestellungen von Herrn P. während der Aufgabenbearbeitung bezogen sich vorrangig bereits auf den Aspekt des formalen Rechnens. Noch deutlicher wird dies in der Plenumsphase.

Während ein Schüler die Leuchtturmaufgabe an die Tafel schreibt und der Gruppe den Lösungsweg erklärt, hält sich Herr P. weitgehend mit Kommentaren zurück. Er bemerkt zunächst, dass vielen Gruppen nicht die Länge des Erdradius bekannt war. Herr P. geht aber nicht näher auf die realitätsbezogenen Aspekte der Aufgabe ein, sondern konzentriert sich ausschließlich auf die Mathematik und betont:

> [...] Ihr habt alle spitzenmäßig die Lösung rausgekriegt, aber was mir immer noch fehlt, als Mathematiklehrer, nicht unbedingt als einer, der die [?]. Ich würde lieber sehen, wenn ihr noch mehr Bezeichnungen, abstrakte Bezeichnungen, Formeln hinschreibt und nicht gleich Zahlen einsetzt. Das entspricht eher dem, na Physikerdenken. einen Term und auch dem Mathematikerdenken, einen Term herleiten, den Term beschreiben, den Term umformen und dann eben bitte erst die Zahlen einsetzen. Also hier hätte ich gerne gehabt und an eurer Stelle [geht an die Tafel und schreibt], wenn ich das mal e1 genannt hätte und diese e2. Und dann hätte ich gerne gehabt, dass ihr sagt, die Gesamtentfernung e ist gleich e1 plus e2 und ich krieg die e1 raus, indem ich schreibe e1 ist gleich Wurzel aus Radius der Erde, was muss ich schreiben, wer kann mir diktieren helfen? T., du kannst das. (A10-1L, Z.723-734)

Die im Zitat hervorgehobenen Stellen bringen deutlich die formal orientierte Denkweise von Herrn P. zum Ausdruck. Er bewegt sich nach wie vor auf mathematischer Ebene und führt eine nachträgliche Formalisierung des Lösungsprozesses durch. Ebenso geht Herr P. bei der Präsentation der Regelwaldaufgabe durch zwei Schüler vor.

> P: J, dann am Anfang haben wir berechnet, wie viel Regenwald in den drei Monaten vernichtet, abgeholzt wir, ähm zwei nee zweimillioneneinhundertsechzigtausend Quadratkilometer und vierhundertdreißig werden davon nur gerettet, das sind dann nullkommanullzwei Prozent.

> Herr P.: Also okay ähm, als einen kleinen Tipp zur Schreibweise würde ich schon sagen die Nullstellen lieber, nein andersrum, die Zehnerpotenzen lieber ausschreiben, das find ich besser, zehn hoch irgendwas zweikommaeinssechs mal zehn hoch weiß ich nicht was, das find ich einfach übersichtlicher von der Physik her. Ja hat irgendjemand was anderes heraus, vielen Dank erst mal Patrick. Hat jemand was anderes raus? (A10-2B , Z. 22-28)

Anders als bei der Leuchtturmaufgabe fordert Herr P. die Klasse nochmals explizit zum Validieren auf, da es laut Aufgabenstellung die Kernfrage war.

Herr P.: Sind wir eigentlich durch? Was schätzt ihr zu der Aktion, was sagt ihr?

Martin: Ja, bringt gar nichts, totaler Kapitalismus!

Herr P.: Also, bringt gar nichts, rein rechnerisch bringt es gar nichts, Augenwischerei für die Bevölkerung. (A10-2B, Z. 91/ Z. 94-95)

Mehr wird im Plenum nicht über die Aufgabe diskutiert.

Mit Herrn P. wurde ein nachträgliches lautes Denken (NLD) durchgeführt, bei dem ihm vor allem die Plenumsphasen der Aufgaben sowie seine Hilfestellungen während des Bearbeitungsprozesses vorgespielt wurden. Im NLD interessierte, inwieweit sich der Lehrer seines großen Wertlegens auf Formalia bewusst war.

I: Der gesamte Unterricht, auch so, ich hab ja die Hilfestellungen drauf, die Sie gegeben haben, haben Sie eben gerade selber gesagt, legen auch so ein bisschen Fokus auf Formalisierungen. Die Szene, die ich Ihnen eben gezeigt hab, und dieser Ausschnitt, machten eine Tendenz deutlich, dass Sie auch, ja, dass Sie auch abstrahiert haben, dass sie formalisiert haben.

Herr P.: Ja, möchte ich eigentlich genau erreichen, ja.

I: Und inwieweit meinen sie, dass sie unbewusst dazu tendieren, also dass sie nicht viel darüber nachdenken, sondern dass das halt kommt, die Formalisierung?

Herr P.: Nee, da denk ich nicht drüber nach, das ist für mich Mathematikunterricht, Mathematik betreiben. (NLD, Z. 109 f.)

Insbesondere die letzte Aussage verdeutlicht seine Auffassung von Mathematikunterricht. Sein Fokus auf Abstraktionen und Formalia, sein analytisches Denken hat somit auch Einfluss auf die Modellierungsprozesse der Schülerinnen und Schüler und vor allem darauf, wie Aufgaben im Unterricht angegangen und besprochen werden. Die realitätsbezogenen Aspekte der Aufgaben rücken für Herrn P. dabei eher in den Hintergrund. Er fokussiert auf die Mathematik und die formale Korrektheit der Lösungsdarstellung.

3.6.2   Die „realitätsnahe Validiererin"

Frau R. ist seit etwa 10 Jahren im Schuldienst. Ihre weiteren Fächer sind Englisch und Chemie, die – in ganz anderer Weise als bei Herrn P. – ebenfalls einen gewissen Einfluss auf die Gestaltung ihres Mathematikunterrichts haben.

Auszüge aus dem Interview

Mathematik als Wissenschaftsdisziplin und Mathematikunterricht sind für Frau R., wie sie im Interview äußert, unterschiedliche Bereiche. Mathematikunterricht ist bei ihr, die viel Freude an der Vermittlung hat, emotional besetzt.

I: Können Sie sagen, was Sie unter Mathematik verstehen.

Frau R.: Gute Frage, okay. Interessante Materie, logisches Denken, Vernetzung. […] Aufgaben. Aufgaben gehören auch dazu.

I: Was assoziieren Sie mit Mathematikunterricht?

Frau R.: Viel Spaß meinerseits, durchaus auch Frustration einiger Schüler. Besonders toll beim „Aha-Effekt". (Int. Z. 9-30)

Auf die Frage, inwieweit Chemie oder Englisch Einfluss auf ihre Vermittlung von Mathematik haben, spricht sie sich deutlich für Englisch aus. Das Sprachliche, genauer: das Verschriftlichen überträgt sie auf ihren Mathematikunterricht.

„Ich glaube, dass die Chemie da nicht so einen großen Einfluss drauf hatte. In Englisch finde ich es durchaus so, dass ich sie viel schreiben lasse. Ob das nun was mit Mathe zu tun hat also oder mit Englisch als Fach zu tun hat, weiß ich nicht. Das hat viel mit meinem Studiengang zu tun, vor allem mit dem Refendariat in Mathe zu tun, dass sie viel schreiben in Mathe, beschreiben. Also sie sollen aufschreiben in ihren eigenen Worten, wie sie die Aufgabe verstehen, wo ich nicht auf das Formale so achte." (Int. Z. 60-68)

Das Formale hat bei Frau R. keinen so hohen Stellenwert. Es ist ihr wichtig, dass sich ihre Lernenden formal ausdrücken können, doch sie forciert diesen Aspekt weniger stark. Das wird bei ihren folgenden Antworten auf die Fragen ersichtlich, wie sie selbst Mathematik betreibt und welches Bild von Mathematik sie zu vermitteln glaubt.

Frau R.: Ich bin jemand, der immer zu Papier und Bleistift greift, sobald ich irgendwie was mit Mathe zu tun habe, was ich in Englisch vielleicht nicht so mache, in Mathe auf jeden Fall. Bin unheimlich der visuelle Typ, also vielleicht sogar zu stark ähm bin nicht so die Formalistin. Wenn ich eine Aufgabe mache, mache ich immer eine Skizze. Für mich so auch, dass ich mir das vorstelle, die Aufgabe, die die heute gelöst haben, ich hab gesehen, wie eine Gruppe anfing ohne Skizze. Das ist mir völlig fremd. Also, wenn ich persönlich das mache, würde ich immer 'ne Skizze zuerst machen und das machen die nicht. Ich bin nicht so die Formalistin, je älter sie werden. Also leg jetzt nicht Wert darauf, dass die Äquivalenzstriche immer in Ordnung sind und so weiter, mir geht es eher darum, dass sie es verstehen, also dass sie verstehen, was sie gerade machen, also warum ist das jetzt so und so. (Int. Z. 81-86)

Frau R. beschreibt hier explizit ihre präferierte Art zu denken: bildlich. Das konnte bereits bei den Unterrichtsbeobachtungen rekonstruiert werden. Ihr bildliches Denken hängt auch mit der Vermittlung von mathematischen Sachverhalten zusammen. Sie betont, dass ihre Schülerinnen und Schüler vor allem Verständnis und Einsicht in mathematische Sachverhalte erlangen sollen, und achtet dabei weniger darauf, ob z. B. Äquivalenzzeichen korrekt sind. Sie hat eher eine ganzheitliche Sicht des Lernens und Lehrens von Mathematik, was in den nachfolgenden Aussagen hervortritt.

> Frau R.: Gerne würde ich so, dass ihnen klar ist wie, dass das logische Denken irgendwie so ein bisschen vielleicht hervorbringt oder das Vernetzen. Dass ihnen klar ist, Mathematik läuft nur dann gut ab, wenn ich nicht häppchenweise esse, sondern ich muss den Überblick behalten. Und das wäre mir ganz wichtig, ja. Dass ich es betreibe, damit sie irgendwie lernen, wie man Sachen vernetzen kann, und dass ich schon erwarte definitiv, dass zum Grundwissen eines normalen Menschen auch gehört, dass er bis Stoff zehn durchaus drauf hat. Ja, manchmal erzähle ich, dass es mir Spaß bringt, weiß nicht, ob das rüberspringt, aber ja so, also ja nicht dieses Formale unbedingt, so Mathe bringt mich weiter, was das Denken angeht. (Int. Z. 111-124)

Die Vernetzung mathematischer Inhalte hat im Unterricht von Frau R. große Bedeutung, wohingegen, wie sie wiederholt, Formalia einen weniger hohen Stellenwert einnehmen.

Frau R. geht mit einem anderen mathematischen Denkstil an ihren Unterricht heran als etwa Herr P., was sich auch in der Art ihrer Hilfestellungen während des Modellierungsprozesses äußert.

Hilfestellungen während des Modellierungsprozesses in den Gruppen

Frau R. geht ähnlich wie Herr P. zu den verschiedenen Gruppentischen, um zu signalisieren, dass sie als Ansprechpartnerin bereitsteht. Dennoch hält sie sich insgesamt zurück, setzt eher Impulse, anstatt unmittelbar einzugreifen, und signalisiert, ob die Ideen der Schülerinnen und Schüler in die richtige Richtung gehen. Sie fordert die Lernenden durchweg auf, weiterführende Vermutungen anzustellen, wie im Falle der Leuchtturmaufgabe, die beispielsweise nicht alle für eine adäquate Lösung nötigen Werte – etwa die Erdkrümmung oder die Berücksichtigung der Ausguckhöhe – enthält.

> S1: Jetzt wissen wir aber nicht, wie groß der Winkel ist.

> Frau R.: Richtig, welche Vermutung kannst du anstellen, die Aufgabe gibt dir keinen weiteren Winkel, was kannst du aber trotzdem vermuten?

> S1: Dann stelle ich die Vermutung an, dass das ein Neunzig-Grad-Winkel ist.

> Frau R.: Da ist Wasser und dein Schiff ist in der Luft, oder?

> S1: Nein.

Frau R. versucht hier, die Vorstellungen des Schülers auf die gegebene reale Situation zu lenken, damit er zu einem adäquaten mathematischen Modell gelangt. Auch bei einer anderen Gruppe, die ebenfalls Schwierigkeiten hat, weil zu wenige Werte in der Aufgabe vorgegeben waren, hilft sie mit visuellen Vorstellungen.

> S2: Aber wir wissen das nicht mit den Werten, die Zahl 1884 bringt uns ja schließlich nichts!

Frau R.: Okay, das ist 30,7 und das ist neunzig Grad, und wie weit könnte das denn sein? Du kannst eine Vermutung anstellen, wie weit das Schiff ist. [...] Die Größe des Schiffes ist da nicht besonders interessant.

S3: Mit den 90 Grad, ich weiß, dass es so ist, aber warum?

Frau R.: Du suchst das doch sozusagen so aus, dass es der letzte mögliche Strahl ist, also sie berührt den Kreis und so eine Berührgerade ist im Neunzig-Grad-Winkel zu dem Radius. Berührgerade nennt man Tangente, aber das machen wir nächstes Jahr erst.

Verhalten in der Plenumsphase

Die Hilfestellungen und Tipps von Frau R. sind vorwiegend dadurch gekennzeichnet, dass sie den Lernenden Bezüge zur Realität aufzeigen, um den Bearbeitungsprozess weiter voranzutreiben. Vor allem in der Plenumsphase, bei der Besprechung der Lösungen und dem Validierungsprozess, äußert sich der visuelle Denkstil von Frau R. im Zusammenhang mit realitätsgebundenen Vorstellungen.

Frau R. lässt zunächst Vertreter von drei Gruppen die Lösung der Leuchtturmaufgabe an die Tafel schreiben. Dabei ergeben sich drei unterschiedliche Lösungen, die zur Diskussion anregen. Zwei Schüler sprechen sich für die Lösung der Gruppe aus (siehe nachfolgend die ersten beiden Zitate), die den Kosinus verwendet hat – wenn auch mit Bedenken. Das greift Frau R. sofort auf und versucht, den Lernenden nahezubringen, die Realität in ihren Überlegungen nicht zu vernachlässigen.

Anja: Also, ich denke, mit der Variante von Guan kann man zwar ein genaues Ergebnis hinkriegen, aber dann sollte man am Anfang schon genaue Werte nehmen. Ich glaube dreitausendsechshundert Kilometer ist doch schon ein gerundeter Wert, das heißt also, ich müsste zumindest in die Kommastellen noch also die Meter bis in die Zentimeter damit ich ja, weil der Leuchtturm ja auch schon in Metern ist, damit ich ein einigermaßen genaues Ergebnis hinkriege. (B10-2B Z. 487-493)

Mona: Aber als Guan mir das erklärt hat mit der Idee, dass ich den Kreisbogen ausrechne, ist es ja auch irgendwie logisch, weil ich meine, wär die Erde ganz flach, dann müsste zum Beispiel beim Leuchtturm das Licht ja die ganze Zeit gerade fallen. Aber weil es ja gewölbt ist, deswegen fällt es ja immer nur bestimmt, kann es ja das Schiff auch irgendwie sehen. Und von daher ist die Variante von Guan auch am besten, weil es ist für mich am logischsten, weil das Licht ja auch irgendwann [...], weil es keine Gerade ist. (B10-2B Z. 501-509)

Frau R.: Also erst mal ganz grundsätzlich, Leute, erwarte ich, dass euch das auffällt. [...]Man kann nicht im gleichen Dreieck, einmal den Sinussatz benutzen, einmal den Tangens benutzen und es kommen zwei unterschiedliche Ergebnisse. Ja ja, ich sage es nur, das kann gar nicht sein. Es handelt sich ums gleiche Dreieck, sie benutzen sogar die gleichen Winkel, also es kann nicht sein, dass da hier etwas unterschiedlich bei raus kommt. Gut, das also die Erste. Die zweite Variante ist, und die ist mir fast noch wichtiger, dass ihr, nach dem ihr 'ne Lösung habt von einer Aufgabe, ihr euch überlegt, ob das sein kann. Kann das sein? Kann das sein, dass man zwei Kilometer entfernt vom Leuchtturm aus vom Schiff aus den Leuchtturm sieht? (B10-2B Z. 512-524)

Frau R. verdeutlicht hier ihren Standpunkt hinsichtlich der formalen Richtigkeit von Aufgabenlösungen und der Frage von deren Vereinbarkeit mit der Realität. Für sie ist zentral, dass die Lernenden anhand ihres realitätsbezogenen Wissens abschätzen können, inwiefern eine Lösung überhaupt richtig sein kann. Auf ihre Frage hin kommt es zu weiteren Diskussionen, und ein Schüler äußert sich folgendermaßen:

> Timo: Also ich stell mir das so vor, dass der Leuchtturm in dem ganzen jetzt so ein Scheinwerfer ist, der sozusagen da genutzt wird. Irgendwo eine Fläche so erhellt so, das ist eher eine Art Zerstreuungslinse vom Leuchtturm, der in alle Richtungen Licht verspiegelt, wie eine Kerze sozusagen, dass man den sehen kann. Deshalb ist es nicht so, wenn man, so wenn man zum Beispiel fünfhundert Meter dran ist, dann würde man das gar nicht mehr sehen, weil der Scheinwerfer, der Lichtstrahl über einen weg geht, wenn man bei zwei Komma sieben Kilometer sieht. (B10-2B Z. 542-550)

Frau R. setzt nach dieser Wortmeldung nochmals an und hilft den Schülerinnen und Schülern beim realitätsnahen Validieren.

> Frau R.: Hm, was mir fehlt, das ihr wirklich mal an eure reale Welt denkt. Leute, wir haben den Dom[26], ich kann von meinem Balkon auf den Dom sehen. Ja, oder wenn irgendwie 'n Feuerwerk ist oder so. Oder was weiß ich, wenn ihr landet, oder wenn ihr, was weiß ich, ähm abends irgendwo auf'm Flugzeug abhebt oder so. Zwei Kilometer, ist das viel, ist das wenig? (B10-2B Z. 551-556)

Es sind vor allem die eigenen visuellen Bilder, die Frau R. verwendet, um den Lernenden die Vorstellung von der Entfernung zu verdeutlichen und sie an das Validieren heranzuführen. Noch deutlicher fasst sie diese Überlegungen am Ende der Plenumsdiskussion zusammen, wenn sie sagt:

> Frau R.: Also grundsätzlich bei der Aufgabenstellung überlegt euch, ob da eine Antwort Sinn macht oder nicht. Kann das sein, dass ihr so rechnet oder nicht? Und wenn du nicht auf die Idee kommst, es kann ja sein, dass du nicht auf die Idee kommst, beziehungsweise wenn ich sie jetzt sehe, oh ja, wäre ich selber drauf gekommen, dass du selber deine eigene hinterfragst. Macht das Sinn? (B10-2B Z. 588-593)

Frau R. wird aufgrund ihrer visuellen Hilfestellungen und dem Herstellen von Realitätsbezügen anhand jeglicher Beispiele in der Plenumsphase als „realitätsnahe Validiererin" charakterisiert. Ihr Fokus lag vor allem darauf, die Lernenden für die Reflexion der Ergebnisse zu sensibilisieren.

---

[26] Eine große Kirmes auf dem Hamburger Heiligengeistfeld.

3.6.3   Die „Formal-Reale"

Frau L. verfügt, ähnlich wie Herr P., über eine langjährige Schulerfahrung von mehr als 25 Jahren. Ihre Aussagen im Interview sind sehr reflektiert in Bezug auf ihr eigenes Tun und vor allem angeregt durch zahlreiche Fortbildungen im Bereich Mathematik. Ihre Aussagen bezüglich ihrer Vorstellung, dem eigenen Betreiben sowie der Vermittlung von Mathematik, rücken vor allem formale Aspekte in den Vordergrund. Das Abstrakte, die Strukturen der Mathematik und insbesondere die Schönheit dieser Wissenschaft sind für Frau L. bedeutsam. Das Zweitfach von Frau L. ist Russisch und dies hat ihr zufolge auch Einfluss auf ihren Mathematikunterricht; beide Fächer profitieren wechselseitig voneinander.

> I: [..] Können Sie mir sagen, was für Sie Mathematik ist?
>
> Frau L.: Logisches Denken, suchen nach Strukturen, […] und es ist die Königin der Wissenschaften. Es ist das Fach, wo man diese unglaublichen Erfolgsergebnisse hat, wenn sich die Strukturen ordnen. Dieser, dieser Übergang von „du liebe Zeit, ich weiß nicht, worum es geht" zu diesem „es ist alles so einfach"! Und das ist dieser Kronleuchter im Kopf, der angeht, und das ist einfach ein, ich finde es ist, dieser Umgang mit Mathematik ist einfach so ein, dann also so, so, in dem Moment so klasse.
>
> I: Was assoziieren Sie dann mit Mathematikunterricht?
>
> Frau L.: Ja, zu versuchen, diese Schönheit rüberzubekommen […].
>
> I: Können Sie beschreiben, wie Sie selbst Mathematik betreiben?
>
> Frau L.: […] Ich nehme mir 'nen Zettel, versuche die Aufgabe zu verstehen, kritzel und schmiere da erst mal drauf rum, das sieht fürchterlich aus, und suche danach, eh, ja und suche nach diesen Strukturen. […] Also sich, sich so reinarbeiten. So, so irgendwas aufschreiben, malen oder rechnen oder Formeln, woran wir ja schon als erwachsene Lehrer schnell gehen, so an diese abstrakten Dinge und da nachher ist es auch wieder so „jetzt hab ich's" !

(Int, Z. 5-45)

Die Reflektiertheit von Frau L. in Bezug auf ihren eigenen Denkstil zeigt sich vor allem in der nachfolgenden Aussage. Sie weist sicherlich Tendenzen einer analytischen Denkerin auf – betrachtet man alleine das Interview. Dennoch lag ihr Fokus bei Plenumsdiskussionen nicht auf dem Formalen, sondern sehr stark auf der Realität und allgemein auf der Visualisierung mathematischer Sachverhalte. Eine nachträgliche Formalisierung, wie sie etwa Herr P. favorisiert, war ihr nicht so wichtig.

> Frau L.: Also ganz, also ich merke immer, wenn ich in den unteren Klassen unterrichte, dass Kinder sehr intuitiv, anschaulich rangehen. Und da sind wir schnell bei irgendner Gleichung. Wenn ich irgendein Zahlenrätsel sehe, ich schreib mir ein Gleichungssystem auf. Dieses, dieses systematische Probieren, was durchaus 'nen Stellenwert hat, das, das haben wir uns schon so abgewöhnt, sag ich mal. Ich merke, dass ich sehr schnell formalisiere, was ich bei bestimmten Aufgaben, was natürlich auch wichtig ist, ist, dass

> man sich mal hinmalt, dass man sagt, da steht etwas und wie ist die Situation und das
> mans so, so abstrahiert, reduziert dann auf, auf, ja, auf geometrische Sachverhalte oder
> so. Und das kommt dann sehr drauf an, sehr drauf an, worum es sich handelt [...] und
> man selber ist schon so auf x, y, z fixiert und dass man dann sehr froh ist, wenn man
> merkt, wie Kinder noch Aufgaben lösen können ohne diesen ganzen, was teilweise auch
> 'ne Last sein kann, diese Verpflichtung, die sie dann offensichtlich in höheren Klassen
> spüren, man muss alles da irgendwo, irgendwo so, so formalisieren. Dass wir das ja
> einerseits so beibringen müssen, weil es 'ne Hilfe ist, aber was dann auch, wenn das
> andere wegfällt, wird das so, das wird Mathematik, wie sie mies ist. (Int, Z. 61-71)

Frau L. konnte aufgrund ihrer Aussagen im Interview und ihrem Verhalten im Mathematikunterricht als integrierte Denkerin rekonstruiert werden, die ein immenses Reflexionspotential aufweist in Bezug auf ihr eigenes Tun und die Vermittlung von Mathematik.

Anders als bei den vorherigen Lehrpersonen scheint das Fach Mathematik vor allem einen starken Einfluss auf das Unterrichten ihres Zweitfachs Russisch zu haben. Floss die Physik bei Herrn P. und das Englisch von Frau R. eher in den Mathematikunterricht ein und beeinflusste ihn inhaltlich und methodisch, so ist bei Frau L. die Richtung dieser Beeinflussung umgekehrt.

> Frau L: Ich habe Russisch. Es ist ein guter Ausgleich, also das beides hat miteinander....
> Nein, so ganz stimmt das nicht. Ich merke, dass ich an Grammatik mit Mathematik
> rangehe. Dass ich diese Struktur, die mathematischen Strukturen, die in der Sprache drin
> sind, dass ich die sicherlich mathebefrachtet unterrichte. Zu sagen, man hat dies und
> logischerweise dass, was ich sagte, logische Zusammenhänge, so dass ich mitunter
> glaube, dass, wenn ich Kinder unterrichte, die auch eher mathematisch ausgerichtet sind,
> dass die sicherlich von meinen Erklärungen, die so ausgerichtet sind, über Strukturen,
> was haben. (Int, Z. 223-229)

Hilfestellungen während des Modellierungsprozesses in den Gruppen

Frau L. war die einzige der Lehrpersonen, die nicht in der Klasse umherging und sich bewusst während der Gruppenarbeit zurückhielt. Dafür hat sie ihre Gründe, die sie im Interview verdeutlicht:

> Frau L.: Das mache ich immer so. Also [...] es sind ganz unterschiedliche Gründe. Das
> ist, dass, wenn ich mich jetzt in Schüler reindenke, eines nicht abkann, wenn jemand
> hinter meinem Rücken steht. Das mag ich nicht. Dann stelle ich mir vor, ich sitze da
> gerade und habe gerade, bin gerade irgendwo angefangen und habe gerade irgendwie
> eine Idee und dann kommt jemand und quatscht dazwischen, stört, es sind Störungen.
> Das sind für mich Störungsmechanismen, wenn jemand dazu kommt und das andere ist,
> ist mehr diese brutale Lehrersicht, äh, wenn ich da rumgehe und helfe, mache ich genau
> das, was ich nicht will. [...]Und dieses, diese Frustrationstoleranz zu haben, kriegen,
> dazu muss man schlichtweg teilweise also da sitzen und nichts rauskriegen. Und wenn
> man dann angeschossen kommt, voll guter Absicht und guter, eigentlich so, dieses,
> dieses Helfen, ich will ja den Kindern helfen, ich helfe ihnen gerade nicht, wenn ich

komme. Sondern ich sage dann, sie müssen alleine und dann müssen sie es mal durchhalten und aushalten [...]. (Int, Z. 483-496)

Auf die Frage, was sie tut, wenn Lernende tatsächlich explizit nach Hilfe verlangen antwortete sie:

> Frau L.: Wenn eine Gruppe jetzt sagt, wir haben gar nichts hingekriegt, dann ist das etwas fürs Plenum und dann kann ja jemand von den Leuten, die das rucki zucki schon alles runtergearbeitet haben, helfen. (Int, Z. 545-547)

Bezüglich ihrer Hilfestellungen während des Modellierungsprozesses konnten somit keine Aussagen analysiert werden. Umso mehr hat sich Frau L. dann in der Plenumsphase engagiert.

Verhalten in der Plenumsphase

Frau L. sucht sich eine Gruppe aus, die die Lösung der Leuchtturmaufgabe präsentieren soll. Allerdings hatte die Gruppe Probleme, ein adäquates mathematisches Modell aufzustellen, da sie sich auf die Verwendung des Strahlensatzes festgefahren hatte. Ein Gruppenmitglied hatte gelesen, dass das ehemalige World Trade Center vierzehnhundert Meter hoch war und man bei klarem Wetter eine Sicht von siebzig Kilometern hatte. Diese Idee greift Frau L. auf und verfolgt damit zweierlei Ziele: Erstens die Herstellung einer Analogie zum Leuchtturm, in die sich der Rest der Klasse hineindenken soll, was eine gute Visualisierungsmöglichkeit der Situation ergibt, und zweitens die gleichzeitige Reflexion, ob sich dieser Ansatz überhaupt eignet, um ein Modell aufzustellen.

> Frau L.: Ich sag mal, wenn man jetzt das ruhig als Modell nimmt. Wie könnte man mit dieser World-Trade-Center-Sache, die jetzt natürlich wieder ein ganz anderer ein ganz anderer Ansatz ist. Wie könnte man jetzt, hmm, vorgehen? Können mal alle sich jetzt, mit reinklinken? Auf dem World Trade Center und siebzig Kilometer Sicht. (C10-1L, Z. 508-510)

Frau L. verfolgt diesen Ansatz zwar weiter, die Schülerinnen und Schüler erkennen jedoch schnell, dass sie damit nicht vorankommen. Im weiteren Gespräch, auch ausgelöst von der vorstellenden Gruppe, kommt immer wieder die Frage auf, welche Variablen miteinbezogen werden sollen, das heißt, wo ein Matrose beispielsweise auf dem Tisch steht. Frau L. geht damit recht pragmatisch um, indem sie erklärt:

> Frau L.: Man muss jetzt natürlich, ich sag man, diese ganze Situation mathematisch reduziert modelliert sagen: Okay, wir vernachlässigen dies, wir vernachlässigen jenes, und dann gucken wir mal, ob man dann was rechnerisch rausbekommt. Diese exakte Situation, die man immer so schrecklich gerne haargenau in den Griff kriegen möchte, da muss man aber wissen, wie groß ist der Mensch, der im Steuerhaus steht, wie hoch sind die Wellen. [...] Das, das ist klar, die exakte Situation kriegen wir nicht hin, aber das man sagt, gut, müssen wir jetzt Abstriche von dieser Millimetergenauigkeit machen, sondern sagen, jetzt mal sagen, das vernachlässige wir, das vernachlässigen wir, gibt es eine Chance aus dem, was ihr bislang rausgerechnet habt, jetzt mit dieser Erdkugel, fand

> ich übrigens pfifffig, ich gucke dann natürlich da vorne auch rein, mal gucken, ob man nicht irgendwas an Information findet, dann zu sagen, das vernachlässigen wir, ihr habt das ja auch schon gemacht. (C10-1L, Z. 566-577)

Mit ihren Aussagen bewegt sich Frau L. auf einer formal-abstrakten wie auch realitätsgebundenen Ebene. Sie schafft es auch weiterhin, ein Gleichgewicht beider Aspekte – der Mathematik und der Realität – herzustellen. Frau L. greift viele Vorschläge der Lernenden auf und fordert sie gleichzeitig zum Validieren heraus:

> Frau L.: […] Und dann war vorgeschlagen worden, jetzt mit dem Satz des Pythagoras ranzugehen. Ja, wie denn? Kann mal jemand das Anschreiben, was so nett vom Ansatz her und 'n bisschen bezeichnen und Zahlen rein und dann gucken wir mal, ob das mit den fünf Kilometern überhaupt stimmt.

> Frau L.: Wenn er jetzt zwanzig rausbekommt und bei dem andren fünf, kann jemand mal zusammenfassenderweise 'ne Idee, woher diese Abweichung kommt? Zwischen dieser World-Trade-Center Rechnung und der. Wo liegen eigentlich bei diesen ganzen Rechnungen doch erhebliches Abweichungspotential, sag ich mal? (C10-1L, Z. 751-754; 815-818)

Bei den Lösungspräsentationen der Regenwaldaufgabe setzt sich die Art des Vorgehens von Frau L. fort. Die Schülergruppe hat schon zu Beginn einen Berechnungsfehler, den Frau L. für die gesamte Klasse zum Diskussionsanlass nimmt. Zudem geht es ihr nicht nur um exakte Berechnungen, sondern darum, dass die Lernenden etwas real abzuschätzen lernen.

> Frau L.: Und versucht mal, über den Daumen abzuschätzen, ob das, man kann sich doch leicht mal verdaddeln, ob das angehen kann. Kann das sein, dass das vierhundertsechsundvierzig Millionen Kästen sein können, oder sind da wieder, was weiß ich, ein paar Nullen zu viel? Jeder überlegt mal, über den Daumen zu peilen, ob das stimmen kann oder nicht. (C10-2B, Z 447-445)

Frau L. greift auch das bei vielen Schülerinnen und Schülern aufgekommene Verständnisproblem des „130 l Bier pro Jahr und Einwohner" auf. Sie erklärt diesen Sachverhalt sehr anschaulich mit den Lernenden zusammen.

> Frau L.: Ich hörte aus der Menge folgende Bemerkung: Es sei totaler Quatsch diese einhundertdreißig Liter Bier pro Jahr pro Einwohner. Das ist durchaus üblich, wenn man in Zeitungen und Statistiken euch das anguckt, wird alles aber auch wirklich alles im Durchschnitt berechnet. Und dann kommen natürlich merkwürdige Dinge raus. Das ist im ersten Moment natürlich befremdlich, wenn man liest, jeder Deutsche, trinkt im Durchschnitt einhundertdreißig Liter Bier im Jahr. Da fängt man an nachzudenken, und sagt, das ist ja komisch. (C10-2B, Z. 511-518)

Bei Frau L. war über die gesamten Stunden der Plenumsphasen hinweg ein guter Mittelweg zwischen Mathematik und Realität zu rekonstruieren, so dass sie als „Formal-Reale" charakterisiert werden kann.

Die Innenwelt des mathematischen Modellierens der Lehrpersonen ist offensichtlich nicht minder komplex als die der Lernenden. Im folgenden Kapitel sollen die gesamten Erkenntnisse nochmals reflektiert und interpretiert werden.

4 Zusammenfassung und Ausblick

> *„Much practical work remains to be done that meets the substantial challenges of finding effective ways of revealing teachers thinking so that it can be revised, refined, shared and sustained in ways that will contribute to a growing body of knowledge about what it is that teachers need to know." (Doerr & Lesh, 2003, 139)*

In diesem Kapitel werden neben einer Zusammenfassung und Reflexion der Ergebnisse auch ein Ausblick auf weitere interessante Fragestellungen gegeben (4.1) sowie Konsequenzen für Unterricht und Lehrerbildung diskutiert (4.2).

4.1 Wege zur Innenwelt des mathematischen Modellierens

Die Analyse kognitiver Prozesse beim mathematischen Modellieren führt in der nationalen und internationalen didaktischen Diskussion bislang eher ein Schattendasein. Die vorliegende Studie sollte diesen interessanten und vielschichtigen Bereich, der für weitere theoretische Erkenntnisgewinnung innerhalb der Modellierungsdiskussion – auch im Sinne der mathematikdidaktischen Grundlagenforschung – prädestiniert ist, ins Zentrum rücken.

Es gibt viele Wege, unterschiedliche theoretische Ansätze und Forschungsmethodologien und -methoden, die zur Rekonstruktion der Innenwelt des Modellierens führen. In dieser Arbeit bildeten aus kognitionspsychologischer Sicht die mathematischen Denkstile (Borromeo Ferri 2004a) einen Zugang, oder anders gesagt, eine „Brille", mit der Modellierungsprozesse von Lehrenden und Lernenden analysiert wurden. Von besonderem Erkenntnisinteresse war dabei die Frage, inwieweit mathematische Denkstile sich als Einflussfaktor auf Modellierungsprozesse von Individuen und Gruppen im Mathematikunterricht auswirken. Gleichzeitig und damit eng verbunden richteten sich die Analysen auf die Frage, ob sich einzelne Phasen von in der Literatur normativ beschriebenen Modellierungskreisläufen auch empirisch unterscheiden lassen. Im theoretischen Teil der Arbeit fand eine Typisierung von Modellierungskreisläufen statt. Der für meine Untersuchungen und Analysen zugrunde liegende „Modellierungskreislauf unter kognitionspsychologischer Perspektive" wurde nach dem Modell von Blum & Leiß (2005) dahingehend modifiziert, dass ich von „mentaler Situations-Repräsentation" anstatt vom „Situationsmodell" spreche sowie explizit außer- und innermathematische Wissensbestände als Einflussfaktoren ins Spiel bringe.

Bedingt durch die bisherige Vernachlässigung kognitiver Aspekte innerhalb der Modellierungsdiskussion und somit die Neuheit des vorliegenden Untersuchungsgegenstands erwies sich die Grounded Theory (Strauss & Corbin 1990) als für diese Untersuchung angemessene Methodologie. Mit zahlreichen Erhebungsinstrumenten wie Fragebögen, Interviews, Video- und Audiografien sowie nachträglichem lauten Denken (NLD) wurde die Innenwelt des mathematischen Modellierens von Lernenden und Lehrenden im Mathematikunterricht erkundet und mit Hilfe von Auswertungsmethoden im Sinne der Grounded Theory analysiert, was schließlich zur Generierung von Hypothesen führte.

Im Zuge der Datenauswertung kristallisierten sich Phänomene heraus, die mehr als nur die Beantwortung der Forschungsfragen bieten. Im Folgenden sollen nochmals die vier in dieser Untersuchung generierten *Hypothesen* dargestellt werden.

1   *Die Modellierungs-Phasen (mit jeweiligen Übergängen) reale Situation, mentale Situations-Repräsentation, reales Modell, mathematisches Modell, mathematische Resultate, reale Ergebnisse lassen sich bei individuellen Prozessen empirisch rekonstruieren und beschreiben sowie zum Teil noch weiter ausdifferenzieren, als es bisherige normative Beschreibungen leisten konnten.*

Durch die Analysen der Modellierungsprozesse von 35 Lernenden konnten nicht nur die einzelnen Phasen empirisch unterschieden werden, vielmehr ist in Teilen sogar eine noch weitere Ausdifferenzierung gelungen, etwa eine Unterscheidung unterschiedlicher Formen des Validierens. Die empirische Rekonstruktion und Separation einzelner Phasen erwies sich im Analyseprozess jedoch nicht immer als einfach. Es bedurfte einer mikroanalytischen Untersuchung des gesamten Schülersamples, um idealtypische Charakterisierungen formulieren zu können. Ähnlichkeiten zu bereits bestehenden Beschreibungen in der Literatur sind durchaus vorhanden, dennoch ist ein tieferer Einblick als bisher „hinter" die normativ beschriebenen Kreisläufe gelungen. Werden daher diese Charakterisierungen von Lehrerinnen und Lehrern verwendet, so können sie eine wertvolle Hilfe darstellen, um zu verstehen, was in den Phasen und Übergängen des Modellierens bei ihren Lernenden vor sich geht.

Der Fokus auf die empirische Phasentrennung hat ein weiteres Phänomen offenbart, das ich als sogenannten „individuellen Modellierungsverlauf" bezeichne. Beim Vergleich der 35 Probanden ähnelten sich einige Prozesse, andere wichen deutlich voneinander ab. Aufgrund dieser Unterschiede scheint der allgemein gefasste Begriff "Modellierungsprozess" nicht mehr hinreichend, da insbesondere die individuellen Prozesse in einzelnen Phasen verlaufen und dies in individuell sehr unterschiedlicher Art und Weise. Daher wird folgende Terminologie vorgeschlagen:

*Als **individueller Modellierungsverlauf** wird der Modellierungsprozess des Individuums auf interner und externer Ebene bezeichnet. Das Individuum beginnt den Verlauf in einer bestimmten Phase und durchläuft verschiedene Phasen einmalig oder mehrfach, dabei einzelne Phasen fokussierend oder andere auslassend.*

Die Unterschiedlichkeit der Modellierungsprozesse bzw. -verläufe, die Vor- und Rücksprünge innerhalb des Kreislaufs sind nicht nur auf individuelle Unterschiede im allgemeinen Sinne, sondern insbesondere auch auf unterschiedliche mathematische Denkstile zurückzuführen. Die Rekonstruktionen haben gezeigt, dass Lernende mit einem analytischen Denkstil schneller von der realen Situation in die Mathematik wechseln und dabei mathematiknahe Phasen verstärkt fokussieren. Visuelle Denker hingegen beginnen fast entsprechend dem idealtypischen Verlauf, indem sie ihre mentale Situations-Repräsentation auch verbal formulieren und ein reales Modell bilden. Sie nutzen hierbei verstärkt ihre bildlichen Vorstellungen, bevor sie mathematisieren und mathematisch arbeiten. Integrierte Denker tendierten weder in die eine noch in die andere Richtung, so dass keine Ausprägung bezüglich bestimmter Verlaufsrichtungen rekonstruiert werden konnte. Ein zentrales Ergebnis ist daher:

2   *Die individuellen Verläufe lassen verschieden Muster erkennen: Die Präferenz für verschiedene mathematische Denkstile hat Einfluss auf den jeweiligen Modellierungsverlauf. Der normativ dargestellte Modellierungskreislauf wird von Individuen nicht in dieser idealtypischen Weise durchlaufen, sondern ist durch Vor- und Rücksprünge oder mehrmaliges Durchlaufen einzelner Phasen oder des gesamten Kreislaufs gekennzeichnet.*

Dieses Resultat eröffnet nicht nur Einblicke in das, was bereits als „Innenwelt des Modellierens" bezeichnet wurde, also in die inneren Vorgänge von Schülerinnen und Schülern beim Modellieren sowie in die Faktoren, welche diese Prozesse (unbewusst) steuern, es bietet der Lehrperson auch pädagogische Handlungsmöglichkeiten. Das Wissen um die verschiedenen mathematischen Denkstile der Lernenden erlaubt Lehrenden einen geradezu diagnostischen Blick auf Modellierungsprozesse im Unterricht, so dass individuelle Unterschiede genauer gedeutet oder Probleme präziser lokalisiert werden können.

Neben den vorher genannten Aspekten bildet gerade dieses Ergebnis eine neue Erkenntnis innerhalb der Modellierungsdiskussion, auf die im Zusammenhang mit Prozessanalysen zurückgegriffen werden kann.

Auch die Betrachtung und Analyse von Gruppenprozessen stand im Zentrum dieser Studie. „Gruppenprozesse" beim Modellieren lediglich zu konstatieren, erwies sich im Zuge der Analysen als nicht mehr hinreichend. Wenn sich individuelle Modellierungsverläufe rekonstruieren ließen, dann sollte es auch eine Charakterisierung des Phänomens der sogenannten „Gruppenverläufe" geben:

*Ein „**Gruppenverlauf**" ist der Modellierungsverlauf einer Gruppe, die eine Modellierungsaufgabe gemeinsam bearbeitet. Der Gruppenverlauf beschreibt den Modellierungsverlauf aller Gruppenmitglieder als eine Einheit.*

Der Gruppenverlauf kann, sollte sich die Gruppe während des Prozesses zeitweilig in weitere Untergruppen teilen, auch über den Verlauf der Untergruppen beschrieben werden. Der Gruppenverlauf umfasst auch den Prozess von Individuen, falls diese losgelöst von der Gruppe arbeiten.

Grundlage der Beschreibung des Gruppenverlaufs bilden die verschiedenen Themen der Diskussion und die Aktivitäten der Gruppenmitglieder in dieser Diskussion sowie die Phasen des Modellierungskreislaufs.

Diese Verläufe konnten noch differenzierter als bei Treilibs, Burkhardt und Low (1980) rekonstruiert werden. Vergleiche zwischen Verläufen von Gruppen, die an derselben oder an unterschiedlichen Aufgaben gearbeitet haben, sowie Vergleiche „aktiver" und „passiver" Lernender und deren individuellem Verlauf mit dem Gruppenverlauf führen zu interessanten Erkenntnissen. Die folgende Hypothese fasst dies zusammen:

> 3   *Gruppenverläufe beim mathematischen Modellieren sind empirisch rekonstruierbar. Verschiedene Gruppenverläufe können auch gemeinsame Charakteristika aufweisen. Einzelverläufe hängen zum Teil eng mit Gruppenverläufen zusammen, denn besonders „aktive" Lernende können den Gruppenverlauf in großen Teilen mitbestimmen und sind wesentlich verantwortlich für stattfindende Phasenwechsel.*

Das Phänomen des „*Minikreislaufs*" und vor allem seine Entstehung wurden insbesondere beim Vergleich von Gruppen ersichtlich, die an unterschiedlichen Aufgaben mit verschiedenen unterliegenden mathematischen Strukturen gearbeitet haben. In dieser Studie waren es „Pythagorasaufgaben" und „funktionale Aufgaben". Bei den funktional ausgerichteten Aufgaben, die mehr mathematische Zwischenergebnisse (MZE) forderten, konnten Minikreisläufe rekonstruiert werden.

Generell sollen sich Lehrpersonen intensiv mit dem Potential von Aufgaben auseinandersetzen, die sie im Unterricht einsetzen wollen, um gezielter auf Schülerfragen einzugehen oder Probleme zu diagnostizieren. Bei der Analyse der Aufgaben können die Lehrenden anhand der Struktur der Aufgabe gegebenenfalls erkennen, ob verstärkt Minikreisläufe auftreten können oder nicht, und somit ihr Verhalten bei Interventionen besser steuern.

Auch das Lehrerverhalten beim Modellieren stand in dieser Studie im Fokus. Auf diese Weise wurde der Blick über die Lernenden hinaus erweitert hin zu einem Gesamtbild, das die Interaktion zwischen Schülern und Lehrer einschloss. Auch wenn das Sample nur drei Lehrkräfte umfasste, konnten drei unterschiedliche Typen von Verhaltensweisen beim mathematischen

Modellieren im Unterricht rekonstruiert werden. Die mathematischen Denkstile sind auch hier als erheblicher Einflussfaktor anzusehen.

4 *Die Lehrenden weisen Präferenzen für bestimmte Phasen/Schritte beim Modellieren auf. Unterschiedliche mathematische Denkstile bzw. bevorzugte Repräsentationen von Lehrpersonen führen zu verschiedenen Schwerpunktsetzungen bei der Modellierung im Mathematikunterricht.*

Typ I: „Nachträgliche Formalisierer"
Die Formalisierung von Ergebnissen sowie die Forcierung mathematischer Aspekte in Bezug auf den Abstraktionsgrad und die formale Korrektheit der Lösungen werden bei dieser Verhaltensweise fokussiert, wobei das Validieren und der Abgleich mit realen Sachverhalten in den Hintergrund rückt.

Typ II: „Realitätsnahe Validierer"
Starke Bezüge zu realitätsnahen Gegebenheiten werden mit anschaulichen Bildern und Beispielen verbaler und zeichnerischer Natur für die Lernenden angereichert. Formalisierungen haben bei dieser Verhaltensweise keinen so hohen Stellenwert.

Typ III: „Formal-Reale"
Eine Balance zwischen formal-mathematischen und realitätsbezogenen Aspekten zeichnet diese Verhaltensweise aus. Vorkommnisse in der außermathematischen Welt werden stets in Verbindung mit der mathematischen Dimension betrachtet.

Dieses Ergebnis gibt insofern Einblick in die Innenwelt der Lehrpersonen beim Modellieren im Mathematikunterricht, als es transparent macht, wie zugrunde liegende Denkstile ein bestimmtes didaktisches Vorgehen beeinflussen können, das andernfalls unterschwellig und weniger nachzuvollziehbar verlaufen würde. Für die Lehrerinnen und Lehrer selbst ist das eigene Verhalten meist unbewusst, was im Unterricht zur Folge haben kann, dass sich bestimmte Neigungen in Bezug auf die Mathematik oder die Wahrnehmung der Realität auf das Vorgehen der Lernenden überträgt und sich in deren Art der Aufgabenbearbeitung niederschlägt. Die Ergebnisse machen deutlich, inwieweit Mikroprozesse einzelner Individuen, Gruppen und Lehrpersonen beim Modellieren im Mathematikunterricht miteinander zusammenhängen und dabei gleichzeitig fördernd oder hemmend aufeinander wirken können. Verschiedene Innenwelten treffen aufeinander, die wesentlich geprägt sind durch das individuelle Bild von Mathematik und dem mathematischen Denkstil. Meine Untersuchung setzte bei der Aufschlüsselung dieser Innenwelt an, um transparenter werden zu lassen, was in einem realitätsbezogenen Mathematikunterricht auf dieser Ebene geschieht.

Die Resultate der empirischen Untersuchung bieten zudem Ansatzpunkte für weitere Untersuchungen, die hier im Sinne eines Ausblicks dargestellt werden sollen:

Ein interessanter Aspekt, der jedoch in Teilen schon weiterverfolgt wurde, ist die Frage, inwieweit bestimmte Lehrerinterventionen (siehe Leiß 2007 und DISUM-Projekt) mit präferierten mathematischen Denkstilen zusammenhängen. Dazu wurden bereits Lehrerinterviews mit ausgewählten DISUM-Lehrern durchgeführt, um deren Denkstile zu rekonstruieren. Mit dieser „Brille" soll nun auch auf deren (bereits videografierten) Unterricht geblickt werden. Sollten Präferenzen für einen Denkstil häufiger mit einem Interventionstyp gekoppelt sein, dann wäre zu untersuchen, wie dies sich dann gegebenenfalls auf das Lernverhalten der Schülerinnen und Schüler auswirkt. Da diese Ebenen, ob Denkstile oder Interventionen, nicht so einfach fassbar sind, müssten auch hier zunächst explorative Untersuchungen zumindest einige Ergebnisse liefern, um daran anschließend auf quantitativer Ebene weiterarbeiten zu können.

Die empirische Rekonstruktion einzelner Phasen des Modellierungsprozesses, deren Durchlaufen bei Individuen als Teilkompetenzen einer generellen Modellierungskompetenz angesehen werden können, bildet bereits eine Basis für weitergehende quantitative Untersuchungen. Modellierungskompetenzen und deren Messung bei Lernenden oder Studierenden sind in den letzten Jahren verstärkt zu einem Forschungsfeld in der nationalen und internationalen didaktischen Diskussion zum mathematischen Modellieren geworden. Die meisten Studien der letzten Jahre haben Modellierungskompetenzen eher global gemessen. Dabei wurden Teilkompetenzen kaum berücksichtigt, und der Fokus der Messung der Modellierungskompetenzen lag im tertiären Bereich. Erkenntnisinteresse in einem Folgeprojekt ist daher die Entwicklung und Überprüfung eines Teilkompetenzmodells zum mathematischen Modellieren, das individuelle Lernergebnisse erfasst und auf Schülerinnen und Schüler der Sekundarstufe anwendbar ist. Dabei sollen sowohl verschiedene Teilkompetenzen als auch zugehörige Niveaustufen unterschieden werden. Das geplante Vorhaben soll eine Lücke in der didaktischen Diskussion zum mathematischen Modellieren schließen und einen Beitrag zur Lehr-Lernforschung leisten, in der insbesondere für einzelne Fachdomänen die Entwicklung solcher Kompetenzmodelle gefordert wird. Der Stand der Forschung verdeutlicht, dass zur mathematischen Modellierung, einem wichtigen Bereich der Standards von Bildungsplänen, noch kein adäquates, auch empirisch fundiertes Teilkompetenzmodell existiert. Hier besteht offensichtlich Entwicklungsbedarf.

Somit ergeben sich für ein Folgeprojekt u. a. diese Forschungsfragen:

- Wie können Teilkompetenzen beim mathematischen Modellieren konzeptualisiert werden?

- Wie können Teilkompetenzen beim mathematischen Modellieren quantitativ erfasst werden?

- Wie lassen sich solche Teilkompetenzen beim mathematischen Modellieren in der Sekundarstufe I angemessen in Niveaustufen einteilen?

Die Herausforderung eines solchen Projekts bestünde unter anderem darin, das zu entwickelnde Modell allgemein zu formulieren und nicht auf ein Themengebiet zu reduzieren, gleichzeitig jedoch die Messbarkeit der Kompetenzen zu gewährleisten.

4.2 Konsequenzen für Unterricht und Lehrerbildung

„Heute wurde mir bewusst, dass Schüler einer Arbeitsgruppe durchaus in unterschiedlichen Phasen des Modells sein können, obwohl sie die Aufgabe gemeinsam erarbeiten. Zudem wurde mir bewusst, woran die einzelnen Phasen des Modells zu erkennen sind. Trotzdem finde ich es schwer, diese genau zu erkennen."

(Birgit, Grund- und Mittelstufenstudentin; Auszug aus dem Lerntagebuch zum Vertiefungsseminar Mathematisches Modellieren, SoSe 2008)

Die Betrachtung kognitiver Aspekte des Modellierens ist noch ein relativ neuer Bereich innerhalb der Modellierungsdiskussion. Mit meiner Untersuchung konnte nur ein Teilbereich dieser Perspektive abgedeckt werden. Welche Konsequenzen aber kann diese kognitive Sichtweise im Allgemeinen neben wissenschaftlich interessierenden Einblicken in die Innenwelt des Modellierens im Hinblick auf die Unterrichtspraxis und die Lehrerbildung haben? Folgende beiden Punkte sind dabei aus meiner Sicht zentral:

- Der „Modellierungskreislauf unter kognitionspsychologischer Perspektive" ist nicht nur für Forschende als Werkzeug der Analyse kognitiver Prozesse in Lernumgebungen von Bedeutung, sondern auch für Lehrerinnen und Lehrer ein wertvolles Instrument, um die möglichen Problematiken einer Aufgabe bereits im Vorhinein zu identifizieren sowie dabei, gezieltere Hilfestellungen im Unterricht geben zu können. Für Schülerinnen und Schüler würde sich sicher eine vereinfachte Version dieses Kreislaufs (siehe den „Lösungsplan" bei Blum 2007 sowie Blum & Leiß 2007b) empfehlen.

- Im Sinne eines ausgewogenen Unterrichts ist es notwendig, dass Lehrende sich ihres eigenen mathematischen Denkstils und dessen Möglichkeiten und Grenzen bewusst sind. Eine solche Reflexion des individuellen Denkstils trägt insbesondere dazu bei, die Kommunikation der Lehrenden mit den Lernenden zu verbessern, vor allem mit jenen, die nicht den eigenen Denkstil teilen. Das bedeutet jedoch, dass auch die Denkstile der Schülerinnen und Schüler in geeigneter Weise rekonstruiert werden müssen, um die Flexibilität individueller Hilfestellungen beim Modellieren im Unterricht zu erhöhen. Allgemein gesprochen ist für Lehrende das Wissen über den Lösungsraum einer Aufgabe von Bedeutung.

Mathematische Modellierung bzw. eine „Didaktik des Modellierens" wird nicht an jeder Universität gelehrt und in der zweiten Phase der Lehrerausbildung nur teilweise berücksichtigt. Daher sehe ich eine dringende Notwendigkeit der Implementierung dieses Bereichs in die Ausbildungscurricula aller Lehramtsstudiengänge für Mathematik.

Generell stellt sich die Frage, welche Kompetenzen Lehrende haben sollten, um mathematische Modellierung erfolgreich unterrichten zu können. Ein erster Ansatz für ein „Kompetenzmodell für (angehende) Lehrerinnen und Lehrer bezüglich des Unterrichtens von Modellierung" ist bereits entwickelt worden (siehe Borromeo Ferri & Blum, 2010).

Im Rahmen meiner universitären Praxis habe ich bisher Haupt- und Vertiefungsseminare zur Mathematischen Modellierung angeboten, in denen auch die Aufschlüsselung der „Innenwelt" des Modellierens bei den Studierenden selbst und schließlich die Beobachtung von Schülern im Schulversuch einen großen Raum einnimmt. Nach meinen bisherigen Lehrerfahrungen im Zusammenhang mit Lerntagebüchern bilden die darin festgehaltenen Reflexionen der Studierenden über ihr eigenes Verständnis des Modellierens und ihre diesbezüglichen Lernerfahrungen eine sehr gute Basis, dieses eingehendere Wissen erfolgreich in der Schule anzuwenden (siehe Borromeo Ferri, 2010)

> „Die Aufgabenerprobung in der 5. Klasse einer Haupt- und Realschule war für mein Verständnis von Modellierung und deren praktische Umsetzung sehr wichtig und hilfreich. [...] Mir hat der Schulbesuch jedoch auch gezeigt, dass Schüler sehr viel Spaß an Modellierungsaufgaben entwickeln und dass besonders die schwachen Schüler davon profitieren können. [...] Die Aufgabenerprobung hat mir sehr gefallen und ich fand es gut, dass wir diese Chance bekommen haben. Für das Verständnis von Modellierung war die Aufgabenerprobung hilfreich."
>
> (Katharina, Grund- und Mittelstufenstudentin; Auszug aus dem Lerntagebuch des Vertiefungsseminars Mathematische Modellierung, SoSe 2008)

Insbesondere die kognitionspsychologischen Erkenntnisse dieser Untersuchung haben neue Einblicke in die Prozesse gegeben, die sich im Rahmen eines realitätsbezogenen Mathematikunterrichts vollziehen. Das zeigte zwar umso mehr, wie komplex mathematische Modellierung ist und welche Herausforderung dies an die Lehrenden und Lernenden stellen kann; es zeigte aber auch, dass in einem solchen Unterricht das kognitive Potenzial – auf Seiten der Lehrenden und der Lernenden – fortlaufend gesteigert werden kann.

Meine Studie konnte nur einige ausgewählte Zugänge zur Innenwelt des Modellierens aufzeigen. Ich bin davon überzeugt, dass künftige Untersuchungen mit kognitiver Ausrichtung zur weiteren Aufschlüsselung dieser Innenwelt beitragen werden, wovon letztendlich Lehrende und Lernende beim mathematischen Modellieren in der Unterrichtspraxis profitieren können.

Literatur

Anderson, J.R. (1976). Language, memory and thought. Hillsdale, NJ: Erlbaum.

Anderson, J.R. (2001). Kognitive Psychologie. Heidelberg: Spektrum Akademischer Verlag (3. Aufl.).

Anger, H. (1970). Kleingruppenforschung heute. In: Meyer, E: Die Gruppe im Lehr- und Lernprozess. Frankfurt am Main: Akademische Verlagsgesellschaft Frankfurt am Main, S. 93-121.

Artelt, C.; Stanat P., Schneider, W.; Schiefele, U. (2001). Lesekompetenz: Testkonzeption und Ergebnisse. In: Baumert, J.; Klieme, E.; Neubrand, M.; Prenzel, M.; Schiefele, U.; Schneider, W.; Stanat, P.; Tillmann, K.-J.; Weiß, M. (Hrsg.): PISA 2000 – Basiskompetenzen von Schülerinnen und Schülern im internationalen Vergleich, Opladen: Leske+Budrich, S. 69-137.

Bany, M.; Johnson, L. (1970). Classroom group behaviour. Group dynamics in education, New York: The Macmillan Company.

Barbosa, J. (2006). Students' discussion in mathematical modelling. Paper presented at 3th International Conference on the Teaching of Mathematics. Istanbul, Turkey.

Barbosa, J. (2007). Teacher-student interactions in mathematical modelling. In: Haines, C.; Galbraith, P.; Blum, W.; Khan, S.: Mathematical Modelling (Hrsg.): (ICTMA 12). Education, engineering and economics. Chichester: Horwood Publishing, 2007.

Bigalke, H. (1974). Sinn und Bedeutung in der Mathematikdidaktik. In: *Zentralblatt für Didaktik der Mathematik* 6 (1974) 3, S. 109-115.

Biermann, C: Fink, M. Hänze, M.; Heckt, D.; Meyer, M; Stäudel, L. (Hrsg.) (2008). Individuelles Lernen – Kooperatives arbeiten. Friedrich Jahresheft.

Bikner, A.; Prediger, S. (2006). Diversity of Theories in Mathematics Education. In: *Zentralblatt für Didaktik der Mathematik*, 38 (2006) 2, S. 52-57.

Blum, W., (1985). Anwendungsorientierter Mathematikunterricht in der didaktischen Diskussion. In: *Mathematische Semesterberichte*, 32 (1985) 2, S. 195-232.

Blum, W.; Niss, M. (1991). Applied Mathematical Problem Solving, Modelling, Applications and Links to other Subjects. State, Trends and Issues in Mathematics Instruction. In: *Educational Studies in Mathematics,* 22 (1991) 1, S. 37-68.

Blum, W. (1996). Anwendungsbezüge im Mathematikunterricht. Trends und Perspektiven. In: Kadunz, G.; Kautschitsch, H.; Ossimitz, G.; Schneider, E.; (Hrsg.): *Trends und Perspekti-*

ven. Schriften-Reihe Didaktik der Mathematik 23, Wien: Hölder-Pichler-Tempsky, S. 15-38.

Blum, W.; Kaiser, G. (1997). Vergleichende empirische Untersuchungen zu mathematischen Anwendungsfähigkeiten von englischen und deutschen Lernenden. Unveröffentlichter Antrag auf Gewährung einer DFG Sachbeihilfe.

Blum, W. et al. (2002). ICMI Study 14: Applications and Modelling in Mathematics Education – Discussion Document. In: *Journal für Mathematikdidaktik, 3/4*, S. 262-280.

Blum, W.; Leiß, D. (2005). Modellieren im Unterricht mit der „Tanken"-Aufgabe. In: *Mathematik lehren,* 128, S. 18-21.

Blum, W. (2006). Modellierungsaufgaben im Mathematikunterricht – Herausforderungen für Schüler und Lehrer. In: Büchter, A.; Humenberger, H.; Hußmann, S.; Prediger, S. (Hrsg.): Realitätsnaher Mathematikunterricht – vom Fach aus und für die Praxis. Festschrift für Hans-Wolfgang Henn. Hildesheim: Franzbecker Verlag, S. 8-23.

Blum, W.; Leiß, D. (2007). „Filling Up"- the problem of independence-preserving teacher interventions in lessons with demanding modelling tasks. In: Bosch, M. (Hrsg): CERME 4 – Proceedings of the Fourth Congress of the European Society for Research in Mathematics Education, S. 1623-1633.

Blum, W. et al. (2007). Modelling and Applications in Mathematics Education. The 14th ICMI Study. NJ: Springer.

Blum, W.; Leiß, D. (2007). How do teachers deal with modelling problems? In: Haines, C.; Galbraith, P.; Blum, W.; Khan, S.: Mathematical Modelling (Hrsg.): (ICTMA 12). Education, engineering and economics Chichester: Horwood Publishing, S. 222-231.

Blum, W.; Borromeo Ferri, R. (2009). Modelling: Can it be taught and learnt? In: *Journal of Modeling and Mathematical Applications.* 1 (1), S. 45-58.

Brousseau, G. (1997). Theory of Didactical Situations in Mathematics. Dordrecht: Kluwer Academic Publishers.

Borromeo Ferri, R. (2004a). Mathematische Denkstile. Ergebnisse einer empirischen Studie. Hildesheim: Franzbecker Verlag.

Borromeo Ferri, R. (2004b). Mathematical Thinking Styles and Word Problems. In: Henn, H.-W. und Blum, W. (Hrsg.): Pre-Conference Proceedings of the ICMI Study 14, Applications and Modelling in Mathematics Education. Dortmund, S. 47-52.

Borromeo Ferri, R. (2004c). Vom Realmodell zum mathematischen Modell. Übersetzungsprozesse aus der Perspektive mathematischer Denkstile. In: Beiträge zum Mathematikunterricht. Hildesheim: Franzbecker Verlag, S. 109-112.

Borromeo Ferri, R. (2005). Modellieren – aus kognitiver Perspektive betrachtet In: Henn, H.-W.; Kaiser, G. (Hrsg.): Mathematikunterricht im Spannungsfeld von Evolution und Evaluation. Festschrift für Prof. Dr. Werner Blum. Hildesheim: Franzbecker Verlag, S. 31-40.

Borromeo Ferri, R. (2006). Theoretical and empirical differentiations of phases in the modelling process. In: *Zentralblatt für Didaktik der Mathematik*, 38, 2, S. 86-95.

Borromeo Ferri, R.; Kaiser, G. (2006). Perspektiven zur Modellierung im Mathematikunterricht. Analysen aktueller Ansätze. In: Beiträge zum Mathematikunterricht 2006. Hildesheim: Franzbecker Verlag, S. 50-52.

Borromeo Ferri, R.; Leiß, D.; Blum, W. (2006). Der Modellierungskreislauf unter kognitionspsychologischer Perspektive. In: Beiträge zum Mathematikunterricht. Hildesheim: Franzbecker Verlag, S. 53-55.

Borromeo Ferri, R. (2007). Modelling from a cognitive perspective: Individual modelling routes of pupils. In: Haines, C.; Galbraith, P.; Blum, W.; Khan, S.: Mathematical Modelling (Hrsg.): (ICTMA 12). Education, engineering and economics. Chichester: Horwood Publishing, S. 260-270.

Borromeo Ferri, R. (2007). Personal experiences and extra-mathematical knowledge as an influence factor on modelling routes of pupils. In: Pitta-Pantazi, D.; Philippou, G. (Hrsg.): CERME 5 – Proceedings of the Fifth Congress of the European Society for Research in Mathematics Education, S. 2080-2089.

Borromeo Ferri, R. (2007). Teachers' ways of handling modelling problems in the classroom – what we can learn from a cognitive-psychological point of view. In: Bergsten, C.; Grevholm, B. (Hrsg.) Developing and Researching Quality in Mathematics Teaching and Learning. Linköping: Skrifterfran SMDF, Nr. 5, S. 45-54.

Borromeo Ferri, R.; Blum, W. (2009). Insight into teachers' behaviour in modellingcontext. In: Lesh et al. (Hrsg.): Modeling Students' Mathematical Modeling Competencies (ICTMA 13), S. 423-432.

Borromeo Ferri, R. (2010). Zur Entwicklung des Verständnisses von Modellierung bei Studierenden. In: Beiträge zum Mathematikunterricht, S. 141-144.

Borromeo Ferri, R; Blum, W. (2010). Mathematical Modelling in Teacher Education. Proceedings of CERME6 Lyon, Frankreich, im Netz unter: (http://www.inrp.fr/publications/edition-electronique/cerme6/wg11-01-borromeo.pdf)

Busse, A.; Borromeo Ferri, R. (2003a). Argumentieren, Kommentieren, Reflektieren – ein Beitrag zur Methodendiskussion in der Mathematikdidaktik. In: Henn, H.-W. (Hrsg.), Beiträge zum Mathematikunterricht. Hildesheim: Franzbecker, S. 169-172.

Busse, A.; Borromeo Ferri, R. (2003b). Methodological reflections on a three-step-design combining observation, stimulated recall and interview. In: *Zentralblatt für Didaktik der Mathematik*, 35, 6, S. 257-264.

Burkhardt, H. (1981). The real world and mathematics. Glasgow: Blackie.

Burkhardt, H. (2006). Modelling in mathematics classrooms: reflections on past developments and the future. In: *Zentralblatt für Didaktik der Mathematik*, 38, 2, S. 178-195.

Chevallard, Y. (1999). L'analyse des pratiques enseignantes en théorie anthropologique du didactique, *Recherches en Didactique des Mathématiques,* 19/2, S. 221-226.

D'Ambrosio, U. (1985). Ethnomathematics and its Place in the History and Pedagogy of Mathematics. In: *For the Learning of Mathematics*, 5, 1, S. 44.

Dann, H.-D.; Diegritz, T.; Rosenbusch, H. (Hrsg.) (1999a). Gruppenunterricht im Schulalltag. Realität und Chancen. Erlangen: Universitätsverbund Erlangen-Nürnberg e.V.

Dann, H.-D.; Diegritz, T.; Rosenbusch, H. (1999b). Gruppenunterricht – kooperatives Handeln in einer konkurrenzorientierten Umwelt. In: Dann, H.-D.; Diegritz, T.; Rosenbusch, H. (Hrsg.): *Gruppenunterricht im Schulalltag. Realität und Chancen*. Erlangen: Universitätsverbund Erlangen-Nürnberg e.V., S. 358-372.

De Corte, E. (1987). The effect of semantic structure on first graders solution strategies of elementary addition and subtraction word problems. In: *Journal for Research in Mathematics Education*, 18, S. 363-381.

De Corte, E.; Vershaffel, L. (1981). Children's solution processes in elementary arithmetic problems: Analysis and improvement. In: *Journal of Educational Psychology*, 6, S. 765-779.

De Lange, J. (1987). Mathematics – insight and meaning. Utrecht: Rijksuniversiteit Utrecht.

Denzin, N.K. (1978). The Research Act. A Theoretical Introduction to Sociological Methods. New York: McGraw Hill (2. Auflage).

Dorier, J.-L. (2005). An introduction to mathematical modelling – an experiment with students in economics. In: Bosch, M. (Hrsg.): Proceedings of the 4th Congress of the European Society for Research in Mathematics Education. FUNDEMI IQS, S. 1634-1644.

Freudenthal, H. (1968). Why to teach mathematics so as to be useful. In: *Educational Studies in Mathematics*, 1, S. 3-8.

Freudenthal, H. (1973). Mathematik als pädagogische Aufgabe. 1, 2. Stuttgart: Klett.

Freudenthal, H. (1981). Mathematik, die uns angeht. Mathematiklehrer, 2, S. 3-5.

Flick, U. (1999). Qualitative Sozialforschung, eine Einführung. Rowohlt: Reinbek.

Flick, U. (2000). Triangulation in der qualitativen Forschung. In: Flick, U.; Kardorff, E. von; Steinke, I. (Hrsg.): Qualitative Forschung. Ein Handbuch. Rowohlt: Reinbek, S. 309-318.

Flick, U.; Kardorff, E. von; Steinke, I. (2000). Was ist qualitative Forschung? Einleitung und Überblick. In: Flick, U.; Kardorff, E. von; Steinke, I. (Hrsg.): Qualitative Forschung. Ein Handbuch. Reinbek: Rowohlt, S. 13-29.

Fürst, C. (1999). Methodische Rekonstruktion der Außensicht. In: Dann, H.-D.; Diegritz, T.; Rosenbusch, Heinz (Hrsg.): Gruppenunterricht im Schulalltag. Realität und Chancen. Erlangen: Universitätsverbund Erlangen-Nürnberg e.V., S. 23-104.

Galbraith, P. (1995). Modelling, Teaching, reflecting – What I have learned. In: Sloyer, C; Blum, W.; Huntley, D. (Hrsg.): Advances and perspectives in the teaching of mathematical modeling and applications. Yorklyn: Walter Street Mathematics, S. 21-45.

Galbraith, P.; Stillman, G. (2001). Assumptions and context: Pursuing their role in modelling activity. In: Matos, J.F..; Blum, W.; Houston, K.; Carreira, S. (Hrsg.): Modelling and Mathematics Education (ICTMA 9). Applications in science and technology. Chichester: Horwood Publishing, S. 300-310.

Galbraith, P.; Stillman, G. (2006). A Framework for Identifying Blockages during Transitions in the modelling process. In: *Zentralblatt für Didaktik der Mathematik* 38, 2, S. 143-162.

Galbraith, P., Stillman, G., Brown, J.; Edwards, I. (2007). Facilitating middle secondary modelling competencies. In: C. Haines, P. Galbraith, W. Blum, & S. Khan, (Hrsg.): Mathematical modeling (ICTMA12): Education, engineering and economics. Chichester, UK: Horwood Press.

García, F.J.; Gascón, J.; Ruiz Higueras, L.; Bosch, M. (2006). Mathematical modelling as a tool for the connection of school mathematics. In: *Zentralblatt für Didaktik der Mathematik*, 38, 3, S. 226-246.

Gellert, U., Jablonka, E.; Keitel, C. (2001). Mathematical Literacy and Common Sense in Mathematics Education. In: Atweh, B.; Forgasz, H.; Nebres, B. (Hrsg.), Sociocultural Research on Mathematics Education. Mahwah: Erlbaum, 57-76.

Green, N.; Green, K. (2007). Kooperatives Lernen im Klassenraum und im Kollegium. Das Trainingsbuch. Seelze: Klett.

Gudjons, H. (2003). Gruppenunterricht. Einführung in Grundfragen. In: Gudjons, H.: Handbuch Gruppenunterricht. 2. Auflage. Weinheim: Beltz Verlag, S. 10-40.

Gudjons, H. (1993). Neues aus der Gruppenforschung. In: Gudjons, H.: Handbuch Gruppenunterricht. Weinheim: Beltz Verlag, S. 124-136

Gudjons, H. (2003). Handbuch Gruppenunterricht. 2., überarbeitete Auflage. Weinheim: Beltz Verlag.

Hadamard, J. (1945). The Psychology of Invention in the Mathematical Field. Toronto: Princeton University Press.

Harackiewicz, J.; Barron, K. (2004). Conducting Social Psychological Research in Educational Settings "Lessons We Learned in School". In: Sansone, C.; Morf, C.; Panter, A.T. (Hrsg.): The Sage Handbook of Methods in Social Psychology, Sage Publications, S. 471-484.

Haines, C.R.; Izard, J. (1995). Assessment in context for mathematical modelling. In: Sloyer, C.; Blum, W.; Huntley, I. (Hrsg.): Advances and perspectives in the teaching of mathematical modelling and applications, Yorklyn; Waterstreet Mathematics, S. 131-150.

Haines, C.R.; Crouch, R.M.; Davis, J. (2001). Understanding Students'Modelling Skills. In: Matos, J.F.; Blum, W.; Houston, K.; Carreira, S. (Hrsg.): Modelling and Mathematics Education: ICTMA9 Applications in Science and Technology. Chichester: Horwood, S. 366-381.

Haines, C.P.; Crouch, R. (2005). Getting to grips with real world contexts: Developing research in mathematical modelling. In: Bosch, M. (Hrsg.): Proceedings of the 4th Congress of the European Society for Research in Mathematics Education. FUNDEMI IQS, S. 1655-1665.

Henn, H.-W. (2000). Warum manchmal Katzen vom Himmel fallen … oder … von guten und von schlechten Modellen. In: Hischer, H. (Hrsg.): Modellbildung, Computer und Mathematikunterricht. Hildesheim: Franzbecker Verlag, S. 9-17.

Hepp, R.; Miehe, K. (2006). Kooperatives Lernen. Gemeinsam Mathematik betreiben: Konzepte für einen schüleraktivierenden Unterricht. In: *Mathematik lehren* Bd. 139, S. 4-7.

Hepp, R. (2006). Gemeinsam beginnen: Einstieg in Kooperative Lernformen. In: *Mathematik lehren,* 139, S. 8-12.

Hörmann, G. (1993). Gruppenkonzepte – Überblick über Hauptströmungen und Entwicklungstendenzen. In: Gudjons, Herbert: Handbuch Gruppenunterricht. Weinheim: Beltz Verlag, S. 84-110.

Ikeda, T.; Stephens, M. (2001). The effects of students' discussion in mathematical modelling. In: Matos, J.F.; Blum, W.; Houston, K.; Carreira, S. (Hrsg.): Modelling and Mathematics Education (ICTMA 9). Applications in science and technology. Chichester: Horwood Publishing, S. 381-390.

Ikeda, T.; Stephens, M.; Matsuzaki, A. (2007). A teaching experiment in mathematical modelling. In: Haines, Christopher; Galbraith, Peter; Blum, Werner; Khan, Sanower: Mathematical Modelling (Hrsg.): (ICTMA 12). Education, engineering and economics. Chichester: Horwood Publishing, S. 101-109.

Johnson, D.; Johnson R. (1999). Learning together and alone. Cooperative, Competitive and Individualistic Learning. New York: Prentice Hall.

Kaiser-Meßmer, G. (1986). Anwendungen im Mathematikunterricht. Band 1 – Theoretische Konzeptionen. Bad Salzdetfurth: Verlag Franzbecker.

Kaiser, G. (1995). Realitätsbezüge im Mathematikunterricht. Ein Überblick über die aktuelle und historische Diskussion. In: Graumann, G. (Hrsg.); Jahnke, T.; Kaiser, G.; Meyer, J.: Materialien für einen realitätsbezogenen Mathematikunterricht. Bd. 2. Bad Salzdetfurth: Verlag Franzbecker.

Kaiser, G.; Ortlieb, C.P.; Struckmeier, J. (2004). Das Projekt Modellierung in der Schule. Hamburg, unveröffentlichter Bericht der Universität Hamburg.

Kaiser, G. (2006). Mathematische Modellierung in der Schule. In: Beiträge zum Mathematikunterricht. Hildesheim: Franzbecker Verlag, S. 48-49.

Kaiser, G.; Sriraman, B.; Blomhoj, M. (Hrsg.) (2006). Mathematical modelling and applications: empirical and theoretical perspectives. In: *Zentralblatt für Didaktik der Mathematik*, 38, 2.

Kaiser, G.; Sriraman, B.; Blomhoj, M. (Hrsg.) (2006). Towards a didactical theory for mathematical modelling. In: *Zentralblatt für Didaktik der Mathematik*, 38, 2, S. 82-85.

Kaiser, G.; Sriraman, B. (Hrsg.) (2006). A global survey of international perspectives on modelling in mathematics education. In: *Zentralblatt für Didaktik der Mathematik*, 38, 3, S. 302-310.

Kelle, U.; Erzberger, C. (2000). Qualitative und quantitative Methoden: kein Gegensatz. In: Flick, U.; von Kardoff, E.; Steinke, I. (Hrsg.): Qualitative Forschung – Ein Handbuch. Reinbek: Rowohlt.

Kelle, U.; Kluge; S. (1999). Vom Einzelfall zum Typus. Opladen: Leske+Budrich.

Kluge, S. (1999). Empirisch begründete Typenbildung. Zur Konstruktion von Typen und Typologien in der qualitativen Sozialforschung, Opladen: Leske+Budrich.

Kintsch, W.; Greeno, J. (1985). Understanding word arithmetic problems. In:*Psychological Review*, 92, 1, S. 109-129.

Krutezki, W. A. (1976). The Psychology of Mathematical Abilities in Schoolchildren. Chicago: The University of Chicago Press.

Kuckartz, U. (1988). Computer und verbale Daten. In: *Europäische Hochschulschriften.* Frankfurt: Lang. 22, Soziologie, Band 173.

Kuckartz, U. (1996). MAX für WINDOWS: ein Programm zur Interpretation, Klassifikation und Typenbildung. In: Bos, W.; Tarnai, C. (Hrsg.): Computerunterstützte Inhaltsanalyse in den empirischen Sozialwissenschaften. Münster: Waxmann, S. 229-243.

Lamon, S. (1997). Mathematical Modelling and the Way the Mind Works. In: Houston, S.; Blum, W.; Huntley, I.; Neill, N. (Hrsg.): Teaching & Learning Mathematical Modelling. Albion: Chichester, S. 23-39.

Leiß, D.; Wiegand, B. (2005). A classification of teacher interventions in mathematics teaching. In: *Zentralblatt für Didaktik der Mathematik*, 37, 3, S. 240-245.

Leiß, D. (2007). Hilf mir es selbst zu tun. Lehrerinterventionen beim mathematischen Modellieren. Hildesheim: Franzbecker.

Leiß, D.; Blum, W.; Messner, R. (2007). Die Förderung selbständigen Lernens im Mathematikunterricht – Problemfelder bei ko-konstruktiven Lösungsprozessen. In: *Journal für Mathematikdidaktik*, 28, 3/4, S. 224-248.

Lesh, R. (1987). The evolution of problem representations in the presence of powerful conceptual amplifiers. In: Janvier, C. (Hrsg.): Problems of representation in teaching and learning mathematics. Hillsdale, NJ: Lawrence Erlbaum.

Lesh, R.; Doerr, H. (Hrsg.) (2003). Beyond Constructivism – Models and Modelling Perspectives on Mathematics Problem Solving, Learning and Teaching. Mahwah: Lawrence Erlbaum.

Lesh, R.; Sriraman, B. (2005). Mathematics Education as Design Science. In: *Zentralblatt für Didaktik der Mathematik*, 37, 6, S. 490-505.

Maaß, K. (2004). Mathematisches Modellieren im Unterricht. Ergebnisse einer empirischen Studie. Hildesheim: Verlag Franzbecker.

Maaß, K. (2005). Modellieren im Mathematikunterricht der Sekundarstufe I. In: *Journal für Mathematik Didaktik*, 26, 2, S. 114-142.

Maaß, K. (2006). What are modelling competencies? In: *Zentralblatt für Didaktik der Mathematik*, 38, 2, S. 113-142.

Maaß, K. (2007). Modelling in class: What do we want the students to learn? In: Haines, C.; Galbraith, P.; Blum, W.; Khan, S.: Mathematical Modelling (Hrsg.): (ICTMA 12). Education, engineering and economics. Chichester: Horwood Publishing, S. 65-78.

Matos, J.; Carreira, S. (1995). Cognitive Processes and Representations Involved in Applied Problem Solving. In: Sloyer, C.; Blum, W.; Huntley, I. (Hrsg.): Advances and Perspectives in the Teaching of Mathematical Modelling and Applications (ICTMA 6). Yorklyn: Water Street Mathematics, S. 71-80.

Matos, J.; Carreira, S. (1997). The Quest for meaning in students' Mathematical Modelling. In: Houston, K.; Blum, W.; Huntley, I.; Neill, N. (Hrsg.): Teaching and Learning Mathematical Modelling (ICTMA 7). Chichester: Horwood Publishing, S. 63-75.

Meyer, H. (2003). Gruppenunterricht. Ratschläge zur Unterrichtsgestaltung. In: Gudjons, H. (Hrsg.), Handbuch Gruppenunterricht. Weinheim: Beltz, 2. überarbeitete Auflage, S. 146-161.

Mevarech, Z. et al. (2006). Meta-cognitive Instruction in Mathematics Classrooms: Effects on Solution on Different Kinds of Problems. In: Desoete, A. Und Veenman, M. (Hrsg.): Metacognition in Mathematics Education. New York: Nova Science Publishers, S. 73-82.

Muhr, T. (1996). Textinterpretation und Theorieentwicklung mit ATLAS/ti. In: Bos, W.; Tarnai, C. (Hrsg.): Computerunterstützte Inhaltsanalyse in den empirischen Sozialwissenschaften. Münster: Waxmann, S. 229-243.

Newell, A.; Simon, H.A. (1972). Human problem solving. Englewood Cliffs, NJ: Prentice-Hall.

Nesher, P.; Hershkowitz, S.; Novotna, J.(2003). Situation model, text base and what else? Factors affecting problem solving. In: *Educational Studies in Mathematics* 52, 2, S. 151-176.

Poincaré, H. (1910). Der Wert der Wissenschaft. 2. Auflage, Leipzig: Teubner.

Postel, H. (1974). Probleme und Möglichkeiten der Differenzierung im Mathematikunterricht in der Sekundarstufe I. In: *Die Schulwarte,* 27, 10/11, S. 81-97.

Radatz, H. (1975). Kognitive Stile und Mathematikunterricht. In: Bauersfeld, H; Otte, M.; Steiner H.G. (Hrsg.): *Schriftenreihe des IDM,* 4, 83-103.

Reusser, K. (1989). Vom Text zur Situation zur Gleichung – Kognitive Simulation von Sprachverständnis und Mathematisierung beim Lösen von Textaufgaben. Bern.

Reusser, K. (1997). Erwerb mathematischer Kompetenzen. In: Weinert, F.; Helmke, A. (Hrsg.): Entwicklung im Grundschulalter. Weinheim: Beltz, S. 141-155.

Ribot, T. (1909). L'evolution des Idées Générales, 3. Édition-Paris.

Riding, R.; Cheema, I. (1991). Cognitive Styles – An Overview and integration. In: *Educational Psychology,* 11, S. 193-215.

Riding, R. (2001). The Nature and Effects of Cognitive Style. In: Sternberg R., and Zhang, L.F. (Hrsg.): [Perspectives on Thinking, Learning, and Cognitive Styles], London: Erlbaum, S. 47-72.

Roorda, G.; Vos, P.; Goedhart, M. (2007). The concept of the derivative in modelling and applications. In: Haines, C.; Galbraith, P.; Blum, W.; Khan, S.: Mathematical Modelling (Hrsg.) (ICTMA 12). Education, engineering and economics. Chichester: Horwood Publishing, S. 288-293.

Schoenfeld, A. H. (1985). Mathematical Problem Solving. Orlando: Academic Press.

Schorr, R.; Lesh, R. (2003). A modelling approach for providing teacher development. In Lesh, R.: Doerr, H. (Hrsg.): Beyond Constructivismen – Models and Modeling Perspectives on Mathematics Problem Solving, Learning and Teaching. Mahwah: Erlbaum, S. 141-157.

Schmidt, C. (1997). "Am Material": Auswertungstechniken für Leitfadeninterviews. In: Friebertshäuser, B.; Prengel, A. (Hrsg.): Handbuch qualitativer Forschungsmethoden in der Erziehungswissenschaft. Weinheim: Juventa, S. 544-568.

Steiner, H.-G. (1968). Examples of exercises in mathematization on the secondary school level. In: *Educational Studies in Mathematics*, 1, S. 181-201.

Sternberg, R. (1997). Thinking Styles. New York: Cambridge University Press.

Steinke, I. (2000). Gütekriterien qualitativer Forschung. In: Flick, U.; Kardorff, E.; Steinke, I. (Hrsg.): Qualitative Forschung. Ein Handbuch. Reinbek: Rowohlt-Taschenbuch-Verlag, S. 319-331.

Sjolund, A. (1974): Gruppenpsychologie für Erzieher, Lehrer und Gruppenleiter. Heidelberg: Quelle & Meyer.

Skemp, R. (1987). The Psychology of Learning Mathematics. Hillsdale NJ: Erl baum.

Strauss, A. L.; Corbin, J. (1990). Basics of Qualitative Research. London: Sage.

Strauss, A.; Corbin, J. (1996). Grounded Theory, Grundlagen Qualitativer Sozialforschung. Weinheim: Beltz.

Sriraman, B. (2005). Conceptualizing the notion of model-eliciting. In: Bosch, M. (Hrsg.: Proceedings of the 4th Congress of the European Society for Research in Mathematics Education. FUNDEMI IQS, S. 1686-1695.

Sriraman, B.; Kaiser, G.; Blomhoj, M. (Hrsg.) (2006). Modelling perspectives from around the world. In: *Zentralblatt für Didaktik der Mathematik*, 38, S. 3.

Treilibs, V. (1979). Formulation processes in mathematical modelling. Nottingham, (University of Nottingham), Philosophy, Masterarbeit.

Treilibs, V.; Burkhardt, H.; Low, B. (1980). Formulation processes in mathematical Modelling. Nottingham: Shell Centre for Mathematical Education.

Vorhölter, K. (2007). Auswirkungen von Modellierungsaufgaben auf die Sinnkonstruktion von Lernenden. In: Beiträge zum Mathematikunterricht 2007. Hildesheim: Franzbecker, S. 316-319.

Volk, D. (1979). Handlungsorientierende Unterrichtslehre am Beispiel Mathematikunterricht. Bensheim: Beltz.

Wake, G. (2007). Considering workplace activity from mathematical modelling perspective. In: Blum, W.; Galbraith, P.; Henn, H.-W.; Niss, M. (Hrsg.): Modelling and Applications in Mathematics Education. The 14th ICMI Study. NJ: Springer, S. 395-402.

Weber, M. (1922/1985). Wissenschaftslehre. Gesammelte Aufsätze. Tübingen: J.C.B. Mohr.

Weidner, M. (2003). Kooperatives Lernen im Unterricht. Das Arbeitsbuch. Seelze: Klett.

Weidle, R.; Wagner, A. (1994): Die Methode des Lauten Denkens. In: Huber, G.; Mandl, H. (Hrsg), Verbale Daten. 2. Aufl. Weinheim: Psychologie Verlags Union, S. 81-103.

Wittmann, E. (1974). Didaktik der Mathematik als Ingenieurwissenschaft. In: *Zentralblatt für Didaktik der Mathematik*, 6, 3.

Winter, H. (1990). Bürger und Mathematik. In: *Zentralblatt für Didaktik der Mathematik*, 22, S. 131-187.

Zech, F. (1998). Grundkurs Mathematikdidaktik. Weinheim: Beltz Verlag.